John-Dylan Haynes
Matthias Eckoldt
Fenster ins Gehirn

JOHN-DYLAN HAYNES

MATTHIAS ECKOLDT

FENSTER INS
GEHIRN

*Wie Gedanken entstehen
und wie man sie lesen kann*

Ullstein

Abbildungen im Innenteil:

Abb. 11: Staff Call Bells, Magnus Manske (commons.wikimedia.org/wiki/File:Staff_Call_Bells_(7964118810).jpg; creativecommons.org/licenses/by/2.0/legalcode)

Abb. 16: Bilder bearbeitet nach NASA/JPL (photojournal.jpl.nasa.gov/catalog/PIA01141) und NASA/JPL/Malin Space Systems (mars.nasa.gov/mgs/msss/camera/images/moc_5_24_01/face/).

Abb. 24: *Germain the Wizard in His Amazing Demonstrations of Mind Reading* (M2014.128.178)/© McCord Museum, Montreal

Abb. 25: Security Camera, »Atta in airport« (commons.wikimedia.org/wiki/File:Atta_in_airport.jpg).

Alle anderen Abbildungen stammen von Anna Fuchs, München.

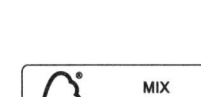

ISBN 978-3-550-20003-8

© 2021 Ullstein Buchverlage GmbH, Berlin
Alle Rechte vorbehalten
Lektorat: Uta Rüenauver
Gesetzt aus der Scala
Satz und Repro: LVD GmbH, Berlin
Druck und Bindearbeiten: GGP Media GmbH, Pößneck
Printed in Germany

Für

Margarete Haynes

&

Julia Eckoldt

INHALTSVERZEICHNIS

VORWORT

Die Weltöffentlichkeit wurde hellhörig, als Facebook im Frühsommer 2017 auf der hauseigenen Entwicklerkonferenz ankündigte, Mark Zuckerbergs Unternehmen werde sich künftig dem Gedankenlesen widmen. Die Arbeit daran begann in einem Geheimlabor. Inzwischen hat Facebook für mehrere Hundert Millionen Dollar das Start-up CTRL-Labs aufgekauft, das mit Gedankenkraft Geräte steuern will. Auch der umtriebige Tech-Milliardär und Tesla-Gründer Elon Musk hat angekündigt, Gedanken zu lesen. Dazu will er ein Netz aus künstlicher Intelligenz direkt mit der menschlichen Großhirnrinde verbinden. Im August 2020 präsentierte er mit viel Wirbel die erste Entwicklungsstufe: Ein Operationsroboter hatte Schweinen eine raffinierte Messtechnik ins Gehirn implantiert. Damit konnten Hirnsignale sichtbar gemacht werden, die auftreten, wenn die Tiere mit ihren Schnauzen die Welt ertasten.

Doch das soll noch lange nicht alles sein – Musks Visionen überschlagen sich geradezu. Demnächst könne man den gesamten Geist des Menschen digital verfügbar machen, meint er; man könne mit Gedankenkraft Computerspiele spielen und sogar seine Erinnerungen herunterladen.

Doch ist das überhaupt möglich? Kann man mithilfe von Messungen der Hirnaktivität das quirlige menschliche Bewusstsein einfangen? All die Reflexionen und Erinnerungen, die flüchtigen Träume, die spontanen Ideen und die vielen Facetten unserer reichen Wahrnehmungswelt, die uns doch so sicher im geheimen Kämmerlein unserer Gedanken verschlossen zu sein scheinen?

Zu wissen, was im Kopf des Gegenübers vor sich geht, ist eine tiefe Sehnsucht der Menschheit. Bereits im alten China soll es erste Lügendetektoren gegeben haben. Mutmaßliche Verbrecher mussten beim Verhör ein Reiskorn unter die Zunge legen. Blieb es trocken, galt als erwiesen, dass der Verdächtige log. Denn Lügen, so die damalige Vorstellung, trocknet den Mund aus.

Trotz des immensen wissenschaftlich-technologischen Fortschritts basierten die Versuche, in die menschliche Gedankenwelt einzudringen, bis ins 20. Jahrhundert hinein auf ähnlich kruden Vorstellungen. Erst zu Beginn der 2000er-Jahre rückte das Thema Gedankenlesen durch neue Entwicklungssprünge in der Hirnforschung in den Machbarkeitshorizont. Nachdem es durch moderne Hirnscanner möglich geworden war, dem Gehirn beim Denken zuzuschauen, rückte der alte Menschheitstraum langsam näher an die Realität. Man konnte nun zum ersten Mal mithilfe von Computern die bunte Erlebniswelt unseres Bewusstseins aus Hirnaktivitätsmustern auslesen – zumindest bis zu einem gewissen Grad.

In diesem Buch werden Sie auf einige trickreiche Experimente und überraschende Ergebnisse auf dem Gebiet des sogenannten Gehirnlesens *(Brain-Reading)* stoßen. Vielleicht kennen Sie aus Science-Fiction-Filmen wie *Matrix* oder *Total Recall* die fiktiven Schnittstellen, die unsere Gehirne mit Computern verbinden und uns erlauben, in virtuelle Welten einzutauchen. Wir werden zeigen, welche Techniken tatsächlich dafür infrage kommen, eine solche Verbindung herzustellen. Wir werden uns auch auf die Suche begeben nach der Sprache des Gehirns, jenem geheimnisvollen Code, der unsere ganze Erlebniswelt codiert – unsere romantischen Gefühle ebenso wie die Lügen, die wir erzählen, oder die geheimen Konsumwünsche, die wir hegen. Wir werden auch sehen, ob durch das Brain-Reading der freie Wille wirklich infrage gestellt ist, wie oft behauptet wird.

Bei Themen von solch großem öffentlichen Interesse wie dem Brain-Reading besteht immer die Gefahr, dass die Erwartungen in den Himmel schießen und die gewonnenen Fakten zu sehr aufgebauscht werden. Wir wollen darstellen, was heute wirklich und konkret möglich ist und wo die Herausforderungen, die Stolpersteine und vielleicht sogar die prinzipiellen Grenzen der Hirnforschung liegen. So kann sich jeder ein Bild davon machen, was realistisch ist.

Heute ist der Einbruch in die menschliche Gedankenwelt noch weitgehend auf das Labor beschränkt. Aber wann wird die revolutionäre Technik des maschinellen Gedankenlesens unsere Alltagswelt erreichen? Und welche Hindernisse stehen noch im Weg?

Die Wissenschaft, die durch ihre Erkenntnisse so vieles machbar erscheinen lässt, muss aber immer auch das Wünschenswerte in den Blick nehmen. Was dürfen wir mit solchen neuen Techniken anstreben? Das sind ethische Fragen, denen solch ein Buch nicht aus dem Weg gehen kann.

Eine abschließende Anmerkung: Da wir uns auf die zentralen Aspekte konzentrieren, werden natürlich einige wissenschaftliche Detailfragen nur im Überblick dargestellt. Dem fachnahen Leser mögen dann vielleicht detaillierte Abhandlungen etwa über die Spielarten des Dualismus, über philosophische Diskussionen (zum Beispiel über Kategorienfehler) sowie über moderne Entwicklungen im maschinellen Lernen fehlen. Wir haben das im Sinne des Buchthemas ausgespart.

KAPITEL I

DAS GEHEIME KÄMMERLEIN
DER GEDANKEN

Wäre es nicht großartig, immer genau zu wissen, wann unser Gegenspieler beim Pokern blufft (Abbildung 1)? Oder ob der Angeklagte wirklich den Mord begangen hat? Oder was der Partner tatsächlich über das selbst gemachte Batikhemd denkt? Im Alltag müssen wir uns darauf verlassen, dass Menschen ehrlich sind, wenn sie uns sagen, was sie denken. Denn sie sind die Torwächter in die Welt ihrer eigenen Gedanken. Wollen sie etwas nicht mitteilen, können sie ihre Gedankenwelt weitgehend verborgen halten.

Abb. 1: Beim Pokern könnte es sehr hilfreich sein, die verborgenen Gedanken und Gefühle eines Gegenspielers einschätzen zu können. Hinter mancher Unschuldsmiene kann sich der schlimmste Bluff verstecken.

13

Aber vielleicht nicht mehr lange. Die moderne Hirnforschung hat in den letzten Jahren massive Fortschritte gemacht. Ist es damit bald möglich, im Gehirn nachzuschauen, was jemand gerade denkt?

Wir müssen schon an dieser Stelle eines deutlich machen: Unter Gedanken versteht die Hirnforschung nicht nur innere Sprache, wie etwa »Meine Güte, glaubt der Verkäufer wirklich, dass mir diese Hosenträger stehen?«. Vielmehr wird in unserer Forschung der Begriff »Gedanke« ganz bewusst weiter gefasst: Er meint letztlich alles, was in irgendeiner Weise in unser Bewusstsein dringt, also alles, was wir erleben – egal ob wir wach sind oder träumen. Da kommt eine Reihe unterschiedlichster Elemente zusammen: das Sehen von Gegenständen (auch diese schwarzen Zeichen auf weißem Grund, die Sie gerade lesen) ebenso wie die Wahrnehmung von Geräuschen und Tönen und allem, was man riechen und tasten kann. Zu diesen bewussten Wahrnehmungen kommen noch alle Arten von Gefühlen sowie Erinnerungen und Absichten, Handlungspläne und natürlich die oben erwähnten sprachlichen Gedanken, Träume sowie Belohnungsmomente, die das Leben im wahrsten Sinne des Wortes versüßen. All diese verschiedenen geistigen Zustände meinen wir, wenn wir in der Forschung und auch in diesem Buch von Gedanken reden.

Selten findet man die Idee des maschinellen Gedankenlesens so schön umgesetzt wie in dem Film *Futureworld* aus dem Jahr 1976. Zwei Journalisten, Chuck und Tracy, besuchen eine Zukunftsstadt, in der Roboter Menschen mit Rollenspielen unterhalten. Der Betreiber dieser Stadt, Dr. Duffy, führt den beiden Journalisten seine neueste Erfindung vor: eine Maschine, die Gedanken lesen kann. Tracy erklärt sich spontan bereit, die Maschine auszuprobieren. Ganz sicher ist sie sich nicht, ob das eine gute Idee ist, schließlich möchte sie ja nicht, dass ihr Kollege (und gelegentlicher Liebhaber) Chuck zu tiefe Einblicke in ihre private Gedankenwelt erhält. Doch die journalistische Neugier siegt.

Tracy wird in eine abgeschirmte Kammer geführt. Dort legt sie sich auf ein bequemes großes Luftkissen, bekommt eine technische Apparatur über den Kopf gestülpt und soll sich ihren Gedanken und Träumen hingeben.

In der Kommandozentrale außerhalb der Kammer befindet sich das technische Herz der Maschine. Die Hirnaktivität von Tracy wird dort aufgezeichnet und in einen Großcomputer eingespeist, der aus den Hirndaten ihre Gedanken errechnet. Gerade ist sie in Gedanken bei ihrem neunten Geburtstag: Man sieht die Torte, den Vater, einen Kinderfreund und den Hund, der sich an Tracy schmiegt. Dann aber kommt es, wie es kommen muss. Ein anderer Mann, ein Liebhaber, taucht in den Gedanken von Tracy auf. Chuck ist alarmiert.

Ist so etwas prinzipiell vorstellbar? Kann eine Maschine unsere Gedankenwelt auslesen und für andere sichtbar machen – vielleicht noch nicht heute, aber irgendwann in der Zukunft? Oder fühlt es sich vielmehr so an, als befänden sich unsere Gedanken in einem gut versiegelten Kämmerlein, das nur uns selbst zugänglich ist – in einem privaten Gedankensafe, in dem alle unsere Ideen, Einsichten, Sorgen, Empfindungen, Schmerzen, Pläne, Absichten, Gefühle und Erinnerungen verborgen sind und für den nur wir selbst den Zugangscode kennen?

Zwar erzählen wir hin und wieder darüber, was sich in diesem Kämmerlein befindet, aber direkt hineinschauen lassen wir niemanden. Wir wollen nicht, dass jemand unseren Neid sieht, den wir gegenüber einem Kollegen empfinden, der eine Beförderung bekommt, die wir selber gerne hätten. Wir wollen auch nicht, dass jemand unseren Bluff erkennt, wenn wir beim Pokern auf unser Blatt setzen, obwohl wir schlechte Karten haben. Wir wollen auch nicht, dass unser Ehepartner mitbekommt, wenn wir gerade eine Affäre haben. Solche Gedanken sollen im geheimen Kämmerlein unserer Gedankenwelt verborgen bleiben.

Für andere Menschen ist es meistens schwer zu erraten, was wir gerade denken. Völlig sicher vor Zugriff sind unsere Gedanken dennoch nicht. Unser Neid auf den beförderten Kollegen kann herauskommen, wenn wir uns verplappern. Wir merken dann, wie uns die Schamesröte ins Gesicht steigt und dass jeder um uns herum nun sehen kann, wie wir uns ertappt fühlen. Auch beim Pokern verrät uns vielleicht unsere Körpersprache und macht uns einen Strich durch die Rechnung. Ein nervöses Zucken in den Augenlidern kann einem geübten Poker-Ass den Bluff schon verraten. In der Partnerschaft gestaltet es sich auf lange Sicht noch schwieriger, bestimmte Dinge geheim zu halten. Wir können unsere Gedanken nicht völlig verbergen, schon gar nicht gegenüber einer Person, die mit unseren Denk- und Handlungsgewohnheiten eng vertraut ist und daher selbst kleinste Abweichungen spüren kann.

Eine perfekte Abschottung der Gedanken ist sozial auch gar nicht gewünscht. Menschen, die mit ihrem Denken hinter dem Berg halten, gelten als »verschlossen«, machen einen mitunter sogar misstrauisch.

Mit den Techniken der modernen Hirnforschung erlebt die uralte Idee von einer Gedankenlesemaschine einen neuen Höhenflug. Man kann kaum mehr eine Zeitschrift aufschlagen, ohne auf ein Bild von der menschlichen Hirnaktivität zu stoßen. Die entsprechenden Titel ähneln sich: »Wo die Liebe wohnt«[1] oder »Das gläserne Gehirn«[2]. Wenn sich unsere Gedanken in den Mustern der Hirnaktivität tatsächlich widerspiegeln, sollte es dann nicht nur noch ein kleiner Schritt sein bis zum Bau einer Maschine, die unsere privaten Gedanken zu lesen vermag? Eine Maschine, die in dieses private Kämmerlein eindringen kann? Kann die Gedankenwelt, die von Natur aus eine Privatsache ist, mit trickreichen Methoden erschlossen und verstanden werden, so wie die körperlichen Vorgänge in Niere, Herz und Lunge auch?

Um dies zu beantworten, wenden wir uns zunächst einer Kernfrage der menschlichen Existenz zu: Wie hängen Gedanken und Hirnprozesse genau zusammen? Diese Frage ist als das »Leib-Seele«- oder »Geist-Gehirn«-Problem bekannt und beschäftigt Philosophen seit mindestens 2500 Jahren.[3]

Ist unsere geistige Welt vom Gehirn abhängig oder besitzt sie eine (gewisse) Eigenständigkeit? Gibt es in unserem geheimen Kämmerlein auch Gedanken, die sich nicht im Gehirn abspielen und deshalb zwangsläufig auch nicht aus Hirnprozessen ausgelesen werden können? Man kann die Frage auch noch prinzipieller stellen: Gibt es einen Geist, der unabhängig von unserem Körper existiert? Wenn ja: Kann unser Geist auch nach dem Tod des Körpers weiterexistieren? Wer diese und ähnliche Fragen eher mit Ja als mit Nein beantwortet, für den sind die Welt unserer Gedanken und die Welt unserer Hirnprozesse vermutlich zwei von Grund auf verschiedene Dinge. Diese Teilung in zwei Sphären (oder Existenzbereiche) nennt man Dualismus (etwa: »Lehre von der Zweiheit«). Wenn Sie Dualist sind, würden Sie es für vergebliche Liebesmüh halten, den Geist in unserem Gehirn zu suchen, weil dort lediglich Neurone schalten. Unsere Empfindungen und unser Denken gehen für Sie aber über das hinaus, was die Naturwissenschaft und insbesondere die Hirnforschung erfassen kann.

Der Zusammenhang zwischen Gehirn und Geist hat die Menschen seit jeher fasziniert, sowohl Experten als auch Laien. Ein Goethe-Vers aus dem zweiten Teil des *Faust* drückt die Herausforderung aus: »Noch niemand konnt es fassen, wie Seel und Leib so schön zusammenpassen, so fest sich halten, als um nie zu scheiden, und doch den Tag sich immerfort verleiden.«[4] Es gibt inzwischen eine Reihe von Hirnforschern, die mit wissenschaftlichen Verfahren versuchen, dieses Menschheitsrätsel zu lösen und den Zusammenhang von »Seel und Leib« genau zu fassen. Aber es ist nicht nur interessant, was Profis über diese zentrale Frage der menschlichen Existenz denken, sondern auch, wie die breite Bevölkerung den Zusammenhang sieht. Denn unsere Vorstellungen von Leib und Seele durchziehen viele Bereiche unserer Existenz und prägen unsere Einstellung zu wichtigen Fragen wie Schuld, Willensfreiheit oder dem Leben nach dem Tod.

Diese und ähnliche Fragen haben mich bereits zum Ende meiner Schulzeit umgetrieben. Ich tat mich damals allerdings schwer, ein Studienfach zu finden, das meinen Erkenntnishunger stillen konnte. Sollte ich Biologie wählen, um etwas über das menschliche Gehirn zu lernen? Oder Informatik, um dann künstliche intelligente Systeme zu programmieren? Oder Philosophie, um die Grundfragen menschlicher Erkenntnis zu verstehen? Zum Schluss landete ich bei der Psychologie, weil ich mir von ihr versprach, die Methoden zu erlernen, mit denen man geistige Prozesse beobachten kann. So begann ich Anfang der 1990er-Jahre an der Universität Bremen, Psychologie zu studieren. Bremen hatte ich gewählt, weil ich gehört hatte, dass dort in besonderem Maße interdisziplinär gearbeitet wurde – Philosophen, Psychologen, Hirnforscher, Physiker, Informatiker und Mathematiker standen dort in engem Austausch, um eine neue Wissenschaft der Kognition zu begründen.

In der Bremer Psychologie lernte ich unglaublich viel über das menschliche Verhalten und die Möglichkeiten seiner Erforschung. Zugleich war ich erstaunt, wie wenige sich für die

Frage nach dem Zusammenhang zwischen Geist und Gehirn interessierten, anders in anderen Fächern, etwa der Neurobiologie und der Philosophie.

Zum Glück holte der Hirnforscher Gerhard Roth vom Hanse-Wissenschaftskolleg damals die besten Nachwuchsphilosophen, die sich mit dem Problem des Bewusstseins beschäftigten, in die Region. Da sie an der Uni Bremen Seminare anboten, bekam ich endlich die Gelegenheit, das Problem des Bewusstseins mit anderen Interessierten zu diskutieren. Darunter war auch der international renommierte Philosoph Thomas Metzinger. Er bot ein Seminar über die Philosophie des Geistes an, das ich unbedingt belegen wollte. Ich ging davon aus, dass bekannt sei, wie berühmt Thomas Metzinger im Feld der Bewusstseinsforschung ist, und daher unzählige Studenten die Veranstaltung besuchen würden. Bei der ersten Sitzung war ich deshalb eine halbe Stunde vor Beginn im Seminarraum, um noch einen Platz zu ergattern. Bis zum Beginn der Veranstaltung fanden sich neben mir als Psychologen allerdings nur wenige weitere Teilnehmer ein, darunter ein Biologe, ein Physiker und ein paar wenige Philosophen. Offensichtlich war das Problem des Bewusstseins nicht nur in meinem Fach noch nicht richtig angekommen, sondern auch im Kernfach der Philosophie. Doch diese kleine Gruppe bot natürlich gute Bedingungen, um mit Gleichgesinnten zu diskutieren und dabei in die Tiefe zu gehen. Bereits kurze Zeit später platzten die Seminare zur Philosophie des Bewusstseins aus allen Nähten.

In Bremen lernte ich auch den Philosophen Michael Pauen kennen, der sich für die Neurowissenschaften interessierte. Einige Jahre später trafen wir uns in Berlin wieder, als er an die Humboldt-Universität zur Berlin School of Mind and Brain kam. Immer wieder diskutierten wir tage- und nächtelang über das Gehirn und den Geist, über Willensfreiheit und

Verantwortung. Es stellte sich heraus: Pauen war als Philosoph viel optimistischer als ich, dass wir irgendwann herausfinden würden, wie Geist und Gehirn zusammenhängen.

So kamen wir eines Tages auf die Idee, zu erforschen, was eigentlich Laien über den Zusammenhang von Gehirn und Geist dachten. »Laien« meint dabei, dass die Personen, die wir befragen wollten, weder Neurowissenschaftler noch Psychologen noch Philosophen waren. In Bezug auf die eigene Gedankenwelt sind natürlich alle Experten, denn alle Menschen erleben tagtäglich ihr eigenes Denken und haben auch genaue Vorstellungen davon, wie ihre Erlebnisse mit ihrem Körper zusammenhängen. Wenn uns zum Beispiel eine Wespe sticht, spüren wir einen Schmerz und wissen, dass die Verletzung der Haut und das Gift des Insekts die Ursache dafür sind. Wenn wir Lust auf ein Glas Wein haben und sich unsere Hand daraufhin in Bewegung setzt, gehen wir davon aus, dass unser Wunsch die Ursache dafür ist, dass unser Körper aktiv wird. Wenn wir Sport treiben, sind wir hinterher erschöpft und glücklich, und wir wissen, dass die körperliche Anstrengung uns Glücksgefühle bescheren kann. Wenn jemand einen Schlaganfall erleidet, wissen wir, dass die Verletzung des Gehirns dazu führen kann, dass er seine Sprachfähigkeit verliert oder sich seine Gefühlswelt verändert. Und manchmal fühlt es sich so an, als sei der ganze Körper am Denken beteiligt. Beim Gedanken an die Geliebte etwa fühlt man die legendären Schmetterlinge im Bauch. So gesehen ist also jeder Mensch eine Art Kronzeuge für den Zusammenhang zwischen Körper und Geist.

Wir starteten also eine Umfrage, was die Menschen über das Verhältnis von Geist und Gehirn denken. Sie war zu einem gewissen Grad sogar repräsentativ: Es kamen beide Geschlechter sowie alle Altersgruppen der erwachsenen Bevölkerung in Deutschland zu Wort – dafür sorgte eine pro-

Abb. 2: Ein Selbsttest: Was denken Sie über das Verhältnis von Gehirn und Geist?

	NEIN -1 Punkt	UNENTSCHIEDEN 0 Punkte	JA +1 Punkt
Wir Menschen sind einzigartig, weil wir eine Seele haben, die von unserem Körper unabhängig ist.			
Unsere Entscheidungen können nur durch die Vorgänge in unserer Seele, aber nicht durch Vorgänge in unserem Gehirn erklärt werden.			
Es ist gerade das Nicht-körperliche am menschlichen Geist, das eine Person einzigartig macht.			
Der menschliche Geist kann nicht allein durch das Gehirn erklärt werden.			
Der menschliche Geist ist mehr als nur eine komplizierte biologische Maschine.			
Summe			

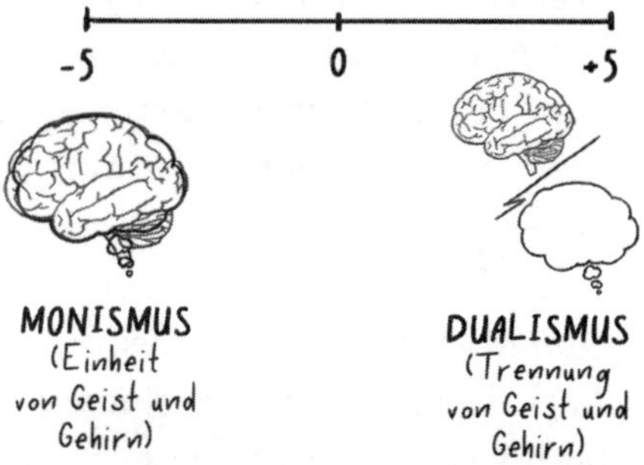

-5   0   +5

MONISMUS
(Einheit
von Geist und
Gehirn)

DUALISMUS
(Trennung
von Geist und
Gehirn)

fessionelle Befragungsagentur. Bei der Frage nach dem Verhältnis von Geist und Gehirn waren sich die Deutschen bemerkenswert einig: Über 90 Prozent der Befragten meinten, unsere Gedankenwelt ließe sich nicht allein auf Hirnprozesse reduzieren. Für sie gab es also eine prinzipielle Trennung zwischen Gehirn und Geist.[5] Sie waren somit Dualisten.

Wenn Sie selbst gerne herausfinden möchten, welche Position Sie einnehmen, können Sie gleich einen Selbsttest durchführen. In Abbildung 2 stehen fünf Fragen. Notieren Sie sich bitte jeweils einen Punkt, wenn Sie mit »Ja« antworten, null Punkte bei »Unentschieden« und minus einen Punkt, wenn Ihre Antwort »Nein« lautet. Dann addieren Sie bitte die fünf Zahlen.

Wenn mehr als null Punkte auf Ihrem Zettel stehen, gehören Sie zu der großen Mehrheit der Menschen, die glauben, das Gehirn allein könne unsere Gedanken nicht erklären. Für Sie stellt die geistige Welt bis zu einem bestimmten Punkt etwas Rätselhaftes dar, das naturwissenschaftlich nicht erfasst werden kann. Sie glauben an eine prinzipielle Trennung von Gehirn und Gedankenwelt. Wenn Ihr Punktestand unter null liegt, dann glauben Sie hingegen eher, dass eine Vermessung der Hirnaktivität tatsächlich weitgehend oder sogar vollständig Aufschluss über unsere Gedanken geben kann. Diese Position nennt man Monismus (etwa »Lehre von der Einheit«).[6]

Es dürfte nicht überraschen, dass Neurowissenschaftler zum Monismus neigen. Bei der Berufswahl liegt das nahe. Auch wenn es beim Verständnis des menschlichen Gehirns noch viele offene Fragen gibt, ändert das für Hirnforscher nichts an der Grundannahme, dass Geist und Materie prinzipiell untrennbar miteinander verbunden sind. Doch die breite Bevölkerung hat darüber offensichtlich andere Ansichten.

Übrigens nicht nur die Deutschen; auch in Amerika und Singapur, wo wir ähnliche Umfragen durchgeführt haben, erwiesen sich die meisten Menschen als Dualisten.

Als Hirnforscher rieb ich mir bei diesen Ergebnissen verwundert die Augen: Wie konnte das sein? Die Öffentlichkeit hat doch offensichtlich höchste Erwartungen an die Neurowissenschaft und erhofft sich von meinem Fach Antworten auf die großen Rätsel des menschlichen Daseins. Kaum eine Woche vergeht, in der nicht ein Kollege in einer Talkshow auftritt. Ich bin schon zu allen erdenklichen Themen befragt worden. Als Hirnforscher soll ich dann erklären, wie man seine Kinder erziehen, mit seinem Partner glücklich und im Beruf erfolgreich werden kann. Oder ich soll dazu Stellung nehmen, ob Kriminelle überhaupt für ihre Taten verantwortlich zu machen sind. Ständig bekomme ich solche Fragen gestellt, und immer steht die Hoffnung dahinter, die Hirnforschung könne eindeutige Erklärungen für die Mysterien des menschlichen Geistes liefern. In allen denkbaren Bereichen sind Hirnforscher in den letzten Jahren als Experten gefragt worden – als habe jedwedes Problem eine neurowissenschaftliche Grundlage, sei es in Wirtschaftsunternehmen oder in der Schule, in der Philosophie oder anderen Geisteswissenschaften. Es ist schick, einem Fachgebiet ein »Neuro« voranzustellen. So ist jüngst gar von Neurosoziologie und Neurotheologie die Rede, an Neurodidaktik und Neuromarketing hat man sich schon gewöhnt. Hinter all diesen Kreationen verbirgt sich die Hoffnung, die Neurowissenschaft könne Mittel und Wege aufzeigen, wie menschliches Verhalten zu verstehen und zu verändern ist – auf welche Weise etwa Schüler endlich effektiv ihren Lehrstoff pauken können oder Konsumenten zum Kauf eines bestimmten Produkts zu bringen sind.

Wie aber ist eine derartige Erwartungshaltung vereinbar mit dem weit verbreiteten Zweifel an der Erklärungsmacht der Neurowissenschaft? Offenbaren solche Hoffnungen nicht den Glauben daran, dass sich der Geist entschlüsseln lässt, wenn man die Mechanismen des Gehirns erst einmal richtig verstanden hat? Und wie passt das zu den Ergebnissen unserer Umfrage, wonach die meisten unserer Zeitgenossen Dualisten sind und den Geist für etwas Nichtkörperliches halten, das die Naturwissenschaft gar nicht oder kaum erfassen kann?

Vielleicht legt die Intuition uns erst einmal einen Riss zwischen Leib und Seele nahe, weil sich geistige und körperliche Aspekte unserer Welt so stark voneinander unterscheiden. Gedanken scheinen etwas ganz anderes zu sein als Prozesse in unserem Körper, sie scheinen völlig verschiedenen Sphären anzugehören. Ein Schmerz fühlt sich auf eine bestimmte Art und Weise an: Er ist unangenehm, stechend oder bohrend, wir wollen etwas gegen ihn unternehmen. Aber an der Aktivität von Nervenzellen in unserem Gehirn ist nichts Unangenehmes, Stechendes, Bohrendes. Sie sind einfach körperliche Vorgänge, wieso sollten sie sich also auf eine bestimmte Weise »anfühlen«?

Außerdem bekommen wir von vielen körperlichen Vorgängen gar nichts mit. Wir spüren nicht, wie die Leber ihre Entgiftungsarbeit leistet. Wir haben kein Gefühl dafür, ob sie heute gute Dienste verrichtet. Und wenn sie mal schlecht arbeitet, entsteht in uns kein dringendes Bedürfnis, etwas dagegen zu tun, anders als beim Schmerz. Wir brauchen in der Regel einen Arzt, damit wir von den schlechten Leberwerten in unserem Blutbild erfahren. Erst die Konsequenzen einer Fehlfunktion, wie etwa die Vergiftungserscheinungen, bemerken wir. Die Vorgänge in der Leber selbst bleiben uns aber verborgen.

Die Prozesse in unserer Leber sind stofflicher Natur. Sie bestehen aus Materie, letztlich aus Zellen und noch kleineren

Grundbausteinen, die wie bei einer Maschine ineinandergreifen. Eine solche Sichtweise akzeptieren wir, ohne zu zögern. Gedanken jedoch für stoffliche Vorgänge zu halten fällt uns schwer. Sie scheinen nicht materiell, man kann sie nicht wie etwas Körperliches in ihre Einzelteile zerlegen. Man kann sich Gedanken auch nicht wie eine Maschine vorstellen, deren Bauteile mechanisch ineinandergreifen. Es scheint uns unmöglich, einen stechenden Schulterschmerz oder ein euphorisierendes Frühlingsgefühl zu vermessen, ganz einfach, weil diese Erlebnisse in der materiellen Welt nicht greifbar sind.

Aber vielleicht glauben wir nicht nur deswegen an eine Trennung von Körper und Geist, weil beide Sphären so unterschiedlich erscheinen. Es könnte noch einen weiteren gewichtigen Grund geben: Dieser Glaube kann uns nämlich über die Endlichkeit der eigenen Existenz hinwegtrösten. Denn wäre unsere Seele vollständig durch das Gehirn erklärbar, würde dann nicht der Tod, der das Ende unserer Hirnprozesse herbeiführt, auch das Ende unserer ganzen Gedankenwelt bedeuten? Wie soll man sich eine posthume Weiterexistenz unseres Geistes vorstellen, wenn die Monisten recht haben und er untrennbar mit dem Körper verbunden ist? Der Glaube an eine Trennung von Gehirn und Geist kann hingegen ein wenig Trost spenden – und das tut er, wie wir gleich sehen werden, bereits seit der Antike.

KAPITEL 2

GEIST UND GEHIRN:
EIN RÄTSEL SEIT DER ANTIKE

Die Idee einer Trennung von Gedanken- und Körperwelt durchzieht das abendländische Denken wie kaum eine andere. Ihren Ursprung kann man zumindest bis zum griechischen Philosophen Platon ins vierte vorchristliche Jahrhundert zurückverfolgen. In einem seiner großen Dialoge lässt er den Philosophen Phaidon, wie er selbst Schüler von Sokrates, von Gesprächen mit dem Lehrmeister berichten, die er unmittelbar vor der Vollstreckung von dessen Todesurteil führte. Im Angesicht des Todes diskutiert Sokrates mit Freunden und Schülern über das Verhältnis von Leib und Seele. Sokrates sieht dem Tod gelassen entgegen, er begreift ihn als Befreiung. Denn für ihn gibt es – wie für die Teilnehmer unserer Umfrage – eine prinzipielle Trennung zwischen der sterblichen körperlichen Hülle und dem – wie er glaubt – unsterblichen Geist. Leib und Seele existieren nach Sokrates zwar getrennt voneinander, können sich aber immerhin für eine gewisse Zeit – so lange nämlich, wie ein Mensch lebt – ineinander verschlingen und voneinander abhängig werden; vor allem dann, wenn der Geist körperlichen Lastern frönt.

Sokrates hat keine Angst vor dem unmittelbar bevorstehenden Tod, denn sein tugendhaftes Leben habe seinen Geist davon abgehalten, sich allzu eng mit seiner körperlichen Hülle zu verbinden. Tugendhaft ist ein Leben nach Sokrates dann, wenn man seine Erdentage dem Philosophieren und nicht etwa der Völlerei widmet. Denn durch die Philosophie lerne die Seele, »in sich selbst gesammelt«[1] zu bleiben und sich nicht zu sehr von den körperlichen Bedürfnissen abhängig zu machen. Sokrates erwartet denn auch, dass sich nach seinem Tod seine Seele leicht von seinem Körper ablösen werde und ihre Reise ins Jenseits antreten könne. Da ihm so gesehen mit der Seele das Wichtigste bleibt, wenn der Tod seinen Leib erfasst, zeigt er keinerlei Angst oder Zweifel.

Anders allerdings wird es Sokrates zufolge jenen ergehen, die sich zu Lebzeiten nicht der Tugend und Wahrheitsliebe verpflichtet fühlten, sondern ihrer Seele freimütig Umgang mit dem Leib erlaubten und sich »ohne alle Scheu der Völlerei und des Übermuts und Trunkes befleißigten«.[2] Nach dem Tod werden diese Seelen für ihre Verdorbenheit bezahlen, da der Geist sich so eng mit der niederen Körperwelt verschlungen hat, wird ihm die Ablösung nicht gelingen. Er wird immer wieder zurückgezogen in die materielle Welt und muss, statt in Freiheit fortzufliegen, in der Nähe der Gebeine auf dem Friedhof herumschleichen, wo »daher auch allerlei dunkle Erscheinungen von Seelen gesehen worden sind«.[3]

Diese dualistische, körperfeindliche Philosophie Platons, die er seinem Lehrmeister Sokrates in den Mund legt, wird später bestens mit der christlichen Lehre von dem ohne körperliche Befleckung gezeugten Gottessohn harmonieren, nach der die Seele nach ihrer irdischen Existenz – zumindest im Volksglauben – auch in eine parallele Welt entschwindet.[4] So wurde der Dualismus zu einer Grundüberzeugung der abendländischen Kultur, und diese scheint, wie unsere Umfrageergebnisse nahelegen, bis in die Gegenwart fortzuwirken.

Bereits viele Jahrtausende vor unserer Zeitrechnung, im Neolithikum, scheinen die Menschen an eine Trennung von Körper und Geist geglaubt zu haben. Gräber aus dieser Zeit weisen oft in Stein gehauene runde Öffnungen auf. Sie werden vielfach als »Seelenlöcher« interpretiert, die angebracht wurden, damit die Seele des Verstorbenen aus dem Grab entweichen konnte. Da die damaligen Kulturen über keine Schrift verfügten, sind solche retrospektiven Deutungen natürlich spekulativ. Aber ähnliche Funde von Löchern, die für die Seelen vorgesehen wurden, sind in vielen Regionen der Welt gemacht worden, und zwar in verschiedenen historischen Epochen. Alte Holzhäuser im Alpenraum haben oft eine verschließbare Öffnung in der Wand, das sogenannte Seelenfenster (auch Seelenbalken, Seelenglotz oder Seelabalgga). Kurz vor dem Tod eines Menschen wurde es geöffnet, damit die Seele des Sterbenden fortfliegen konnte. Wenn man die kleinen flachen Öffnungen sieht, kann man froh sein, dass nur die Seele da hindurch musste. Einem menschlichen Körper würde das nicht gelingen. Noch heute wird in zahlreichen Kulturen und bisweilen auch in Krankenhäusern nach dem Tod eines Patienten ein Fenster geöffnet, damit dessen Seele entweichen kann. Gemäß einer gängigen Vorstellung von Exorzisten können sich womöglich sogar mehrere Seelen in einem Körper befinden, wenn etwa ein Geist von einem Dämon besessen ist.

Das macht deutlich: Sokrates war mit seinen dualistischen Vorstellungen nicht allein. Der Glaube an eine prinzipielle Trennung von Leib und Seele durchzieht weite Teile der Menschheitsgeschichte. Was nun sagt die Wissenschaft dazu? Gibt es Belege für eine Unabhängigkeit von Leib und Seele? Und wenn sie trennbar sind, wie funktioniert dann der Austausch zwischen Geist und Körper? Was passiert, wenn wir zögernd auf dem Zehnmeterbrett im Schwimmbad stehen? Wir haben den Eindruck, dass wir im Kämmerlein unserer Gedanken zunächst den Entschluss fassen und uns dann in einem zweiten Schritt bewegen und springen. Aber wie kann eine solche Entscheidung im Geist die tatsächliche Bewegung des Körpers verursachen, wenn es sich um verschiedene Seinssphären handelt? Wie kann etwas Nichtstoffliches wie der Gedanke auf etwas Stoffliches wie den Körper einwirken? Wenn man die Verhältnisse umkehrt, wird es nicht weniger paradox: Wie können materielle, also stoffliche Ursachen geistige, also nichtstoffliche Wirkungen hervorrufen? Wenn Geist und Körper prinzipiell getrennt sind, wie kann es dann passieren, dass man einen Wespenstich, also einen körperlichen Vorgang, überhaupt bemerkt? Dazu müsste etwas, das im Körper – genauer: auf der Haut – registriert wird, in die Gedankenwelt weitergeleitet werden. Aber wie soll dieser Austausch zwischen den beiden scheinbar getrennten Sphären vonstattengehen?

Der Naturforscher und Philosoph René Descartes versuchte im 17. Jahrhundert als einer der Ersten, dieses Rätsel mit wissenschaftlichen Methoden zu lösen.[5] Descartes behauptete – ähnlich wie Platon 2000 Jahre zuvor –, im Universum gäbe es nicht eine einzige, sondern zwei grundsätzlich verschiedene Substanzen. Auf der einen Seite sah er die Welt der materiellen Dinge, die sich allesamt durch ihre körperliche Ausdehnung auszeichneten. Deswegen nannte er sie auch *Res extensa* (ausgedehnte Substanz). Im Gegensatz dazu stand die geistige Welt, die nicht ausgedehnt ist. Ein Gedanke hat keinen Ort, man kann ihn nicht festnageln wie ein Brett auf dem Dach, er ist überall und nirgends. So trennte Descartes das Geistige vom Materiellen und gab ihm die Bezeichnung *Res cogitans* (denkende Substanz).

Die denkende Substanz war für den Katholiken Descartes göttlichen Ursprungs, weswegen wir Menschen sie auch nicht in ihrer Komplexität erfassen könnten. Anders die dingliche, ausgedehnte Welt; diese sei in all ihren Facetten erkennbar – zumindest prinzipiell. Descartes stellte sie sich wie eine Maschine vor: gewaltig in ihren Dimensionen und hochkomplex in ihren Funktionen, aber letztlich durchschaubar wie jene trickreichen Mechanismen, die in den Gärten der Fürsten seiner Zeit die Wasserspiele virtuos sprudeln ließen. Selbst der von Gott ertüftelte menschliche Körper, also auch die oben erwähnte Leber, machte für Descartes da keine Ausnahme: »Ich stelle mir vor, dass der Körper nichts anderes sei als eine Maschine aus Erde.«[6]

Dann aber kam Prinzessin Elisabeth von der Pfalz. Als eifrige Schülerin von Descartes führte sie ihren Meister mutmaßlich an seine emotionalen, in jedem Fall aber an seine intellektuellen Grenzen. Wie könne es eigentlich sein, so ihre Frage, dass jene beiden von ihm beschriebenen Substanzen miteinander in Wechselwirkung treten? Diese Frage zielte direkt ins Herz von Descartes' Lehre. Sei es denn nicht gerade das Wesen von Substanzen, getrennt und unabhängig voneinander zu existieren? Wie aber soll es dann möglich sein, dass sie im Menschen doch offensichtlich tagein, tagaus interagieren?

Tja, wie war das möglich? Descartes hatte auf diesen Einwand der Prinzessin spontan »keine saubere Lösung parat«[7]. Das konnte der renommierte Gelehrte natürlich nicht auf sich sitzen lassen. Auf der Suche nach einer Erklärung nahm er an mehreren Obduktionen menschlicher Körper teil. Besonders das Gehirn interessierte ihn, denn bereits viele Denker der Antike hatten vermutet, dieses Organ sei für unsere Seele entscheidend (Aristoteles zählte da zu den wenigen Ausnahmen). Doch die meisten Strukturen in diesem komplizierten Gebilde gab es zweimal, da das Gehirn aus zwei Hälften besteht. Die göttliche Seele aber war ungeteilt und musste deshalb einen exklusiven, nur einmal vorhandenen Sitz haben.

In der Tat fand Descartes schließlich eine Struktur, die seine Suchkriterien erfüllte und bereits seit der Antike als

Schnittstelle zwischen Gehirn und Seele im Gespräch war: die Zirbeldrüse, eine kleine Struktur, tief verborgen auf der Mittellinie des Gehirns. Sie sieht aus wie ein kleiner Pinienzapfen (deshalb heißt sie lateinisch *glandula pinealis*) und kommt nur in einfacher Ausgabe vor, das heißt, sie wird von beiden Hirnhälften gemeinsam genutzt. Descartes sah in ihr die Schnittstelle zwischen Seele und Körper.[8] Getreu seiner Konzeption des Menschen als Maschine erklärte Descartes die Wirkungsweise der Zirbeldrüse streng mechanisch. Sie spielt bei ihm die Rolle eines Portals oder einer Schnittstelle, an der sich geistige und körperliche Welt begegnen können. Die Seele sei mit der kleinen Hirndrüse eng verbunden und könne sie in geeigneter Weise bewegen. Wie der Puppenspieler an den Fäden seiner Marionette ziehe die Zirbeldrüse am Geflecht der Nerven und erziele so jede erwünschte Wirkung: »Umgekehrt ist auch die Maschine unseres Körpers so konstruiert, dass allein daraus, dass diese Drüse unterschiedlich durch die Seele oder eine andere Ursache bewegt ist, sie die umgebenden Lebensgeister in die Poren des Hirns schickt, die sie durch die Nerven in die Muskeln weiterleiten, mittels deren sie dann die Glieder bewegen.«[9]

Elisabeth von der Pfalz scheint sich mit Descartes' Theorie vom Zusammenwirken der Seele mit dem Körper zufrieden gegeben zu haben. Jedenfalls blieb sie ihrem Lehrer bis an sein Lebensende verbunden, und dieser widmete ihr seine Schrift mit dem beredten Titel *Die Leidenschaften der Seele*.

Viele andere Gelehrte konnten schon zu Descartes' Lebzeiten nicht fassen, warum es dem großen Denker ausgerechnet die kleine Zirbeldrüse angetan hatte. Sie äußerten ihren Spott recht unverhohlen. Descartes' Vorstellungen vom Gehirn galten bald als überholt, auch seine Zirbeldrüsentheorie war schnell ausgemustert.[10] Bei anatomischen Untersuchungen wurde die zapfenförmige Hirndrüse auch in den Ge-

32

hirnen verschiedener anderer Säugetiere nachgewiesen. Da stellte sich natürlich die Frage, wie die Zirbeldrüse die Schnittstelle zur göttlichen Seele sein könne, wenn sie auch bei Tieren vorkommt, die nach damaliger Ansicht keine göttliche Seele ihr Eigen nennen durften. Dieses Argument spielt heute keine Rolle mehr, weil man auch Tieren wenn nicht eine Seele, so doch zumindest Bewusstsein und, unter Umständen, sogar einfachere Formen des Denkens zubilligt.

KAPITEL 3

EINE SCHNITTSTELLE
ZWISCHEN GEHIRN UND GEIST?

Descartes' Theorien wirkten lange nach. Noch im Jahr 1994 wurde ein Buch des Hirnforschers António Damásio zum internationalen Bestseller, das Descartes' dualistische Ideen infrage stellte[1]. Aber Descartes' Grundfrage spielt heute noch immer eine Rolle, und dualistische Überzeugungen sind nach wie vor weit verbreitet, wie unsere Umfrage zeigt. Wonach muss man überhaupt suchen, wenn man eine Schnittstelle zwischen Gehirn und Geist finden möchte?

Die Zirbeldrüse kann sie nach moderner wissenschaftlicher Erkenntnis kaum sein. Sie ist winzig, etwa so groß wie eine Erbse, und fungiert vor allem als Drüse, die das Hormon Melatonin ausschüttet, mit dessen Hilfe der Schlaf-Wach-Rhythmus reguliert wird. In ihr laufen sicher nicht die entscheidenden Informationen aus den verschiedenen Regionen des Gehirns zusammen. Versetzen Sie sich nur einmal in folgende Situation: Sie sitzen im Konzertsaal der Berliner Philharmonie und hören genussvoll Beethovens Fünfte Sinfonie, erleben das virtuose Zusammenspiel aller Instrumente. Ihr Blick schweift durch den wunderbaren, vom Nachkriegsarchitekten Hans Scharoun gestalteten Raum. All diese komplexen Erlebnisse, die vielen Töne, Klänge, Formen und Farben müssen von Ihren Sinnen aufgenommen werden. Wenn die Zirbeldrüse die Schnittstelle in Ihr Bewusstsein wäre, müssten alle diese Erlebnisse das Nadelöhr dieser winzigen Struktur

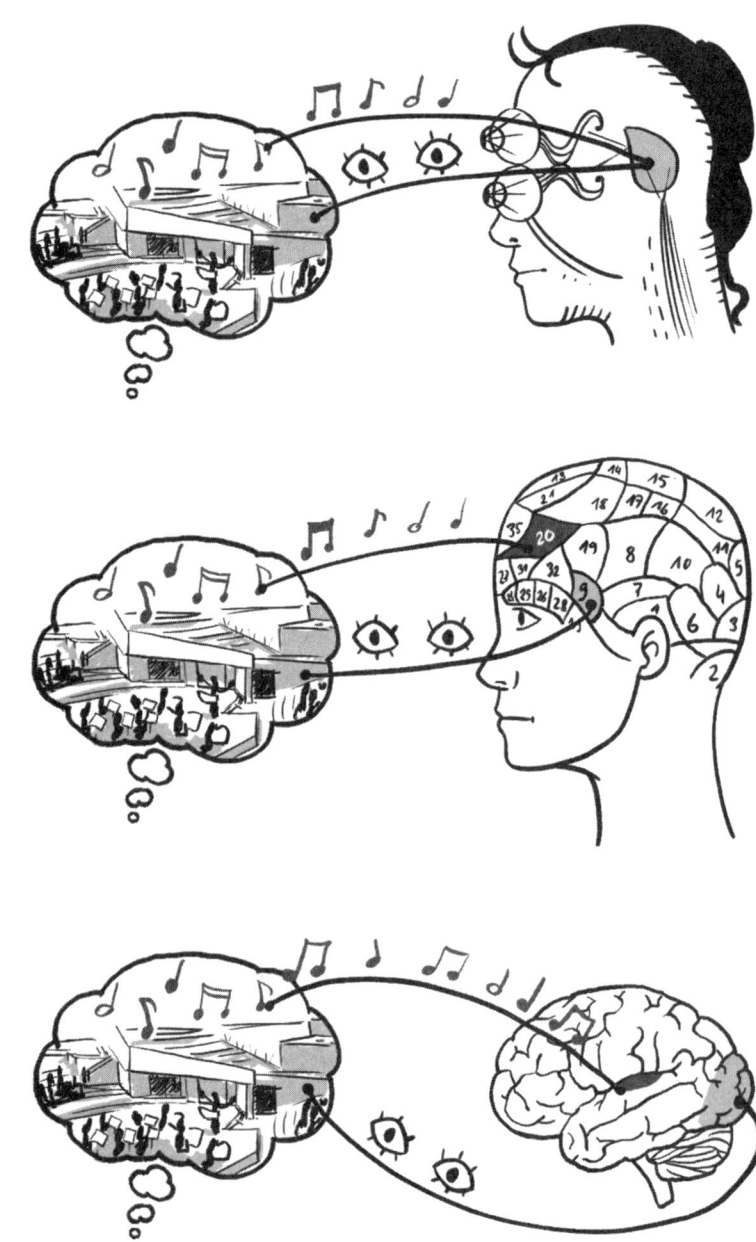

passieren. Die Zirbeldrüse hätte überhaupt nicht genug Nervenzellen, um diese Informationsfülle in Ihr Bewusstsein zu übertragen. Wäre Ihr Bewusstsein über die Zirbeldrüse an die Sinneswelt gekoppelt (siehe Abbildung 3, oben), könnten die Erlebnisse nur stockend und bruchstückweise in Ihr Bewusstsein dringen, so, als würden Sie versuchen, über ein uraltes Telefonmodem ein Video in HD-Qualität zu streamen. Es macht also wenig Sinn anzunehmen, die komplexe Vielfalt unserer Hirnprozesse würde über den engen Flaschenhals der Zirbeldrüse in unser Bewusstsein dringen.

Nach Descartes wurde in der Tat zunehmend deutlich, dass sehr viele Bereiche des Gehirns direkt an unsere Gedankenwelt gekoppelt sind. Es entstanden mehrere Theorien darüber, wie die verschiedenen Hirnregionen mit unseren Denkleistungen zusammenhängen. Zunächst handelte es sich um Spekulationen. Berühmt wurde die des deutschen Mediziners Franz Joseph Gall, der um 1800 die sogenannte

Abb. 3: Auf der linken Seite sind in einer Gedankenblase die visuellen und auditiven Erlebnisse einer Person bei einem Konzert in der Berliner Philharmonie illustriert. Die rechte Seite zeigt stark vereinfacht verschiedene historische Vorstellungen über den Zusammenhang zwischen dieser Erlebniswelt und dem Gehirn. *Oben rechts:* René Descartes vermutete, dass alle unsere Erlebnisse an einer einzelnen Schnittstelle zwischen Gehirn und Geist ausgetauscht werden. *Mitte rechts:* Die Phrenologen vermuteten hingegen, jeder geistigen Funktion entspreche eine eigene Hirnregion (hier veranschaulicht basierend auf einer Hirnkarte von Galls Schüler Spurzheim). Das heißt, es wären für zwei Erlebniskanäle (hier Sehen und Hören) auch zwei Hirnregionen erforderlich, auch wenn die Zuordnung rein spekulativ war. *Unten rechts:* Die moderne Hirnforschung hat die Zuordnung mithilfe wissenschaftlicher Techniken vorgenommen. Es sind der Seh- bzw. Hörkortex eingezeichnet.

Cranioskopie (Schädelbetrachtung) begründete, später unter dem Namen Phrenologie (Geisteslehre) ebenso bekannt wie verschrien. Gall ging von einer Annahme aus, die bis heute sinnvoll erscheint: Er gab Descartes' Vorstellung auf, die menschliche Gedankenwelt sei eine Einheit. Stattdessen zerlegte er den Geist in mindestens 27 verschiedene Teilfähigkeiten. Bereits im Alter von neun Jahren war Gall aufgefallen, dass ein Mitschüler, der über ein hervorragendes Gedächtnis verfügte, hervortretende Augen hatte. Was läge also näher als die Vermutung, dass die Augen von einer überaktiven, direkt hinter der Stirn gelegenen Gedächtnisregion im Gehirn räumlich verdrängt wurden? Gall baute diese Theorie immer weiter aus. Er glaubte, die individuellen Denkfähigkeiten und Eigenschaften müssten sich durch eine Untersuchung des Schädels nachweisen lassen. Dabei besagte seine Grundthese, dass jede Funktion in einer spezifischen Hirnregion realisiert werde (siehe Abbildung 3, Mitte). Wölbungen der Schädeldecke sprächen für eine besonders starke Ausprägung der dahinterliegenden Hirnregionen. Von der Anhänglichkeit über den Farbensinn bis zum Zahlen- und Zeitsinn: Jede Fähigkeit besaß nach Gall ein eigenes Hirnareal. Den Würg- und Mordsinn verortete er zwischen Schläfe und Ohr, da dieser Bereich des Kopfes bei Raubtieren besonders stark entwickelt sei. Ein auffällig gewölbter Hinterkopf zeige einen Hang zur Häuslichkeit. Auch einen Sinn für Gott wollte Gall auf dem Schädel entdeckt haben.

Diese Pseudowissenschaft, die Franz Joseph Gall begründete, gilt als Musterbeispiel möglicher Irrwege der Hirnforschung. Denn natürlich lässt sich von der Schädelform nicht einfach auf die dahinterliegende Hirnstruktur schließen. Doch eine von Galls Grundannahmen hat bis heute großen Einfluss: dass nämlich die einzelnen geistigen Fähigkeiten in jeweils eigenen, spezialisierten Hirnregionen verortet sind.[2]

HIRNKARTEN:
LAGEPLÄNE UNSERER GEDANKENWELT

Wenn tatsächlich weite Bereiche des Gehirns mit unserer Gedankenwelt gekoppelt sind, müssten bei Reizung entsprechender Bereiche ganz verschiedene geistige Phänomene wie Gedanken, Empfindungen, Vorstellungen und Wahrnehmungen entstehen. Doch wer stellt sich für einen solchen Versuch zur Verfügung? Immerhin müsste einem die Schädeldecke geöffnet werden, um an die Großhirnrinde heranzukommen, und während der darauffolgenden Stimulation müsste man sich bei vollem Bewusstsein befinden, anderenfalls würde man ja die hervorgerufenen Gedanken verschlafen.

Eine Möglichkeit bietet sich hierzu, wenn bestimmte Hirnoperationen an wachen Patienten durchgeführt werden. Dies ist manchmal erforderlich, wenn man vermeiden möchte, wichtige Funktionen des Gehirns durch die OP zu beschädigen. Man stimuliert das Gehirn elektrisch an bestimmten Punkten und schaut dann zum Beispiel, ob beim wachen Patienten etwa die Sprache beeinträchtigt ist. Bei anästhesierten Patienten wäre dies nicht möglich. Für mich als Hirnforscher ist es natürlich hoch spannend, dass man bei sogenannten Wachoperationen das offengelegte Gehirn direkt vor Augen hat. Normalerweise liegt das Gehirn ja immer verborgen unter der harten Schädeldecke und bleibt damit meist sehr abstrakt – wir sehen nur Schnittbilder, die unsere Hirnscanner erzeugen. Neurochirurgen müssen jedoch manchmal die körperliche Grenze, die die Schädeldecke darstellt, durchbrechen, um Menschenleben zu retten.

Ich muss ehrlich sagen, dass ich heilfroh bin, bei meiner Forschung nicht täglich am offengelegten Gehirn arbeiten zu müssen. Jeder Tag, an dem ich keine aufgeschnittenen Körper sehen muss, ist für mich ein guter Tag. Aus mir wäre nie ein guter Praktiker geworden. Glücklicherweise habe ich Mitarbeiterinnen wie meine Doktorandin Sandra Proelss, denen es nichts ausmacht, bei solchen Operationen dabeizusein.

Nur die wenigsten Menschen haben in ihrem Leben die Gelegenheit, das menschliche Gehirn einmal zu Gesicht zu bekommen. Der niederländische Arzt Herman Boerhaave erzählte um 1800 von einem Bettler in Paris, dem die Schädeldecke entfernt worden war. Er habe gegen Geld Passanten erlaubt, sein Gehirn zu berühren, woraufhin er 1000 Lichtblitze gesehen habe.[3]

Im Jahr 1874 gab es den ersten wissenschaftlichen Versuch, das menschliche Gehirn zu reizen. Leider endete die Prozedur in einem Desaster und stellte alles andere als eine Werbung für die Hirnstimulation dar. Eine junge Amerikanerin, Mary Rafferty, hatte ein Geschwür am Hinterkopf, das bereits Schädelknochen und Hirnhaut angegriffen und teilweise zerstört hatte. Ihr Gehirn lag im Bereich des Scheitellappens offen, man konnte die Pulsation der Blutgefäße sehen. Die Frau begab sich in die Obhut des Arztes Robert Bartholow aus Cincinnati, seinerzeit ein renommierter Forscher. Bis dahin waren alle Studien zur elektrischen Stimulation des Gehirns nur an Versuchstieren durchgeführt worden. Bartholow sah hier die einmalige Gelegenheit, nun auch die Hirnstimulation am Menschen zu untersuchen. In seinem Krankenhaus hatte er einen sogenannten elektrischen Raum eingerichtet, der mit allerlei Stimulationsgeräten ausgestattet war. Bartholomew führte winzige Elektroden in den Kortex ein und reizte über mehrere Tage hinweg das Gehirn mit elektrischen Strömen. Die junge Frau reagierte zuerst mit unwillkürlichen Muskelzuckungen auf der gegenüberliegenden Körperseite. Als Bartholow die Nadeln tiefer ins Gehirn drückte, begann ihr Arm schmerzhaft zu kribbeln. Trotzdem entschied sich der Versuchsleiter dazu, die elektrische Spannung zu erhöhen. Mit fatalen Folgen: Seine Patientin begann zu weinen, dann schien sie nach einem Objekt greifen zu wollen, obwohl sich keines in ihrer Reichweite befand. Plötzlich wurde ihr Blick starr, die Pupillen weiteten sich, die Lippen liefen blau an, sie bekam Schaum vor dem Mund und verlor das Bewusstsein. Trotz dieser grausamen Folgen seiner Stimulation führte Bartholow seine Versuche noch drei Tage lang fort. Die Patientin starb kurz darauf. Bartholow obduzierte sie und zerlegte ihr Gehirn in dünne Schnitte, um nachträglich die genaue Position der Elektroden im Gehirn zu ermitteln.

Das Vorgehen des Arztes löste große Empörung in der Öffentlichkeit aus und war auch unter seinen Kollegen höchst umstritten.[4] Eine derart eklatante Missachtung der körperlichen Unversehrtheit einer Patientin ist mit den ethischen Grundsätzen moderner medizinischer Forschung völlig unvereinbar. Im 20. Jahrhundert begann dann das Zeitalter der wissenschaftlich fundierten, medizinisch hilfreichen und ethisch sinnvollen Hirnstimulation. Vorreiter war der kanadische Hirnchirurg Wilder Penfield, der seit den 1920er-Jahren praktizierte. Er wollte Epileptiker von ihrem Leiden heilen, indem er die Herde, die einen Anfall auslösten, aus ihrem Gehirn herausoperierte. Um dabei jedoch keine für die Patienten wichtige Hirnregion zu zerstören, führte er Wachoperationen durch. Solche Eingriffe sind bei vollem Bewusstsein möglich, da das Gehirn selbst keine Schmerzrezeptoren besitzt.

Bevor Penfield zur Tat schritt, reizte er die betreffenden Bereiche des Kortex mit kleinen Stromimpulsen und befragte seine Patienten nach ihren Empfindungen. Sie berichteten von Hörerlebnissen, Seh- und Tasteindrücken. Doch auch Traumfetzen und Erinnerungen konnte Penfield mit elektrischen Impulsen zutage fördern. So rief einer von seinen Patienten während der Stimulation aus: »Mein Gott, die Räuber

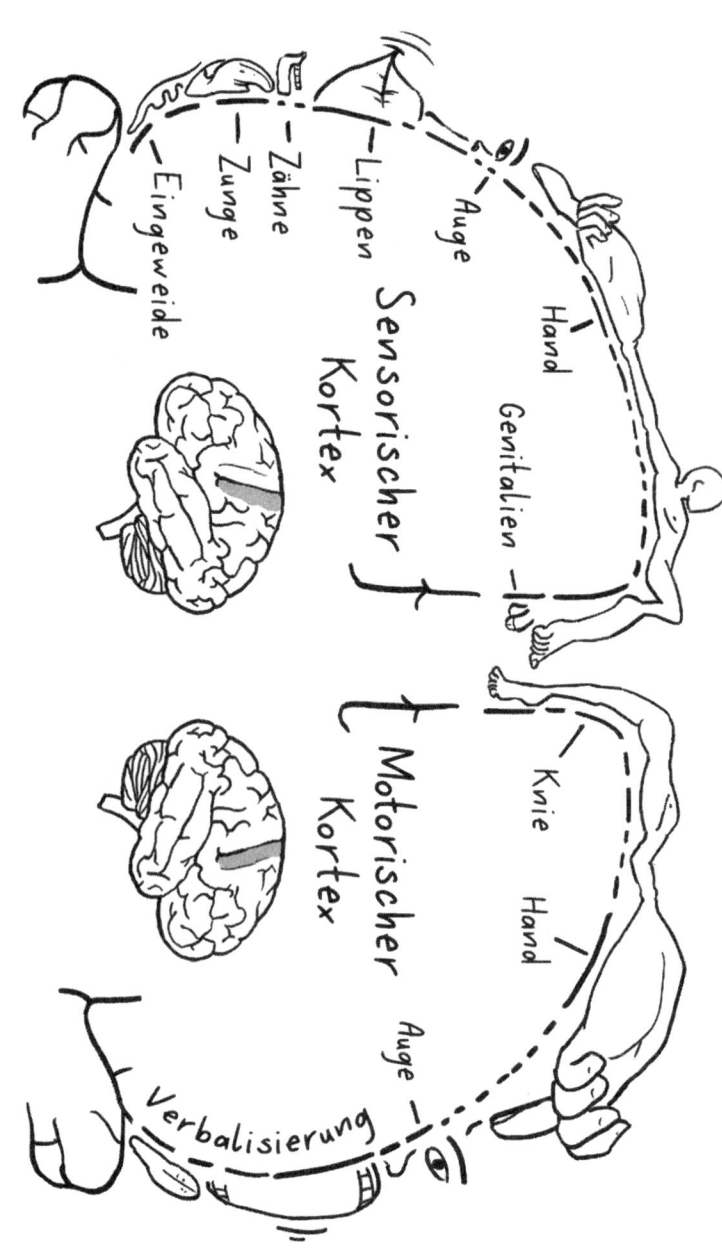

Abb. 4: Die beiden Körperkarten im menschlichen Gehirn. Die linke Karte zeigt die somatosensorische (also Tast-)Karte hinter der Zentralfurche des Gehirns. Die rechte Karte zeigt die motorische Karte vor der Zentralfurche. Diese auf Penfield zurückgehende Karte veranschaulicht den Umfang, den die einzelnen Körperregionen im Gehirn einnehmen. Sie wurde ursprünglich von der Künstlerin H. P. Cantlie entworfen und für dieses Buch korrigiert und auf den neusten Stand gebracht.

kommen mit Gewehren und überfallen mich!« Ein anderer berichtete verzückt, er habe während der Operation eine Beethoven-Sinfonie gehört. Besonders starke Reaktionen riefen Stimulationen im Umfeld der Zentralfurche der Großhirnrinde hervor, die etwa in der Mitte der jeweiligen Hirnhälften liegt und den Stirn- vom Scheitellappen trennt.

Zusammen mit seinen Landsleuten Herbert Jasper und Theodore Rasmussen erstellte Penfield die erste Körperkarte des Gehirns für den Tastsinn und die Motorik (siehe Abbildung 4). Wichtig: »Karte« könnte in diesem Zusammenhang zwei Dinge bedeuten: Zum einen kann der Forscher eine Karte des Gehirns haben, auf der etwa verzeichnet sein kann, wo sich welche Funktion befindet – etwa das Sehen im hinteren und das Hören in seitlichen Hirnregionen. Zum anderen kann aber auch das Gehirn selbst eine Karte von etwas haben. So finden wir im Sehsystem eine kartenartige Abbildung des Sehfelds, also eine Karte.

Verschiedene Regionen des Gehirns haben solche kartenähnlichen Repräsentationen der Außenwelt oder des Körpers. Im Bereich der Zentralfurche etwa finden wir eine Hirnkarte, auf der der gesamte Körper des Menschen repräsentiert ist, von den Zehen bis zum Gesicht. Allerdings wird der Körper dort nicht gemäß der Größenverhältnisse abgebildet. Die Körperregionen, über die wir eine besonders feine Kontrolle haben oder in denen wir sehr feine Unterschiede empfinden können, sind überproportional groß abgebildet. In der motorischen Karte ist die Hand überdimensional vertreten, Schultern und Rumpf sind dagegen eher klein repräsentiert. Für diese Hirnkarten des Körpers bürgerte sich die Bezeichnung *Homunculus* ein, was so viel wie »Menschlein« bedeutet.

Betrachtet man die Abbildung des somatosensorischen Homunculus genauer, fallen einem wahrscheinlich ein paar ungewöhnliche Paarungen auf. So ist die Region der Fingerspitze gleich neben der des Kopfes und die der Genitalregion neben jener der Zehen. Erwartet man nicht eher, dass die Genitalien neben dem Beckenbereich des Körpers repräsentiert sind? Ein befreundeter Kollege erzählte mir, er habe als Proband an einem Experiment teilgenommen, das diese Frage klären sollte. Er lag in einem Magnetresonanztomografen, kurz MRT, und wurde derweil mit einer weichen Zahnbürste an seiner Intimzone stimuliert. Es stellte sich anhand der Hirnaktivität heraus, dass die Abbildung des männlichen Penis tatsächlich direkt neben den Zehen in der Karte zu finden ist – vielleicht eine Erklärung dafür, warum die Füße zu den erogenen Zonen zählen.

Hirnkarten bilden jedoch nicht nur unsere Körperwahrnehmung und unsere Bewegungszentren ab, sondern auch ganz allgemein das Organisationsprinzip unseres Gehirns. Ein besonders schönes Beispiel dafür ist die Abbildung unseres Sehfeldes in den visuellen Zentren unseres Gehirns. Am Anfang des 20. Jahrhunderts war das Sehzentrum in Tierexperimenten bereits grob verortet worden. Aber wie und wo genau das Abbild unserer Sehwelt im Gehirn erfolgt, war nicht bekannt. Der visuelle Teil des Gehirns wird nicht so oft operativ freigelegt, deshalb besteht dort viel seltener die Möglichkeit, mithilfe elektrischer Stimulation zu kartieren.[5]

Allerdings konnte die Forschung hier von einer sehr unschönen historischen Phase der Menschheitsgeschichte profitieren, dem Ersten Weltkrieg. Der britische Arzt Gordon Holmes hatte als neurologischer Berater der britischen Truppen häufig mit Patienten zu tun, die als Folge von Schussverletzungen unter Sehstörungen litten. Bei bestimmten Durchschüssen im Bereich des Hinterkopfes zeigten sich klar umrissene lokale Ausfälle des Sehfeldes. War zum Beispiel der linke obere Sehkortex zerstört, kam es zu Ausfällen im rechten unteren Gesichtsfeld. Die Abbildung der Sehwelt, so die Schlussfolgerung, verlief also spiegelverkehrt: Aus unten wird oben und aus rechts wird links.

Holmes war ein sehr gewissenhafter Forscher. Aus einer Vielzahl von Fällen setzte er nach und nach mosaikartig eine Karte des Sehfeldes im Gehirn zusammen (siehe Abbildung 5). Diese Karte hat bis heute weitgehend ihre Gültigkeit behalten.

Später wurde deutlich, dass das Gehirn Seheindrücke auf verschiedenen Auflösungsstufen verarbeitet. So führt eine Stimulation unterer Stufen des Sehkortex zu einfachen Eindrücken wie beispielsweise Lichtblitzen. Werden bei einer Operation die höheren Stufen des Sehsystems gereizt, haben die Patienten komplexe Halluzinationen, sie sehen dann etwa Menschen, Tiere oder Regenbogen. Auch in anderen Sinnesmodalitäten, etwa beim Hören, konnte man solche systematischen Abbildungen finden. So gibt es im Hörsystem verschiedene Karten, die die Frequenzen von Tönen wie auf einer Tonleiter oder Klaviatur anordnen. Die Kartierung unseres Gehirns hat gezeigt, dass weite Teile der Hirnoberfläche direkt mit unserer Gedankenwelt zusammenhängen und jeder Bereich auf eine etwas andere Erlebnissphäre spezialisiert ist.

Heute müssen wir übrigens zur Stimulation des Gehirns auch nicht mehr unbedingt die Schädeldecke öffnen. Mithilfe

Abb. 5: Karte der Sehzentrale des menschlichen Gehirns, die 1918 vom britischen Arzt Gordon Holmes erstellt wurde.[6] Durch Schusswunden verursachte Ausfälle im Gesichtsfeld zeigten ihm, wie das Sehfeld im Gehirn abgebildet ist.

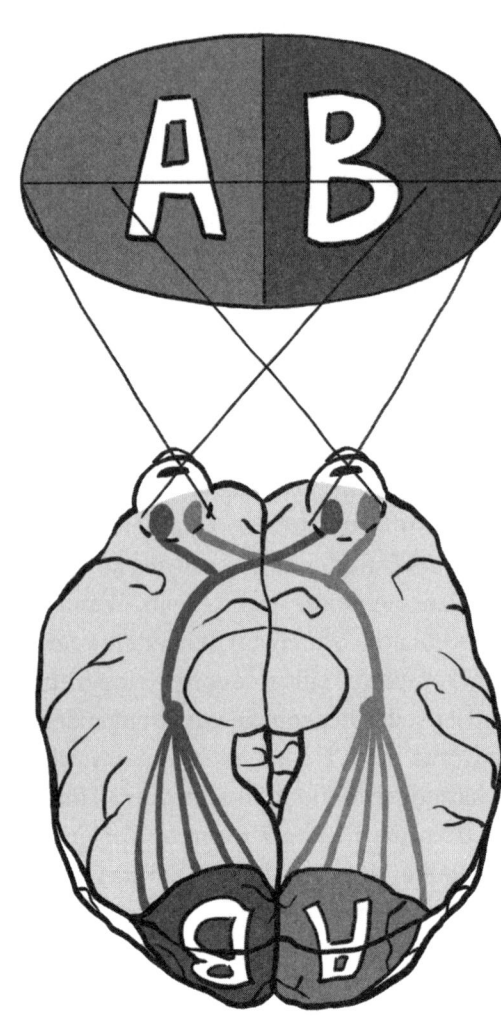

von schwachen Strompulsen, Magnetfeldern oder sogar mit Ultraschall ist es inzwischen möglich, das Gehirn durch die geschlossene Schädeldecke zu aktivieren, wenn auch mit weniger Präzision als bei invasiven Verfahren.

Es sieht also so aus, als müsste man die Vorstellung von Descartes erheblich überarbeiten. Nicht eine einzige Region des Gehirns stellt die Schnittstelle zum Geist dar, sondern weite Bereiche des Gehirns scheinen direkt mit dem Bewusstsein gekoppelt, bis ins kleinste Detail hinein. Gibt es also sehr viele Schnittstellen zwischen dem Gehirn und unserer Gedankenwelt? Eine jede spezialisiert auf einen ganz bestimmten Typ von Erlebnissen: Farben, Erinnerungen, Handlungspläne oder Gefühle? Aber wenn dem so ist, wäre dann die Vorstellung von Schnittstellen zwischen Gedankenwelt und Gehirn überhaupt noch sinnvoll? Vielleicht hängen Leib und Seele, Geist und Gehirn ja noch viel enger zusammen, und die Grundannahme einer prinzipiellen Trennung zwischen Körper und Geist erweist sich letztlich als Irrweg.

DIE EINHEIT VON GEHIRN UND GEIST

Wenn man sich das Verhältnis von Gehirn und Geist nicht als Schnittstelle zwischen zwei getrennten Welten vorstellen kann, wie dann? Eine sehr ungewöhnliche, geradezu bizarre Möglichkeit schlug der deutsche Philosoph Gottfried Wilhelm Leibniz Ende des 17. Jahrhunderts vor. Er ging dabei von einer Alltagserfahrung aus, die schon Elisabeth von der Pfalz umgetrieben hatte und die jeder Mensch von sich selber kennt. Man spürt ja, dass Gehirn und Gedankenwelt in engem Kontakt stehen. Sieht man in der Welt des Bewusstseins ein leeres Glas vor sich und verspürt den Wunsch, es zu füllen, dann greift die Hand in der Körperwelt zur Flasche und schenkt ein. Solche und ähnliche Abstimmungen zwischen Seele und Leib erlebt man andauernd. Doch wie kommt dieses harmonische Zusammenspiel zustande?

Zur Beantwortung der Frage verwendete Leibniz eine Analogie: Stellen wir uns zwei Uhren vor, von denen eine das Gehirn symbolisiert und die andere den Geist. So wie Bewusstsein und Handlung perfekt aufeinander abgestimmt sind, müssten auch diese zwei Uhren perfekt harmonieren und immer zeitlich exakt übereinstimmen. Aber zwei reale Uhren sind ja nie perfekt und gehen deshalb leicht unterschiedlich. Also müsste jemand permanent eingreifen, um die Uhren synchron zu halten, ansonsten liefen die angezeigten Zeiten auseinander. Auf das Verhältnis von Gehirn und Geist übertragen, würden bei so einem Auseinanderlaufen unsere Entscheidungen zeitlich nicht mehr zu den Handlungen passen. Man würde dann etwa handeln, bevor man entschieden hat. Möglich wäre ein perfektes Zusammenspiel nur, wenn beide Uhren vollkommen wären, sodass jegliche Abweichung von vornherein ausgeschlossen wäre. Und genau so stellt sich Leibniz das harmonische Zusammenspiel von Gedankenwelt und Gehirn vor – wie zwei perfekte Uhrwerke. Wenn man Hunger verspürt und in einen Apfel beißt, hat man vielleicht den Eindruck, der Gedanke löse die Handlung aus. In Wirklichkeit aber wäre das Leibniz zufolge eine Täuschung, denn der Hunger und das Beißen wären von vornherein perfekt synchronisiert. Sie würden einander aber nicht gegenseitig bedingen. Ein aus moderner Sicht wirklich überraschender, geradezu bizarrer Gedanke.

Mitte des 19. Jahrhunderts bemerkte der deutsche Physiker Gustav Theodor Fechner dazu: »Leibniz hat eine Ansicht vergessen, und zwar die einfachste mögliche. Sie können auch harmonisch miteinander gehen, ja gar niemals auseinandergehen, weil sie gar nicht zwei verschiedene Uhren sind.«[7] Damit ist die Vorstellung der Einheit von Gehirn und Geist auf den Punkt gebracht: Das Rätsel der Abstimmung von mentalen und körperlichen Prozessen löst sich in Luft auf, weil es sich in Wirklichkeit um dieselben Vorgänge handele. Hier verkündet Fechner ein Prinzip, das bis heute die Hirnforschung beherrscht: Gehirn und Gedankenwelt hängen untrennbar zusammen. Eine Schnittstelle ist so gesehen gar nicht erforderlich, weil unsere Gedanken immer zugleich auch Hirnprozesse sind.

Wenn das stimmt, müsste man durch eine Vermessung des Gehirns in der Lage sein, die Gedanken eines Menschen in Erfahrung zu bringen. Im Gegensatz zum Dualismus, spricht man dann – wie oben bereits ausgeführt – von Monismus, der Einheit von Geist und Gehirn. Jedem Gedanken entspricht ein bestimmter Aktivitätszustand des Gehirns, und die moderne Neurowissenschaft wird es sich zur Aufgabe machen, Erlebnissen Hirnmustern zuzuordnen (siehe Abbildung 3).

Mit der Einheit von Geist und Gehirn ist aber nicht gemeint, dass man alle Vorgänge in Gehirn und Körper bewusst miterlebt. Die Gedankenwelt umfasst nur einen kleinen Teil der Hirnprozesse. Viele Verarbeitungsschritte im Gehirn sind vor unserem Bewusstsein verborgen. Nehmen wir ein Beispiel: Stellen Sie sich vor, Sie sind in einem Saal und hören einen spannenden Vortrag. Nach einer Weile fragt der Redner, ob das laute Gebläse des Projektors die Zuhörer störe. Nun erst achten Sie darauf, und plötzlich fällt Ihnen das unangenehme Geräusch auf. Es war die ganze Zeit da, es wurde die ganze Zeit von Ihrem Gehör aufgenommen und verarbeitet, aber es drang nicht in Ihr Bewusstsein. Erst jetzt, wo Sie darauf achten, wird es Ihnen bewusst, und schlimmer noch: Wenn Sie es einmal bemerkt haben, können Sie das Geräusch nicht mehr aus dem Kopf bekommen.

Wir werden weiter unten noch sehen, dass das menschliche Gehirn auch auf Reize reagieren kann, die zwar registriert werden, aber nicht in unsere bewusste Gedankenwelt dringen. Eine solche unbewusste Verarbeitung von Informationen ist gut vereinbar mit einer monistischen Sichtweise, denn wir sind uns nicht aller Vorgänge in unserem Gehirn bewusst, sondern nur eines Ausschnitts.

EIN ANGEBOT AN DIE DUALISTEN

Ist dieser Monismus, also der Glaube an die Einheit von Gehirn und Geist, wirklich überzeugend? Schießt man mit ihm nicht übers Ziel hinaus? Schließlich ist trotz des großen öffentlichen Interesses an der Hirnforschung die dualistische Auffassung einer Trennung von Gehirn und Geist weitverbreitet. Viele Menschen glauben, dass ihre geistige Welt ein geheimes Kämmerlein ist, in dem ihre Gedanken weitgehend dem Zugriff von außen entzogen sind und man auch durch eine Messung der Gehirnaktivität nicht an sie herankommt, weil sie sich gar nicht im Gehirn abspielen. Kann etwas, das uns so selbstverständlich erscheint, wirklich eine Illusion sein? Wie könnten überhaupt wissenschaftliche Befunde aussehen, die den Dualismus stützen?

Eine Möglichkeit wäre, Gedanken zu finden, die überhaupt keine Spuren im Gehirn hinterlassen. Man könnte eine Versuchsperson bitten, sich im geheimen Kämmerlein ihrer Gedanken zwei verschiedene Dinge vorzustellen – etwa einen Hund und eine Katze. Wenn trotz der Verschiedenheit dieser beiden Gedanken kein Unterschied in den Hirnaktivitätsmustern zu finden wäre, würde das dafür sprechen, dass Geist und Gehirn – zumindest zu einem gewissen Grad – unabhängig voneinander sind.

Natürlich war das zu Descartes' und Galls Zeiten nicht möglich, denn die technischen Instrumente der damaligen Hirnforschung waren sehr begrenzt. Aber wenn wir heute die Muster der Hirnaktivität einigermaßen präzise messen können, sollte sich diese Frage beantworten lassen. Wenn Sie also ein überzeugter Dualist sind, dann kommen Sie gerne in unser Labor am Bernstein Center der Charité in Berlin und nennen Sie uns zwei verschiedene Ihrer Gedanken, die Sie für völlig privat halten. Wenn wir im Labor zwischen diesen beiden Gedanken keinerlei Veränderung in der Hirnaktivität feststellen können, wäre erwiesen, wovon die Mehrheit der Menschen laut unserer Umfrage ausgeht: nämlich, dass wir nicht allein mit der Hirnaktivität herausfinden können, was jemand denkt. Mithin müsste die geistige Welt teilweise unabhängig von den rein körperlichen Prozessen sein.

Doch als Hirnforscher habe ich erfahren, dass das Gegenteil zutrifft: Die Gedanken lassen sich aus der Hirnaktivität in der Tat zu einem gewissen Grad auslesen, wie wir im Verlauf des Buches noch sehen werden.

KAPITEL 4

WAS SIND GEDANKEN ÜBERHAUPT?

Verrät unser Gehirn wirklich, was wir denken? Ist es möglich, mithilfe moderner Hirnscanner in die private Gedankenwelt einer Person einzudringen? Manchmal schreiben die Medien bereits, durch Hirnscanner werde der jahrtausendealte Traum vom Gedankenlesen wahr. Damit ist nicht eine übernatürliche parapsychologische Fähigkeit gemeint, sondern ein wissenschaftlicher Ansatz, mithilfe der Hirnaktivität die Gedanken auszulesen. Deshalb wird auch gerne von *Brain-Reading*, englisch für »Gehirnlesen«, gesprochen.

Dieser Begriff führt insofern in die Irre, als er suggeriert, man könne mit den geeigneten Mitteln in der Hirnaktivität von Probanden lesen wie in einem Buch. Aber wir können nur Texte verstehen, die in einer Sprache geschrieben sind, die wir auch kennen. Die Neurowissenschaft ist jedoch noch weit davon entfernt, die Sprache der Hirnaktivitätsmuster gänzlich entziffern zu können. Die Hirnmuster sind für uns eher wie rätselhafte Geheimbotschaften, die wir mühsam zu entschlüsseln versuchen. Wir müssen uns also in das Kämmerlein der Gedanken von Probanden quasi erst »einhakken«.

Hier stellt sich noch eine weitere grundsätzliche Frage: Kann man überhaupt jemals mit wissenschaftlichen Methoden in Erfahrung bringen, was eine Person gerade denkt? Ich erinnere mich noch an meine Schulzeit, als ich mit einer

Freundin im Rausch der Gefühle über allerlei tiefe Existenz-fragen philosophierte. Während wir sprachen, wurde mir (schmerzlich) eine fundamentale Grenze unserer Erkenntnis klar: Niemals wird es mir möglich sein, wirklich genau zu wissen, was sie denkt und was sie erlebt. Von romantischen Regungen und deren Erwiderung mal ganz abgesehen – nicht einmal, wenn sie sagt: »Ich sehe gerade den blauen Himmel!«, kann ich wissen, dass sie den Farbton genauso sieht wie ich. Vielleicht empfindet sie die Farbe des Himmels so, wie ich das Grün des Grases empfinde? Wir würden den Himmel dann natürlich trotzdem beide mit dem Farbwort »blau« bezeichnen, selbst wenn die Farbtöne in unserer Wahrnehmung vertauscht wären, denn so wird die Farbe des Himmels ja nun einmal seit jeher bezeichnet. Es fiele gar nicht auf, dass sich unsere Wahrnehmung unterscheidet.

Mir war damals noch nicht klar, dass sich viele große Denker bereits mit dieser Frage beschäftigt hatten, allen voran im 17. Jahrhundert der britische Philosoph John Locke. Bis heute bin ich davon überzeugt, dass wir zwar wissenschaftlich erkennen können, *wann* jemand über ein bestimmtes Farberlebnis berichtet, aber wir können nicht wissen, *wie* sich dieses genau anfühlt. In der Philosophie bezeichnet man diese prinzipielle Erkenntnisgrenze als das »schwierige Problem des Bewusstseins« (engl. *Hard Problem of Consciousness*). Das hält uns aber trotzdem nicht davon ab, zu untersuchen, wann und unter welchen Bedingungen bestimmte Gedanken auftreten.

Eine Frage sollte vorab geklärt werden: Was sind überhaupt diese »Gedanken«, die wir auslesen oder entschlüsseln wollen? Philosophen und Sprachwissenschaftler behaupten oft, Gedanken seien so etwas wie eine innere Sprache: »Ich muss heute wirklich noch die Wäsche waschen«, wäre so ein satzartiger Gedanke. Solche stummen Monologe sind in der Tat ein

Teil unserer Gedankenwelt. Es gab bis in die 1980er-Jahre hinein bei einigen Forschern die Vorstellung, alle unsere Gedanken seien in Form solcher Sätze im Gehirn abgelegt.

Aber sich darauf zu beschränken wäre viel zu eng. Gedanken entstehen vielmehr durch alle Facetten unseres Erlebens, durch die gesamte Vielfalt unseres Bewusstseinsstroms – und sie äußern sich nicht nur in Sprache. Wenn Sie an einem Sommertag, vom hellen Licht geblendet, auf einer Blumenwiese stehen, die Sonne Ihre Haut wärmt, der Duft in Ihre Nase strömt und das Summen der Bienen Sie umgibt, dann wird schnell klar, dass hier die Sprache an ihre Grenzen stößt. Wir sehen, hören und fühlen viel mehr, als durch trockene Sätze zu erfassen wäre. Bisweilen können wir von der Vielfalt unserer Gedanken geradezu überwältigt werden, wir sind dann sprachlos. Sie können gern einmal den Selbstversuch machen: Achten Sie für zehn Minuten auf alles, was Sie so denken. Fehlen Ihnen auch bisweilen die Worte, Ihre Erlebnisvielfalt auszudrücken?

Wenn man damit anfängt, die eigenen Gedanken zu beobachten, sieht man sich mit folgendem Problem konfrontiert: Ist es überhaupt möglich, sich selber beim Denken zuzuschauen? Die Beobachtung der Gedanken erzeugt selbst ja auch wieder Gedanken: »Ich denke gerade, dass ich an eine bunte Blumenwiese denke.« Es ist, als müsse man sich spalten: Ein Teil von uns geht weiterhin seinen Gedanken nach, ein anderer Teil schaut uns dabei über die Schulter und beobachtet den Gedankenstrom. Sich selbst beim Denken zuzuschauen scheint ein bisschen so, als würde man auf einer belebten Straße stehen und gleichzeitig von einem Balkon aus auf sich selbst hinunterschauen wollen.

Noch einmal zurück zur Berliner Philharmonie: Versunken in die Musik, schweifen die Augen tagträumend über das faszinierende Formenspiel der Architektur. Wenn uns jemand in so einer Situation bittet, auf unsere Gedanken zu achten, werden wir vielleicht sagen: »Ich höre gerade einen schönen Streicherakkord«, aber in dem Moment, wo wir dies sagen, wird sich unsere Aufmerksamkeit auf die Musik richten; alle anderen Erlebnisse, wie etwa die Farben und Formen des Saals, treten in den Hintergrund. Die Vielfalt unserer spontanen Gedankenwelt schrumpft zusammen, wir achten nur noch auf einen Ausschnitt.

Wer also über seine Gedanken berichtet, verändert diese unweigerlich. Dieses Problem tritt jedoch nicht nur in der Psychologie auf. Es ist allen Wissenschaften eigen, sogar der vermeintlich exaktesten: der Physik. Auch dort gilt das Prinzip, dass die Untersuchung eines Gegenstands diesen verändert. Der Physiker Werner Heisenberg hatte in den 1920er-Jahren während eines nächtlichen Spaziergangs in einem Kopenhagener Park eine bahnbrechende Erkenntnis: Will man die Position eines Elektrons präzise messen, kann man es mit Gammastrahlen beschießen. Die Wechselwirkung mit dem Photon verändert jedoch die Geschwindigkeit des Elektrons, wodurch das Messergebnis nicht ganz genau ist.[1] Ähnlich verhält es sich mit unseren Gedanken: Sobald wir sie beobachten, verändern sie sich.

Wie können wir dann angesichts dieser Messschwierigkeiten überhaupt jemals hoffen, die unverfälschte Gedankenwelt eines Menschen zu erfassen? Und zu welchem Grad spielen solche Bedenken bei unseren Alltagsgedanken wirklich eine Rolle? Ist es wirklich hoffnungslos? Vielleicht sollten wir uns einfach nicht zu sehr verunsichern lassen und unserem gesunden Menschenverstand vertrauen. Denn der sagt uns ja, dass es bis zu einem gewissen Grad sehr wohl möglich ist, sich selbst beim Denken zu beobachten und von den Gedanken zu berichten. Zum Beispiel können Sie vermutlich dieses Buch kurz weglegen und dann sagen, wie Sie sich gerade beim Lesen gefühlt haben. In der Kunst gibt es zahlreiche Versuche, Gedankenwelten möglichst unverfälscht wiederzugeben, ohne sie durch Selbstbeobachtung zu verändern. Ein Beispiel dafür ist das an Sigmund Freuds Verfahren der freien Assoziation angelehnte »automatische Schreiben«. Diese Technik wurde vor allem durch die Surrealisten in den 1920er-Jahren populär. Sie versuchten, möglichst ungefiltert und unzensiert alle Gedanken aufzuschreiben, die ihnen durch den Kopf gingen. Der Text musste keinen Sinn ergeben, denn die freien Assoziationen unseres Bewusstseinsstroms sind nicht immer kohärent und sinnvoll. Bereits in der Einleitung eines Klassikers des automatischen Schreibens, der *Magnetischen Felder* von André Breton und Philippe Soupault, findet sich eine kleine Kostprobe:

Gefangene der Wassertropfen, wir sind nur ewige Tiere. Wir laufen durch die lautlosen Städte, und die Zauberplakate berühren uns nicht mehr. Was nützen die großen zerbrechlichen Begeisterungen, die vertrockneten Freudensprünge? Wir wissen nichts mehr als die toten Gestirne.[2]

Was heute vielleicht klingt wie erste poetische Ergüsse mit Kühlschrankmagneten in einer Studenten-WG, war damals revolutionär. Der natürliche Strom der Gedanken sollte möglichst unverfälscht wiedergegeben werden. Es durfte keine Zensur geben, keinen Zwang, dass alles Sinn ergeben musste, und keine Spaltung zwischen dem Erleben und der Beobachtung der Gedanken.

Im Buddhismus spricht man auch gerne vom »Monkey Mind«, womit ein Geist als Sammelsurium all unserer unruhigen, wirren und inkohärenten Gedanken gemeint ist.[3] Genau diesen Monkey Mind auszulesen muss unser Ziel sein, wenn wir Gedanken möglichst unverfälscht aus der

Hirnaktivität entschlüsseln wollen. Die vielen wilden Sprünge und Salti dieses Monkey Mind sind für uns noch nicht greifbar. Dennoch hat die moderne Neurowissenschaft bei der Entschlüsselung der Gedanken aus der Hirnaktivität schon viel erreicht.

KAPITEL 5

VOGELPERSPEKTIVE: DIE BUNTEN BILDER DER HIRNAKTIVITÄT

Wie kann es funktionieren, die komplexe Gedankenwelt aus der Hirnaktivität auszulesen? Noch bis in die 1990er-Jahre hinein war es ein Rätsel, wie unsere Gedanken im Gehirn gespeichert sind. Man wusste bereits, dass bestimmte Teile des Gehirns wie eine Karte organisiert sind. Wie wir gesehen haben, ist ein Teil des Sehsystems wie eine Karte des Gesichtsfeldes gestaltet. Damit könnte man prinzipiell ablesen, in welchem Bereich des Gesichtsfeldes sich ein Proband ein Bild vorstellt – etwa links oben, wenn der betreffende Teil rechts unten in der Hirnkarte im MRT aktiv wird. Anhand der Karte, mit der der Körper im Gehirn abgebildet ist, konnte man auch sagen, an welcher Stelle eine Berührung stattgefunden hatte, etwa an der Hand. Aber die feinen Details unserer Gedanken waren damit noch nicht zugänglich. Welches Bild man links oben sah oder wer genau die Hand berührte, konnte man anhand dieser Karten nicht erkennen. Anders ausgedrückt: Wie bestimmte Gedanken im Gehirn entstehen und realisiert werden, war völlig unklar, und das blieb es auch bis in die frühen 2000er-Jahre.

Dabei saß die Hirnforschung auf einem wahren Informationsschatz, ohne davon zu wissen. Lange Zeit ahnte niemand, wie viele Details unserer Gedanken tatsächlich in aufgezeichneten Hirnmustern verborgen lagen, wie viel also die

Hirnaktivität über unsere Gedanken verriet. Es war wie bei einem Ameisenhaufen: Wenn man ihn aus der Ferne sieht, hält man ihn vielleicht nur für einen schlichten Erdhügel. Dann aber schaut man genau hin und bemerkt das organisierte Gewusel von Tausenden durcheinanderlaufenden Ameisen. Ein ganzer Mikrokosmos verbirgt sich in dem unscheinbaren Hügelchen. So ähnlich verlief es auch bei der Erforschung des menschlichen Gehirns.

2002 ging ich nach meiner Promotion nach London ans Institute of Cognitive Neuroscience. Die völlig andere Atmosphäre hier elektrisierte mich sofort. Aus Deutschland war ich gewohnt, dass über so spannende Fragen wie Bewusstsein oder das Verhältnis von Gehirn und Geist höchstens abends beim Glas Wein diskutiert wurde. Mehrmals hatte ich von gestandenen Kollegen den Rat erhalten, auf diesen großen Themen bloß keine wissenschaftliche Karriere aufzubauen. Anders in England. Von meinen dortigen Betreuern Geraint Rees und Jon Driver lernte ich, wie man präzise Experimente konzipiert und dabei aber auch immer die großen Fragen im Blick behält.

So kamen wir auch auf die Idee, unsere Hirnscans auf andere Weise auszuwerten, um ihnen noch mehr Informationen über die Bewusstseinsprozesse zu entlocken. Allerdings erschien uns die Auflösung der Hirnmessungen viel zu grob, um in die entscheidenden Dimensionen vorzustoßen. Dann aber hörten wir auf einer Konferenz in Florida einen Vortrag der Neurowissenschaftler Yukiyasu Kamitani und Frank Tong. Mir stockte beinahe der Atem, als ich erfuhr, was sie erreicht hatten: Ihnen war tatsächlich gelungen, was wir als theoretisch unmöglich verworfen hatten: mit normalen Hirnscans auf die Ebene detaillierter Bewusstseinsinhalte vorzudringen. Das *Missing Link* war gefunden. Anscheinend konnte das MRT doch die Details im Gewusel der Hirnaktivität auflösen. Gleich nach unserer Rückkehr nach London drängte ich Geraint, auch mit solchen Decodierungsstudien zu beginnen. Ich rechne es ihm hoch an, dass er mich schließlich machen ließ – wie sich herausstellen sollte, mit Erfolg. Denn auch in unseren aufgezeichneten Hirnsignalen eröffnete sich ein gewaltiger Horizont an Informationen, die keiner dort vermutet hatte. Um dies zu verstehen, hilft ein Rückblick in das letzte Jahrhundert.

NERVENZELLEN: DIE BAUSTEINE UNSERES DENKAPPARATS

Seit Anfang des 20. Jahrhunderts weiß man aus der Forschung an Tieren, dass die Nervenzellen, die Neurone, die Hauptrolle im Gehirn spielen. Bildlich kann man sich die Struktur eines Neurons mithilfe eines Baumes vorstellen (siehe Abbildung 6, links). Auf der einen Seite des Neurons sitzt der Dendrit, ein Netz von Eingangstoren, über die Informationen in die Nervenzelle gelangen. Der Dendrit erinnert ein wenig an das weitläufig verzweigte Wurzelwerk, durch das ein Baum seine Nährstoffe erhält. Nicht von ungefähr stammt »Dendrit« vom griechischen Wort *Dendron* (Baum) ab. Die Dendriten nehmen über ihr Wurzelwerk allerdings keine Nahrung auf, sondern sammeln elektrische Impulse von vielen anderen Nervenzellen. Mit diesen Informationen stellt die Nervenzelle Berechnungen an. Noch während sie sich im komplexen Gezweig des Dendriten befinden, werden die Eingangssignale ausgewertet. Dann werden sie an die Entscheidungszentrale der Nervenzelle weitergeleitet, den Axonhügel. Überschreitet dort die Stärke der gesammelten Eingangsimpulse eine bestimmte Schwelle, sendet das Neuron einen Impuls an die nächste Zelle weiter. Das Neuron »feuert«.

Abb. 6: *Links:* Schematischer Aufbau einer Nervenzelle. Auf der linken Seite sieht man den Eingangsbereich, den Dendritenbaum, aus dem Informationen von anderen Nervenzellen eintreffen. Diese Informationen werden zusammengeführt, und wenn die Eingangssignale eine gewisse Stärke übertreffen, sendet die Zelle elektrisch über das Axon ein Signal an die nächste Zelle *(rechts)*, man sagt auch, sie »feuert«. *Rechts:* Die Informationen werden an den Synapsen auf die nächsten Zellen übertragen. Dabei wechseln die Signale von einer elektrischen zu einer chemischen Übertragung durch Botenstoffe, die Neurotransmitter. Das mag umständlich erscheinen, aber dadurch hat die Zelle die Möglichkeit, die Zelle, der sie Informationen weitergibt, sehr flexibel zu beeinflussen. So können die Synapsen die nächsten Zellen erregen oder hemmen.

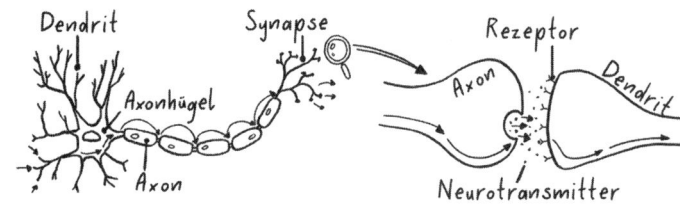

Beim Feuern entsteht am Axonhügel ein elektrischer Impuls, der über ein spezielles organisches Kabel, das Axon, zum nächsten Neuron läuft. Wie die Zweige einer Baumkrone verästelt sich das Axon schließlich und vernetzt sich mit weiteren Neuronen. An der Übertragungsstelle zur nächsten Nervenzelle mündet das Axon in die Synapsen. Dort sind die Nervenzellen jedoch nicht direkt miteinander verbunden wie die Kabel der Hauselektrik. Stattdessen befindet sich zwischen der Synapse und der nächsten Nervenzelle ein winziger Spalt. Dort wird der elektrische Impuls in ein chemisches Signal umgewandelt. Die Synapse schüttet Botenstoffe aus, die Neurotransmitter. Diese überqueren den kleinen synaptischen

Spalt und docken an der nächsten Zelle an, wo sie dann wiederum elektrische Signale auslösen, und der Prozess geht von vorne los (siehe Abbildung 6, rechts).

Ein Vergleich zum besseren Verständnis: Stellen Sie sich ein Telegrafenkabel vor, das eine Nachricht zwischen zwei Städten übertragen soll. Die Städte sind durch einen Fluss getrennt. Die Übertragung an der Synapse kann man sich so vorstellen, als wäre das Telegrafenkabel nicht über den Fluss gespannt, sondern die elektrische Botschaft würde an einem Ufer des Flusses enden, dort auf Papier ausgedruckt, mit einem Schiff über den Fluss gebracht, am anderen Ufer in einer Telegrafenstation abgetippt und schließlich als elektrisches Signal weitergeleitet.

Diese ein wenig krude Analogie soll verdeutlichen, wie ungewöhnlich dieser Wechsel von elektrischer zu chemischer Übertragung ist.* Er wirkt zwar umständlich, hat jedoch einen großen Vorteil: Bei der chemischen Übertragung können verschiedene Neurotransmitter zum Einsatz kommen, die eine Veränderung der Botschaft bewirken können. So führen einige Botenstoffe dazu, dass eine nachgeschaltete Zelle erregt wird und damit ihre Feuerrate steigt. Andere Neurotransmitter führen hingegen dazu, dass die nachgeschaltete Nervenzelle gehemmt und die Menge ihrer Impulse reduziert wird. Vor diesem Hintergrund lohnt es, noch ein weiteres Mal gedanklich in den Konzertsaal der Berliner Philharmonie zurückzukehren. Beginnt man, auf die Musik zu achten, treten Melodie und Rhythmus klar hervor. Zugleich rückt aber die Architektur des Raumes, durch den wir unseren Blick schwei-

---

* Es gibt im Gehirn auch elektrische Synapsen, allerdings sind die nach gängigen Schätzungen in der Unterzahl. Dort kann das elektrische Signal in beide Richtungen zwischen den Zellen wechseln.

fen lassen, in den Hintergrund. In einer solchen Situation müssen die Informationen des Hörsinns verstärkt und die Seheindrücke heruntergeregelt werden. Das geschieht, indem manche Synapsen die nächsten Nervenzellen erregen und andere die folgenden Neurone hemmen.

Wenn unsere Gedanken in den Aktivitätsmustern der 86 Milliarden Nervenzellen des Gehirns codiert sind, könnte man nun meinen, dass man jene nur zu messen braucht, um daraus zu berechnen, was eine Person gerade denkt. Allerdings gibt es dabei zwei gravierende Probleme. Zum einen haben wir keine Möglichkeit, die Aktivität der Nervenzellen zu messen, ohne den Schädel zu öffnen (wir kommen hierauf auch noch einmal gegen Ende des Buches zurück). Außerdem müsste man unglaublich viele Messungen gleichzeitig durchführen, um alle Nervenzellen zu erfassen. Bis heute ist es daher nicht möglich, genau zu wissen, was die vielen Neurone im menschlichen Gehirn zu einem bestimmten Zeitpunkt machen. Wir brauchen also einen anderen Ansatz.

MENSCHLICHE HIRNSIGNALE: DIE VOGELPERSPEKTIVE

Wenn man die Aktivität jeder einzelnen Nervenzelle nicht messen kann, könnte man dann nicht zumindest einen groben Überblick über die Hirnprozesse bekommen? Aus der Flughöhe eines Vogels betrachtet, treten ja auch die kleinen Details einer Landschaft, wie einzelne Grashalme oder Blumen, in den Hintergrund. Stattdessen erhält man aus lichter Höhe einen guten Überblick über die Landschaft. Könnte uns also eine Art Vogelperspektive auf die Hirnsignale – im Gegensatz zur Froschperspektive auf einzelne Nervenzellen – weiterhelfen?

Bereits in den 1920er-Jahren entwickelte der Jenaer Psychiater Hans Berger ein Verfahren, das es erlaubt, ohne Eingriff in den Schädel elektrische Hirnsignale zu messen und so einen groben Überblick über die Hirnprozesse zu erhalten. Die elektrische Aktivität einer einzelnen Nervenzelle ist zwar viel zu schwach, um außerhalb der Schädeldecke auf der Kopfhaut messbar zu sein, außerdem schirmen die Schädelknochen die elektrischen Felder stark ab. Aber in den meisten Fällen werden Nervenzellen nicht allein aktiv, sondern sie feuern gleichzeitig und koordinieren sich über große Zellverbände. Durch diese gemeinsame Aktivität erzeugen sie Signale, die so stark sind, dass man sie von außen messen kann. Sie sind allerdings immer noch so schwach, dass man Verstärker braucht, um sie registrieren zu können.

Es dauerte daher auch eine Weile, bis Berger seine Kollegen davon überzeugen konnte, dass er wirklich Hirnsignale gemessen hatte. Nach und nach wurden die von Berger aufgezeichneten charakteristischen Wellenmuster als Indikator der Hirnaktivität akzeptiert. Heute gehört das Elektroenzephalogramm (EEG) zum unverzichtbaren Repertoire medizinischer Diagnostik.

Zunächst führte Berger seine Messungen an wachen, entspannten Probanden durch. Er machte im EEG ein typisches Wellenmuster aus, eine sehr regelmäßige Schwingung, die alle 100 Millisekunden einen neuen Wellenberg erreichte. Berger bezeichnete diese Welle mit dem ersten Buchstaben des griechischen Alphabets: »Alphawelle« (siehe Abbildung 7, oben). Noch heute wird versucht, Menschen zu helfen, sich zu entspannen, indem man ihnen zeigt, wie sie ihre Alpha-Ruhewellen verstärken können.

Wenn seine Probanden nicht mehr entspannt waren, sondern angestrengt nachdenken mussten, fand Berger ein anderes Wellenmuster im EEG. Die Wellenberge folgten dann

Abb. 7: Oben sieht man die sehr regelmäßigen Alphawellen dargestellt, die die Hirnaktivität im entspannten Wachzustand zeigen, unten die unregelmäßigen Betawellen, die zum Beispiel beim Nachdenken zu beobachten sind.

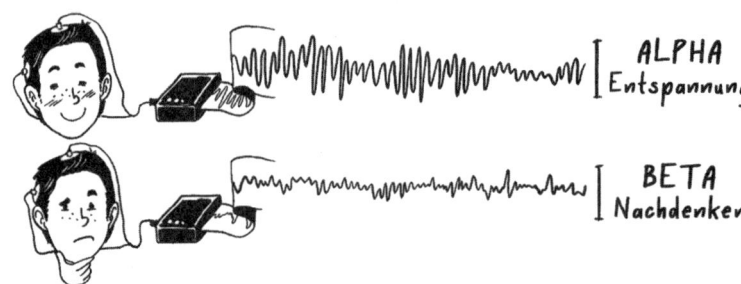

weniger regelmäßig aufeinander. Ein komplexeres Muster zeigte sich, mit unterschiedlich hohen Gipfeln und Tälern. Diese Wellen benannte Berger nach dem nächsten Buchstaben des Alphabetes »Betawellen« (siehe Abbildung 7, unten). Sie waren einer der ersten Belege dafür, dass bei Menschen die Gedanken in der Hirnaktivität ihre Spuren hinterlassen. Allerdings war es ein weiter Weg von der Messung solch vager Bewusstseinszustände wie Entspannung oder Konzentration bis zum Auslesen konkreter Gedanken wie etwa an einen Hund, eine Katze oder eine Maus.

Das EEG stellte mehr als 50 Jahre lang das einzige Verfahren dar, um die Aktivität des menschlichen Gehirns zu beobachten. Die räumliche Auflösung des EEG war jedoch sehr limitiert, da es nur mit Signalen von der Oberfläche des Schädels arbeiten konnte. Zwar ist es möglich, aus diesen ein grobes räumliches Bild von der Aktivität in der Tiefe des Gehirns abzuleiten, allerdings stößt man dabei rasch auf viele ungeklärte Fragen.[1] Die feinen Details der Gedanken bleiben diesem Verfahren jedenfalls verborgen. Allerdings eignet sich das EEG wegen seiner hohen zeitlichen Auflösung (das Zeitintervall zwischen den Abtastpunkten ist äußerst kurz) sehr gut zur Steuerung von technischen Geräten »mit der Kraft der Gedanken« – dazu kommen wir später.

BILD(ER)GEBENDE VERFAHREN

Erst in den 1980er-Jahren wurden Techniken erfunden, die ein detaillierteres räumliches Bild der Hirnaktivität erzeugen. Zwar erreicht man mit solchen Verfahren auch heute noch nicht die Auflösungsebene einzelner Nervenzellen, trotzdem aber können die sogenannten bildgebenden Verfahren einen ungefähren Eindruck des Aktivitätsprofils im Gehirn geben. Zunächst kamen Methoden unter Verwendung von Radioaktivität zum Einsatz. Bei der Positronen-Emissions-Tomografie (PET) markierte man bestimmte Bausteine des Hirnstoffwechsels mit radioaktiven Substanzen und konnte mithilfe dieser Marker erkennen, wo im Gehirn besonders viel Energie verbraucht wurde. Das Ergebnis waren die ersten dreidimensionalen Bilder der Hirnaktivität.

Vom PET hörte ich zum ersten Mal als ich gerade die Schule abgeschlossen hatte. Damals las ich fleißig *Spektrum der Wissenschaft*. In einer Ausgabe schrieb der britisch-libanesische Neurobiologe Semir Zeki darüber, wie man mit PET erkennen kann, welche Bereiche des Gehirns auf welche Aspekte von Bildern reagieren, und das, ohne den Schädel zu öffnen.[2] Dieser Artikel hat mich ungemein fasziniert. Die für PET erforderliche radioaktive Dosis war bei gelegentlichen Einsätzen nicht bedenklich. Trotzdem ging eine Welle der Euphorie durch die Hirnforschergemeinde, als Anfang der 1990er-Jahre ein neues Messverfahren einsatzfähig wurde, das ohne Radioaktivität auskam: die Magnetresonanztomografie,

(MRT, siehe Abbildung 8, A–F). Diese im Volksmund als »Hirnscanner« bekannte Technik löste geradezu eine Revolution in der Erforschung des menschlichen Gehirns aus. Mithilfe der MRT wurde es möglich, virtuelle Schnitte des Körpergewebes bis in den Bruchteilbereich eines Millimeters hinein anzufertigen. Anhand dieser Schnitte war genau ersichtlich, wo das Gehirn besonders aktiv war. Hieraus leitete sich auch die Bezeichnung des Gerätes ab, denn *Tome* steht im Griechischen für »Schnitt«, *Graphein* für »schreiben«.

Ein Magnetresonanztomograf arbeitet mit einem sehr starken Magnetfeld, stärker noch als das von Magnetkränen, die auf Schrottplätzen Autos in die Luft heben. Das Magnetfeld eines MRT ist mit drei Tesla etwa 100 000-mal stärker als das der Erde. Solche Magnetfelder gelten übrigens als unbedenklich. Bis heute sind bei den gängigen Magnetfeldstärken keine negativen Auswirkungen auf die Gesundheit bekannt. Mit Feldern ab 15 Tesla kann man Frösche schweben lassen[3], aber selbst derart starke Kräfte verursachen keine gesundheitlichen Schäden, vorausgesetzt, man hält die Sicherheitsvorschriften ein. Geht man beispielsweise mit einer handelsüblichen Schere im Kittel in den Untersuchungsraum, würde sie einem mit unglaublicher Kraft aus der Tasche gezogen und in den Scannertunnel hineinfliegen. Liegt dann ein Patient oder ein Proband im Scanner, würde die Schere wie ein Pfeil auf ihn zuschießen. Deshalb müssen sich vor einer MRT-Messung alle Beteiligten einer ausführlichen Metallprüfung unterziehen ähnlich wie bei einem Security Check am Flughafen. Auch Herzschrittmacher sind problematisch, da ihre Funktion gestört werden kann.[4]

In Krankenhäusern wird mithilfe der MRT üblicherweise vor allem die Gewebestruktur im Gehirn untersucht. So erzeugen zum Beispiel Tumore und Blutgerinnsel im Gehirn andere MRT-Signale als gesundes Gewebe (siehe Abbildung 8). Allerdings kann die MRT nicht nur verwendet werden, um die Struktur des Gehirns zu vermessen; mithilfe der funktionellen MRT (fMRT) ist es auch möglich, etwas über die Aktivität des Gehirns zu erfahren. So kann man sehen, wo im Gehirn gerade »besonders viel los« ist. Dabei muss man wissen, dass sich die magnetischen Eigenschaften des Hämoglobins, des Moleküls, das in den roten Blutkörperchen Sauerstoff bindet, ändern, je nachdem, ob es gerade Sauerstoff bindet oder nicht. Blut, das von der Lunge kommt und frisch mit Sauerstoff versorgt ist, erzeugt kein magnetisches Feld. Wenn das Blut jedoch den Sauerstoff in das Hirngewebe abgegeben hat, wird es magnetisch. Diese Änderung im Sauerstoffgehalt lässt sich durch die fMRT messen. So gesehen misst die fMRT die Aktivität der Nervenzellen nicht direkt, ihr Ergebnis steht vielmehr am Ende einer langen Ereigniskette, in der der Blutsauerstoffgehalt die zentrale Rolle spielt.

Damit wird auch eine prinzipielle Grenze der fMRT deutlich: Die Auflösung der Messungen hängt von der Dichte ab, in der die Blutgefäße über unser Gehirn verteilt sind. Die Auflösung der fMRT-Technik ist also prinzipiell durch die Anatomie unseres Gefäßsystems limitiert.

Üblicherweise werden Hirnprozesse bei der fMRT mit einer Auflösung von ungefähr ein bis drei Millimeter gemessen. Man kann sich das Gitter ein wenig vorstellen wie eine Ansammlung kleiner Zuckerwürfel, innerhalb derer man jeweils den Sauerstoffgehalt des Blutes erhebt. Man nennt diese kleinen Würfel auch *Voxel* (siehe Abbildung 8), das sind dreidimensionale Pixel. Bei der Messung wird das Gehirn in einige Hunderttausend Voxel eingeteilt. Innerhalb jedes dieser Voxel können sich mehr als eine Million Nervenzellen befinden und mehrere Milliarden Synapsen.

Die fMRT hat eine wesentlich höhere räumliche Auflö-

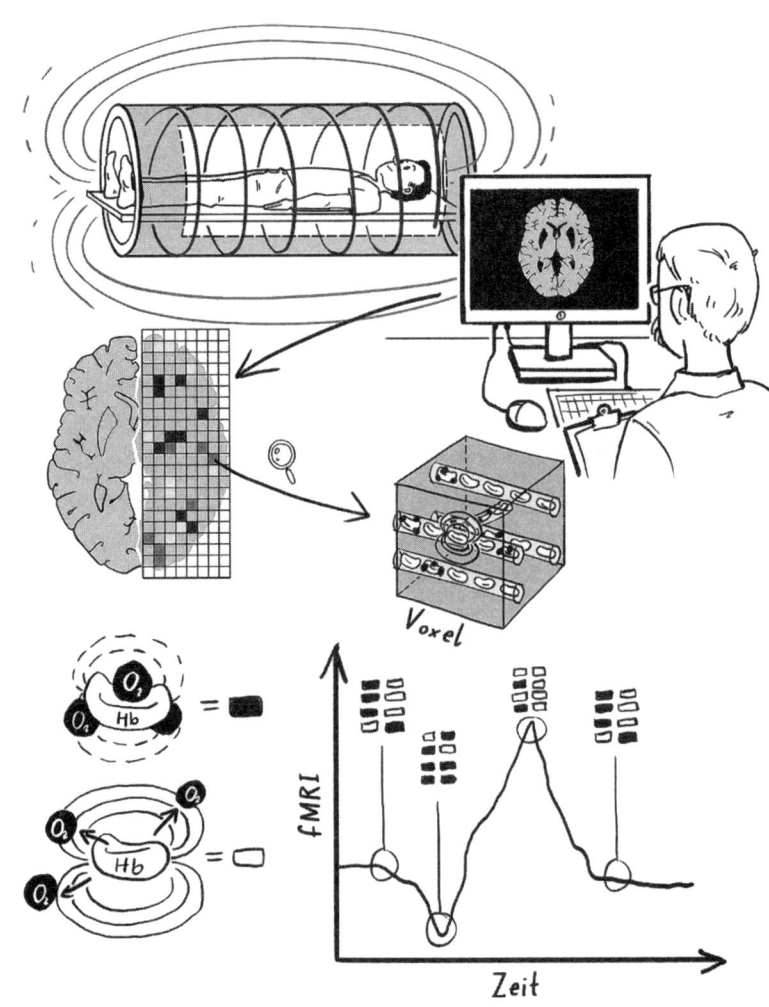

sung als das EEG. Dennoch ist die Methode weit davon entfernt, jede der 86 Milliarden einzelnen Nervenzellen messen
zu können. Weil wir die Aktivität der Neurone zudem nicht
direkt, sondern nur über den jeweiligen Sauerstoffverbrauch
ermitteln können, müssen wir zusätzlich eine zeitliche Ver-

Abb. 8: Ein Proband wird in den Tunnel eines Magnetresonanztomografen (MRT) hineingefahren. In dem MRT liegt der Proband in einem sehr starken homogenen Magnetfeld, das durch eine supraleitende Spule erzeugt wird. Damit kann man anatomische Aufnahmen des Körpergewebes von Patienten machen, um etwa Tumore oder Schlaganfälle zu erkennen. Es ist aber auch möglich, mit dem Gerät die Aktivität des Gehirns zu messen. Man spricht dann von funktioneller MRT, kurz fMRT. Dabei wird das Gehirn in viele kleine Messwürfel eingeteilt, kurz Voxel genannt (mittlere Reihe). In jedem dieser Voxel befindet sich ein Geflecht aus Blutgefäßen, das die Nervenzellen mit Sauerstoff versorgt. In jedem roten Blutkörperchen befinden sich ungefähr 250 Millionen spezielle Hämoglobin-Moleküle, die in der Lunge Sauerstoff binden und dann im Gehirn an das Gewebe abgeben (links unten schematisch zu sehen). Wenn es den Sauerstoff abgibt, wird das Hämoglobin magnetisch und erzeugt ein inhomogenes Magnetfeld im umliegenden Gewebe. Dieser Effekt ist in der fMRT messbar, allerdings wird er durch das Gefäßsystem des Gehirns in der Auflösung begrenzt. Das Signal, das in der fMRT gemessen wird, entfaltet sich in mehreren Phasen. Zunächst sinkt der durchschnittliche Sauerstoffgehalt der Hämoglobinmoleküle und führt zu einem Signalabfall. Danach überkompensiert das Gehirn den Sauerstoffverbrauch, und es fließt sauerstoffhaltiges Hämoglobin nach. Dadurch steigt das Signal im fMRT, allerdings mit einer Zeitverzögerung von ein paar Sekunden. Später sinkt das Signal wieder auf das Ausgangsniveau.

zögerung berücksichtigen. Wenn Sauerstoff im neuronalen Gewebe verbraucht und dadurch dem Blut entzogen wird, reagiert das Gehirn, indem es die Blutgefäße erweitert, damit mehr sauerstoffhaltiges Blut ins Gewebe gelangt. Dadurch kommt es sogar kurzzeitig zu einem Überschuss an sauerstoffhaltigem Blut. Dieser Effekt ist sehr auffällig und bildet die wichtigste Grundlage für das fMRT-Signal. Allerdings tritt er erst mit einer Zeitverzögerung von wenigen Sekunden auf

– so lange braucht es, bis sich unsere Blutgefäße erweitern. Vielleicht kennen Sie dieses Phänomen, wenn Sie zum Beispiel einmal etwas Peinliches gesagt haben und dann rot geworden sind. In dem Moment, wo man die Schamesröte die Wangen emporsteigen fühlt, liegt die auslösende Peinlichkeit bereits in der Vergangenheit. Auch dieser langsame, zeitverzögerte Effekt beruht auf einer Erweiterung der Blutgefäße. Ähnlich verhält es sich mit der fMRT: Das Gerät misst gewissermaßen das zeitlich verzögerte lokale »Rotwerden« des Gehirns, und das Signal hinkt der Aktivität der Nervenzellen um ein paar Sekunden hinterher.

Die fMRT ist also ein indirektes Verfahren mit einigen Schwachstellen. Aber sie ist derzeit das beste Verfahren, um bei gesunden Probanden die Hirnaktivität mit detaillierter räumlicher Auflösung zu messen.

DIE BUNTEN BILDER
DER HIRNAKTIVITÄT

In der Regel werden die Ergebnisse von fMRT-Untersuchungen in Form von Hirnaktivitätskarten dargestellt (in Abbildung 9 schematisch gezeigt). Man sieht einen Gehirnschnitt und darauf die Aktivität. Je heller der Bildpunkt, desto stärker die Aktivität.

Solche und ähnliche Bilder sind oft zu sehen, wenn in populären Medien von Hirnforschung berichtet wird. Es gibt dabei jedoch einige Missverständnisse, denn die Hirnaktivitätskarten sind keine Fotos, die klare unumstößliche Fakten darstellen. Sie stellen vielmehr statistische Aussagen dar. Ein markierter Bildpunkt sagt nicht: »Da ist Aktivität«, sondern: »Da ist *mit hoher Wahrscheinlichkeit* Aktivität.« Das heißt aber auch, dass ab und zu mal ein Pixel falsch dargestellt werden

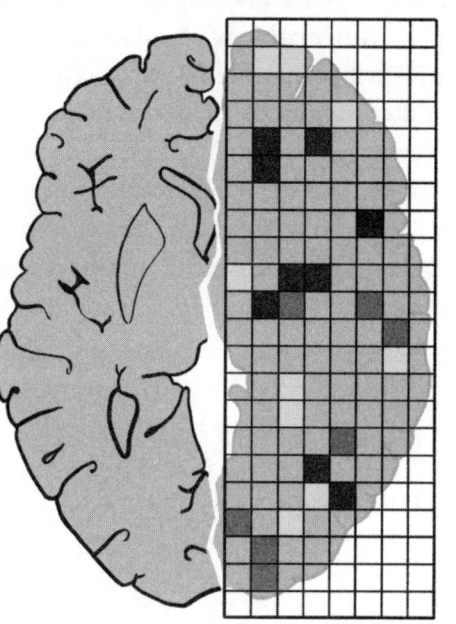

kann. Dies zu wissen ist für die Interpretation ungeheuer wichtig. Der damals angehende Hirnforscher Craig Bennett führte als Student im US-amerikanischen Dartmouth im Frühjahr 2005 auf drastische Weise vor,[5] was es heißt, wenn man die statistische Qualität dieser Bilder nicht berücksichtigt. Er zeigte einem Lachs in der MRT abwechselnd Bilder von fröhlichen, ängstlichen sowie wütenden Menschen und maß dabei die Hirnaktivität des Fisches. Und in der Tat fand er im Gehirn des Lachses ein paar Bildpunkte, die auf die Bilder zu reagieren schienen. Es gab jedoch einen kleinen Schönheitsfehler: Der Fisch war längst tot. Auf diese Weise machte Bennett klar, dass man nicht jedem positiven Bildpunkt einfach vertrauen kann.

Das bedeutet nicht, dass die Methode nicht funktioniert. Man darf einzelne aktive Bildpunkte nur nicht überinterpretieren. Ein als aktiv markierter Punkt im Gehirn bedeutet, dass dort mit einer bestimmten Wahrscheinlichkeit eine Aktivität zu finden ist, gibt dafür jedoch keine Garantie. Den meisten Fachwissenschaftlern ist das klar,[6] doch gehen solche Einschränkungen bei der Übersetzung in populärwissenschaftliche Medien oft verloren. Im Übrigen kommt es auf die einzelnen Bildpunkte auch nicht so sehr an, da wir zum Decodieren der Gedanken auf das Gesamtmuster der Hirnaktivität schauen.

KAPITEL 6

DIE SPRACHE DES GEHIRNS

Woran, meinen Sie, hat die Person gedacht, als sie im Hirnscanner lag und das Bild aus Abbildung 9 gemessen wurde? Zugegeben, diese Frage ist gemein. Denn auch ich als Hirnforscher kann sie trotz jahrelanger Erfahrung nicht durch einen Blick auf das Muster beantworten. Die Bilder der Hirnaktivität müssen mithilfe von Computern ausgewertet werden. Dies erklärt auch die Enttäuschung einer Journalistin, die vor ein paar Jahren in unserem MRT-Labor im Berliner Bernstein Center der Charité zu Besuch war. Sie kam mit der Vorstellung zu uns, wir könnten die fMRT-Aufnahmen interpretieren wie ein Kunsthistoriker ein Gemälde in einem Museum. Sie glaubte, wir würden die MRT-Bilder an die Wand im Labor hängen und so lange darüber sinnieren, bis schließlich klar wäre, welche Botschaften sie enthielten. Der Forschungsalltag sieht allerdings anders aus. Die Information, die in den fMRT-Bildern relevant ist, lässt sich nicht mit bloßem Auge erkennen. Wir müssen dafür Computern beibringen, nach dem Gedankencode im Gehirn zu suchen. Aber eine Frage müssen wir uns vorher stellen: Was genau ist der Code der Gedanken?

Um einen solchen Code zu entschlüsseln, muss man sich erst einmal die Daten genau anschauen. Das Hirn erzeugt bei jedem Auftreten eines Gedankens jeweils ein präzises und wiederholbares Aktivitätsmuster. Wir können dies sehr vereinfacht mit einer CD vergleichen. So wie ein Musikstück auf einer CD durch ein spezifisches Muster von Vertiefungen codiert ist, werden im Hirn die verschiedenen Gedanken im Muster der neuronalen Aktivität codiert. Wann immer man die CD, auf die vielleicht eine Aufnahme von Beethovens *Pathétique* gepresst ist, in den Slot des Gerätes schiebt, erklingt genau diese und keine andere Klaviersonate, weil das Rillenmuster unverwechselbar ist. Ähnlich ist es bei den Gedanken im Gehirn: So wie man die CD als Trägermedium der Musik verstehen kann, fungiert das Gehirn als Trägermedium der Gedanken. Natürlich hinkt der Vergleich zwischen Gehirn und CD an vielen Stellen. Das Gehirn ist dynamisch, ständig aktiv, verarbeitet Informationen, man sieht Farben, hört Töne, hat Erinnerungen – die Gedanken ändern sich also pausenlos. Und trotzdem gibt es, wie bei der CD, eine systematische Zuordnung zwischen Gedanken und Hirnaktivitätsmustern.

Das Problem ist nur: Bei einer CD kann man in einer technischen Beschreibung nachschauen, wie die Rillenmuster auf der Oberfläche die Musik codieren. Beim Gehirn ist diese Übersetzung viel schwieriger, weil wir den Gedankencode, die Sprache des Gehirns, nicht kennen. Ohne den Code steht man vor dem Scan des Aktivitätsmusters wie ein staunender Tourist vor ägyptischen Hieroglyphen (siehe Abbildung 10). Bis vor 250 Jahren war nicht klar, was diese eigenwilligen Symbole bedeuten sollten, denn der Code war seit der Römerzeit in Ägypten allmählich vergessen worden. Das änderte sich erst, als der Stein von Rosette auftauchte. Dieser kulturgeschichtlich eminent wichtige Fund im Jahr 1799 ermöglichte es, die Bedeutung der Symbole zu erschließen, weil die Inschrift des Steines sowohl in Hieroglyphen als auch in Altgriechisch eingemeißelt worden war. Da die altgriechische Sprache bekannt war, konnte man die Bedeutung der etwa 3000 v. Chr. entstandenen Hieroglyphen-Schrift entschlüsseln.

Ich würde mir einen solchen Rosettastein auch für die

Abb. 10: Wie bei Mustern der Hirnaktivität fällt es uns auch bei Hieroglyphen schwer, ohne Übersetzungshilfe die Bedeutung zu erfassen. Man könnte hier vielleicht denken, dass es um eine Geschichte mit einem Vogel geht. Stattdessen sind dies die Hieroglyphen für das Wort »Gehirn«.

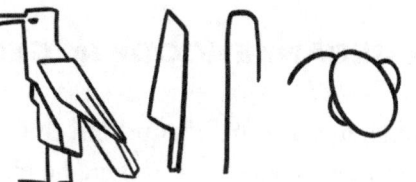

Sprache des Gehirns wünschen, eine Tafel, mit der sich die Hirnmuster in Gedanken übersetzen ließen. Leider gibt es so etwas nicht. Die Hirnforschung muss anders vorgehen, um die neuronalen Muster der Gedankenwelt zu lesen. Vielleicht wäre es mit modernen Techniken möglich, eine Übersetzungstabelle zu erstellen, die eine ähnliche Funktion wie der Rosettastein erfüllt? Dazu müsste man eine Person in den Scanner legen und ihre Hirnaktivitätsmuster aufzeichnen, während sie bestimmte Gedanken denkt. Dann könnte man vielleicht eine Art Wörterbuch zusammenstellen, das die Hirnaktivitätsmuster neben die zugehörigen Gedanken setzt, und man bräuchte nur rasch dort nachzuschauen, was da im Gehirn gerade gedacht, geträumt oder gefühlt wurde.

Dabei stellt sich jedoch eine wichtige Frage: Was genau auf dem Bild in Abbildung 9 ist relevant für den Gedanken? Wie könnten die Gedanken im Gehirn überhaupt prinzipiell gespeichert sein? Das Beispiel mit dem toten Lachs im Hirnscanner zeigt, dass man sich sehr genau fragen muss, ob die einzelnen Bildpunkte überhaupt relevant sind oder ob sie nicht vielmehr ein Bildrauschen darstellen, so wie bei einem verpixelten Foto, das bei schlechten Lichtbedingungen aufgenommen wurde. Andererseits erkennt man wahrscheinlich erst an den feinen Details, wie viel die Bilder über unsere Gedankenwelt aussagen. Man muss eben nur den richtigen Code kennen.

DER GEDANKENCODE IM GEHIRN

Wie funktionieren Codes überhaupt? Ein einfaches Beispiel: Julius Caesar ist wohl einer der Ersten, die einen Code verwendet haben, um militärische Geheimnisse zu verschlüsseln.[1] Bei seinem Code wurde jeder Buchstabe durch den ersetzt, der im Alphabet drei Schritte weiter lag. So wurde aus einem A ein D, aus einem B ein E und so weiter. Jedem Buchstaben wurde also ein anderer zugeordnet. Wenn man den richtigen Schlüssel hat, kann man die ursprüngliche Botschaft Buchstabe für Buchstabe wiederherstellen.

So ein Code funktioniert aber nur dann, wenn man wirklich jedem Buchstaben einen eigenen Codebuchstaben zuordnet. Würde sowohl das A als auch das B durch das D verschlüsselt, wäre die Botschaft schon nicht mehr eindeutig zu rekonstruieren. Übertragen auf das Beispiel des Gehirns bedeutet dies: Man muss jedem Gedanken einen eigenen Hirnzustand zuordnen. Aber welche Hirnsignale kommen hierfür infrage?

Eine sehr einfache Möglichkeit wäre, wenn für jeden Gedanken ein einzelnes Neuron reserviert wäre. (Dies ist natürlich nur ein stark vereinfachtes Gedankenspiel. Wie oben erwähnt, wäre ein Code, der einen einzelnen Gedanken mit der Aktivität genau einer Nervenzelle codiert, bei der geringen Auflösung moderner Hirnforschungstechniken wie fMRT oder EEG nicht messbar. Trotzdem können wir daran bestimmte Prinzipien veranschaulichen.) Würden wir an einen

78

Hund denken, würde Nervenzelle 1 aktiv, würden wir an eine Katze denken, Zelle 2, und so weiter. Bei 86 Milliarden Nervenzellen sollte das Fassungsvermögen doch ausreichen, oder? Das Gehirn würde nach diesem Modell die Informationen aus der Umwelt in verschiedenen Schritten verarbeiten, und am Ende würde dann das eine bestimmte Neuron feuern, das für den Gedanken zuständig ist, den jemand gerade hat. Wenn etwa die Oma ins Blickfeld kommt, feuert eine Großmutterzelle, beim Opa wird die Großvaterzelle aktiv. Der amerikanische Hirnforscher Jerry Lettvin nannte 1969 die Vorstellung, es gäbe eine 1:1-Zuordnung zwischen Gegenständen in unserem Sehfeld und Nervenzellen, dann auch spöttisch die Theorie der »Großmutterzellen«.[2] Nach dieser Theorie weisen die Neurone einen hohen Grad an Selektivität auf, sie reagieren also nur auf einen Aspekt im Bild, wie etwa die Großmutter, alles andere wird ausgeblendet. Aber gleichzeitig sind die Zellen sehr sensitiv und reagieren auf jedweden Gedanken an die Großmutter, also nicht nur, wenn man die Oma sieht, sondern auch, wenn man nur an sie denkt oder sich an eine Situation mit ihr erinnert. Egal, ob man sie von links oder von rechts sieht, ob sie im Nachbarraum ist und man nur ihre Stimme hört, ob man sich Fotos von ihr anschaut, ja selbst beim Genuss des unerreichten Pflaumenkuchens der Großmutter wäre nach dieser Theorie immer dasselbe Neuron aktiv.

Man kann sich eine solche Codierung auch vorstellen wie jene speziellen Klingelanlagen, die es früher gelegentlich in altehrwürdigen Herrenhäusern gab. In jedem Wohnraum befand sich ein Hebel, der über einen Seilzugmechanismus mit einer bestimmten Klingel in den Quartieren der Dienstboten verbunden war. Wenn man in der Bibliothek den Hebel zog, klingelte die erste Klingel, wenn man jene im Esszimmer betätigte, die zweite und so weiter (siehe Abbildung 11, oben).

Abb. 11: *Oben:* Klingelsystem für Dienstboten aus Speke Hall in Liverpool. *Unten:* Codierung nach dem Prinzip der »beschrifteten Leitung«. Jeder Stelle auf der Körperkarte des Tastsinns entspricht eine Stelle auf der Oberfläche des Körpers. Es gibt also eine 1:1-Zuordnung zwischen Hirnregionen und Erlebnissen.

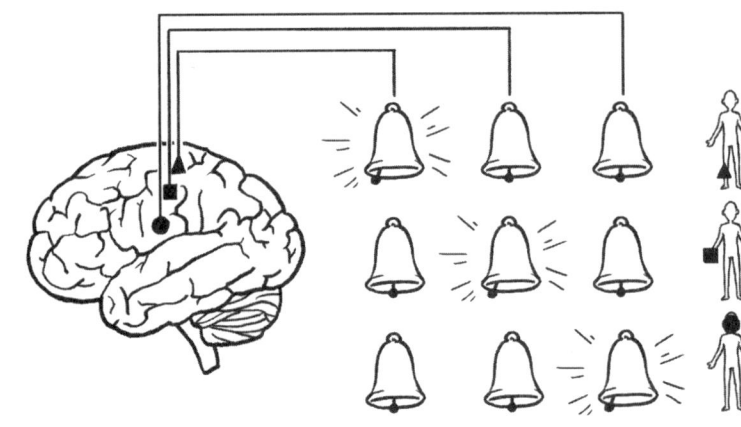

Auch hierbei lag – wie bei der Theorie von der Großmutterzelle – eine 1:1-Zuordnung vor, und die Bediensteten wussten sofort, ob ihre Anwesenheit im Salon, im Rauchzimmer, der Bibliothek oder dem Speisesaal gewünscht wurde. Entsprechend wird die Großmutterzelle auch als »beschriftete Leitung« (engl. *Labelled line*) bezeichnet. Die Nervenzelle ist in diesem Bild wie ein Hebel, der, wenn er umgelegt wird, mit einem bestimmten Gedanken gekoppelt ist.

Die Vorstellung einer solchen 1:1-Zuordnung zwischen Gedanken und Nervenzellen wurde lange Zeit belächelt. Denn – so der Einwand – wie sollte es möglich sein, die unendliche Anzahl verschiedenster Gedanken, die wir haben können, mithilfe einer begrenzten Zahl von Nervenzellen zu speichern? Wenn man für jeden einzelnen Gedanken eine andere der 86 Milliarden Nervenzellen bräuchte, würden einem diese doch irgendwann ausgehen.

Trotzdem gibt es einiges, das für einen Großmutterzellencode spricht. So etwa die Ähnlichkeit mit dem Prinzip der Hirnkarten, das im ersten Kapitel erläutert wurde. Denn beim Homunculus (Abbildung 4) besteht ebenfalls eine 1:1-Zuordnung zwischen den Regionen der Hirnrinde und den entsprechenden Stellen auf der Körperoberfläche. Jede Körperregion hat quasi ihre eigene Klingel im Gehirn. Jeder Region der Karte entspricht eine Stelle auf der Oberfläche unseres Körpers (siehe Abbildung 11, unten).

Aber auch bei komplexen Wahrnehmungsinhalten könnten Großmutterzellencodes zum Einsatz kommen, und das sogar auf der Ebene einzelner Nervenzellen im menschlichen Gehirn. Dazu führte 2005 ein Team von Hirnforschern aus Caltech um Christof Koch, Rodrigo Quian Quiroga und Gabriel Kreiman bahnbrechende Untersuchungen durch. Während operativer Eingriffe an Epilepsiepatienten bot sich den Forschern die Möglichkeit, zu messen, was einzelne Nervenzellen im Gehirn taten, wenn die Patienten Bilder von verschiedenen berühmten Personen anschauten. Auf diese Weise konnten tatsächlich einzelne Zellen identifiziert werden, die nur auf ganz spezifische Personen reagierten. Bei einem Patienten zum Beispiel wurde ein bestimmtes Neuron immer aktiv, wenn er die Schauspielerin Jennifer Aniston sah. Zeigte man ihm hingegen Bilder anderer Menschen – darunter auch ebenso bekannte Schauspielerinnen –, feuerte dieses Neuron nicht. Bei Jennifer Aniston hingegen sprang es an, egal, in welcher Pose und aus welchem Winkel sie aufgenommen war. Ein auf die Oscar-Gewinnerin Halle Berry spezialisiertes Neuron konnten die Kollegen im Gehirn eines anderen Patienten finden. Hat sich die Natur also tatsächlich dafür entschieden, unsere Erlebnisse in einzelnen Neuronen festzuhalten?

Die Wahrheit ist leider komplizierter, als dieses Beispiel vermuten lässt. Da die Forscher den Epilepsiepatienten nicht von allen möglichen Leuten auf der Welt Bilder zeigen konnten, wäre es durchaus denkbar, dass auch ein paar andere Personen eine Antwort der Jennifer-Aniston-Zelle hätten auslösen können. Außerdem haben die Forscher nicht alle Nervenzellen der Patienten untersucht. Insofern könnte es mehrere auf Jennifer Aniston reagierende Zellen geben. Erst eine vollständige Untersuchung aller denkbaren Bilder und aller Nervenzellen könnte diese Zweifel ausräumen. Das aber wäre ein schier unendlicher Aufwand.

Gibt es denn Alternativen zur Theorie der Großmutterzellen? Wenn nicht die Aktivität eines einzelnen Neurons, so könnte ja vielleicht das Erregungsmuster einer größeren Zahl von Neuronen einen einzelnen Gedanken darstellen. Dann wären beim Gedanken an einen Hund die Nervenzellen 1 und 3 aktiv, an eine Katze die Zellen 1 und 2 und an eine Maus 2 und 3 (siehe Abbildung 12).

Wollte man einen solchen Gedankeninhalt auslesen, müsste man daher mehrere Nervenzellen auf einmal betrachten. Denn würde man nur die Aktivität von Nervenzelle 1 erfassen, wüsste man nicht, ob es sich um die Wahrnehmung eines Hundes oder einer Katze handelt. Bilden mehrere Neurone

Abb. 12: Codierung mit Populationen. Hier können beliebige Kombinationen von Nervenzellen verwendet werden, um die Denkinhalte zu codieren.

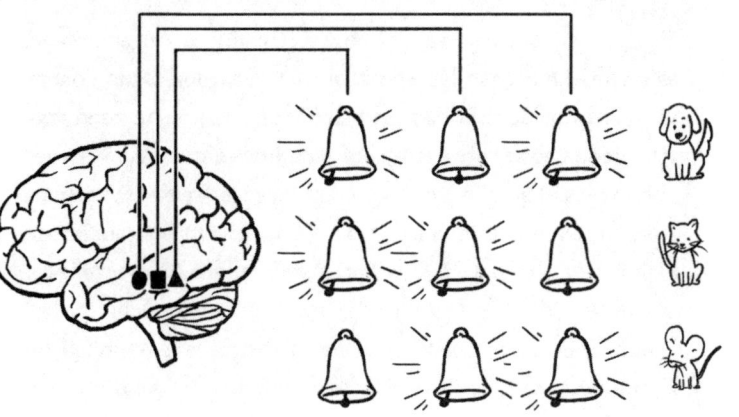

gleichzeitig ein Aktivitätsmuster, das ein gesehenes Objekt codiert, sprechen wir von einem »Populationscode«, da ja eine ganze Gruppe von Zellen, quasi eine Population, aktiv wird.

Solch ein Populationscode hat einen großen Vorteil: Er liefert schier endlose Kombinationsmöglichkeiten. Stellen Sie sich vor, wie viele Möglichkeiten man für einen Sicherheitscode bei einem Fahrradschloss mit 86 Milliarden einzelnen Ziffern hätte (siehe Vertiefungsbox *Die schier unendlichen Varianten der Hirnmuster*). Um diese Zahl auszuschreiben, müssten wir Bücher im Umfang von rund 10 000 Bibeln füllen, und auch nur dann, wenn man vereinfachend annehmen würde, dass jede Nervenzelle nur »an« oder »aus« sein kann; in Wirklichkeit können die Aktivitätsraten aber in beliebig feinen Abstufungen auftreten. Das heißt: Der Möglichkeitsraum der Populationscodes wäre astronomisch groß.

Die schier unendlichen Varianten der Hirnmuster

Schauen wir uns eine vereinfachte Rechnung an: Angenommen, es stünden nur zehn Nervenzellen zur Verfügung. Dann könnte das Hirn mit dem Prinzip der Großmutterneurone zehn verschiedene Dinge registrieren, für jede Nervenzelle ein wahrgenommenes Objekt. Wenn das Gehirn hingegen mit Aktivitätsmustern arbeiten würde, wären sehr viel mehr Objekte codierbar. Nehmen wir, noch weiter vereinfachend, an, jede Nervenzelle sei entweder aktiv (sie feuert) oder nicht aktiv (sie feuert nicht). Dann haben wir für eine einzelne Nervenzelle zwei mögliche Zustände. Wenn wir zwei Nervenzellen hätten, gäbe es zwei Möglichkeiten für die erste und zwei für die zweite Zelle: 2×2 ergibt 4. Wenn wir drei Nervenzellen hätten, gäbe es $2 \times 2 \times 2$ also acht Möglichkeiten. Wenn wir zehn Nervenzellen hätten, hätten wir $2 \times 2 \times 2 \times 2 \times 2 \times 2 \times 2 \times 2 \times 2 \times 2$ Möglichkeiten. Dann könnte man 2^{10} (oder 1024) verschiedene Gedanken codieren. Mit 86 Milliarden Nervenzellen wäre es möglich, $2^{86\,000\,000\,000}$ verschiedene Gedanken zu codieren. Umgerechnet wäre das ungefähr eine 10 gefolgt von ca. 25 Milliarden Nullen. Damit sollte es genug Kombinationen geben, um alle erdenklichen Facetten unserer Gedankenwelt zu codieren. In einem späteren Kapitel kommen wir auf eine sehr ähnliche Überlegung zurück, wenn wir über die Anzahl möglicher bildlicher Gedanken nachdenken.

Ein Populationscode hat aber nicht nur Vorteile. Mit Großmutterzellen gelänge es leicht, zu codieren, wenn verschiedene Personen gleichzeitig im Bild sind. Hätte man eine Zelle für den Gedanken an die Großmutter und eine für den an den

Großvater, könnte man auch codieren, wenn beide gleichzeitig im Raum wären. Dann würden einfach beide Zellen feuern. Beim Populationscode ließe sich dies nicht ganz so einfach gestalten. Wären viele Nervenzellen an der Codierung von Großmutter und Großvater beteiligt, könnte es zu Interferenzen kommen, wenn sich die Aktivitätsmuster überlagern. Man kann dies in Abbildung 12 gut sehen. Wenn alle drei Nervenzellen aktiv sind, könnten entweder Hund und Katze, Hund und Maus oder Katze und Maus zu sehen sein. Das Auslesen überlagerter Gedanken wird also bei Populationscodes schwieriger. Man kann sich dies wieder mit den Glocken im Herrenhaus veranschaulichen. Das Signal für einen Raum würde nicht durch ein einziges Glöckchen, sondern von mehreren Glöckchen gleichzeitig ausgelöst, wie ein Akkord in der Musik. Würde man den Mechanismus im Salon oder in einem der anderen Zimmer betätigen, veränderte sich jeweils die Aktivität der einzelnen Glöckchen. Sie würden unterschiedlich intensiv läuten und so unverwechselbare Muster bilden. Könnte ein Butler im Herrenhaus dann trotzdem zweifelsfrei feststellen, wo seine Dienste benötigt werden? Warum nicht? Wenn das Muster für jeden Raum anders wäre, sollte das kein grundsätzliches Problem darstellen. Die Töne der verschiedenen Glöckchen würden sich zu einem komplexen Klang verbinden, der für jeden Raum individuell und charakteristisch wäre.

Beim Brain-Reading, dem Dechiffrieren der Gedanken aus den Hirnaktivitätsmustern, befinden wir uns ziemlich genau in der Rolle dieses hypothetischen Butlers. So wie er auf die Aktivität der Glöckchen achtet, schauen wir auf die Hirnaktivitätsmuster. Zum Auslesen konzentrieren wir uns auf die Aktivitätsmuster der ganzen Population an Voxeln. Einige dieser Voxel reagieren stärker, andere schwächer, doch es geht dabei nicht um die Intensität der Erregung einer einzelnen

Stelle im Gehirn, sondern um die Muster, die auf diese Weise gebildet werden. Wenn jemand an seine Großmutter denkt, entsteht ein komplexes Aktivitätsmuster, das zuverlässig wieder auftritt, wenn die Oma erneut vor seinem geistigen Auge erscheint, aber nicht, wenn die Person an den Opa oder an einen Blumenstrauß denkt. Dann bildet sich jeweils ein anderes Aktivitätsmuster.

So hätte jeder Gedanke seine eigene unverwechselbare neuronale Signatur, und diese kann bis zu einem gewissen Grad auch durch gröbere Messverfahren wie die fMRT gemessen werden. Wenn unser Gehirn wirklich solche Populationscodes verwendet, sind unsere Gedanken nicht genau im Gehirn lokalisierbar. Sie werden über weit verteilte Aktivitätsmuster in Netzwerken codiert (siehe Abbildung 9). Erst wenn man das Muster aller dazugehörigen Erregungen an den unterschiedlichsten Orten des Gehirns auf einmal darstellt, kann man ein vollständiges Bild der Erlebnisse erhalten.

Welches Codierungsprinzip ist nun richtig? Früher dachte man, die Gedanken seien genauer im Gehirn verortet. Demnach sollte das Sehen von Gesichtern in einem eng umgrenzten Gesichtsareal stattfinden und die Furcht im sogenannten Mandelkern des Gehirns. Mittlerweile ist durch die Bildgebung klar geworden, dass das Erleben von Gesichtern ebenso wie das von Furcht keine lokal eng begrenzbaren Phänomene sind. Wenn ich die Hirnaktivität von Probanden beobachte, während sie Gesichter sehen oder Freude verspüren, erkenne ich, dass viele Hirnregionen beteiligt sind, die zum Teil weit voneinander entfernt liegen. Auch für die Empfindung von Schmerz scheint es kein klar umgrenztes Zentrum zu geben; sie ist vielmehr in einem Netzwerk codiert, das sich weiträumig über das Gehirn erstreckt.

Alle höheren Bewusstseinsphänomene wie Entscheidungsfindung, Handlungsplanung und sämtliche sprachlich darstellbaren Gedanken sind ohnehin über verschiedene Hirnregionen verteilt. Solche Denkprozesse erfordern ja auch die Verarbeitung einer Vielzahl von relevanten Informationen. Wenn die Großmutter einem ein Stück ihres frisch gebackenen Kuchens anbietet und man sich überlegt, ob man trotz der Diät, die man gerade macht, zugreifen sollte, spielen bei dieser Entscheidung vielfältige Aspekte eine Rolle: Man sieht den Kuchen, der Erinnerungen an frühere Anlässe weckt; man riecht ihn, man erwartet einen angenehmen Geschmack im Mund; man freut sich schon auf den Genuss – und hat doch gleichzeitig ein schlechtes Gewissen wegen der Diät und möchte den Impuls hemmen. Unsere Gedanken bestehen aus vielen sich überlagernden Aspekten. Nicht zuletzt deshalb ist auch ihre Signatur im Gehirn so komplex.

KAPITEL 7

COMPUTER KNACKEN DEN GEDANKENCODE

Wie wir gesehen haben, ist es unmöglich, mit bloßem Auge die Bedeutung der Hirnaktivitätsmuster zu dechiffrieren. Wir müssen dazu vielmehr die Grundprinzipien des Codes der Gehirnsprache kennen, und um den zu knacken, brauchen wir leistungsfähige Computer.

Im Jahr 2013 besuchte mich die TV-Reporterin Sarah Elßer im Berliner Bernstein Center. Sie arbeitete an einem Beitrag für das Wissenschaftsmagazin *Planetopia* und wollte den Zuschauern zeigen, wie das Gedankenlesen mithilfe von Hirnscannern funktioniert. Sie hatte zehn Bilder mitgebracht (siehe Abbildung 13) und eine Herausforderung: Könnten wir anhand ihrer Hirnaktivität erkennen, an welches Bild sie im Scanner gerade denkt?

Zunächst brauchten wir natürlich ein paar »Trainingsaufnahmen«, denn wir – oder genauer gesagt: unsere Computer – mussten die Aktivitätsmuster, die zu den einzelnen Bildern gehörten, ja erst einmal lernen. Die Journalistin lag also im Scanner, und wir maßen ihre Hirnaktivität, während sie jedes einzelne Bild betrachtete. Unter den mitgebrachten Bildern waren Fotos vom Brandenburger Tor, von einem Strauß Rosen und von einem Schäferhund. Die dabei gemessenen Aktivitätsmuster sieht man auf Abbildung 13 jeweils unterhalb der Bilder.

Abb. 13: Die TV-Reporterin Sarah Elßer brachte zehn Bilder in unser Labor mit und forderte uns heraus: Wir sollten alleine auf Basis der Hirnmessungen herausfinden, welches Bild sie gerade betrachtete. Unter jedem Bild sind hier schematisch die zugehörigen Muster der Hirnaktivität abgebildet. Unten sieht man einen detaillierten Ausschnitt aus dem Sehsystem des Gehirns für eines der Bilder. Die Muster, die zum Lernen verwendet werden (»Training«), haben Ähnlichkeit mit den später zum Testen verwendeten Mustern (»Test«). Die kleinen Unterschiede gehen vermutlich auf Messrauschen zurück oder darauf, dass das Bild des Hundes jedes Mal leicht andere gedankliche Assoziationen auslöste.

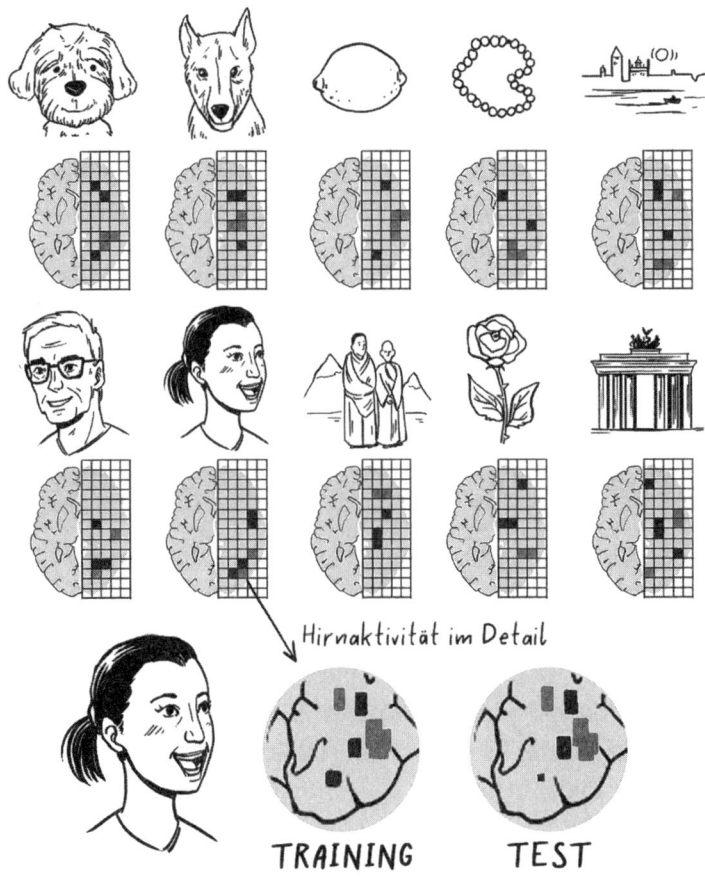

Dann kam der entscheidende Test. Sarah Elßer sah ein weiteres Bild, wir wussten aber nicht, welches. Wir maßen das zugehörige Aktivitätsmuster – es ist unten auf Abbildung 13 unter dem Stichwort »Test« zu sehen – und mussten aus diesem Muster erkennen, an welches Bild Frau Elßer gerade gedacht hatte. Die richtige Lösung hatte sie zuvor auf eine Tafel geschrieben, die allerdings zugedeckt und deshalb für uns Forscher nicht zu sehen war. Würden wir richtigliegen?

Das Muster ist ein Test dafür, wie gut wir (bzw. der von uns trainierte Computer) in der Lage sind, den Gedanken zu erraten. Man nennt es deswegen auch ein »Testmuster«. Wie würden Sie spontan vorgehen, um das Testmuster zu interpretieren? Vermutlich kämen Sie rasch auf die Idee, das Testmuster mit den Beispiel- oder Trainingsmustern zu vergleichen. Genau identisch ist das Testbild mit keinem der anderen Vorlagen, aber es gibt ein Muster, das ähnlicher ist als die anderen. Genau das sollten Sie nehmen. Es ist hier unter »Training« dargestellt.

Für jedes einzelne Beispiel sagten wir, was der Computer aus den Hirnscans geraten hatte. Erst danach wurde die richtige Lösung auf der Tafel aufgeklappt. So spielten wir es für alle Bilder nacheinander durch. In diesem Fall schaffte der Computer eine perfekte Serie und lag in jedem Fall richtig. Das ist aber nicht immer so.

Nehmen wir an, Sie könnten nichts in den Bildern erkennen und würden nur raten. Dann würden Sie meistens danebenliegen, ab und an jedoch einen Zufallstreffer landen. Wenn es um zehn Auswahlmöglichkeiten geht und alle gleich wahrscheinlich sind, liegt die Zufallstrefferquote bei 1 von 10. Mit einer zehnprozentigen Treffsicherheit lassen sich aber keine zuverlässigen Ergebnisse erzielen. Sie hätten genauso gut einen zehnseitigen Würfel werfen können. Beträgt Ihre Trefferquote in so einem Versuchsdesign jedoch über zehn

Prozent, sagen wir gar bei 50 Prozent, dann liegen Sie zwar immer noch oft daneben, aber Sie können dieses Ergebnis nicht durch einfaches Raten erzielt haben. Sprich, Sie hätten dann zumindest einiges in den Bildern erkannt, das Ihnen als Indiz für den Zusammenhang zwischen Bildern und Hirnmustern dienen konnte. Je besser Sie die Unterschiede in den Bildern sehen können, desto höher wird Ihre Trefferquote. Im Idealfall erreichen Sie 100 Prozent.

Was aber wäre, wenn Sie auf null Prozent kämen? Es klingt vielleicht seltsam, aber wenn Sie jedes Mal danebenliegen, wissen Sie auch etwas über das Bild. Die beste Strategie, um Ihre Leistung über das Zufallsniveau hinaus zu steigern, wäre, immer das zu wählen, was Sie für die falsche Antwort halten.

Ähnlich geht unser Computer bei der Decodierung von Gedanken vor. Einen Computer zu verwenden hat zwei wichtige Vorteile: Wenn die Gedanken einander immer ähnlicher werden (wie etwa bei den Hirnantworten auf die Bilder eines Schäferhundes und eines Dackels), fällt es dem Rechner leichter als uns, sie auseinanderzuhalten. Außerdem kommen Menschen, wenn es um eine Reihe unterschiedlicher Gedankenmuster geht, schnell an ihre kognitiven Grenzen.

Im vorliegenden Fall erreichte der Computer übrigens eine Trefferquote von 100 Prozent im Erkennen der Gedanken der Journalistin. Aber wie geht ein Computer genau vor, wenn er Muster erkennen soll? (Details dazu finden Sie in der Vertiefungsbox auf der folgenden Seite.) Es gibt in der Forschung ein Fachgebiet, das sich ausschließlich mit dieser Frage befasst: Wie kann ein Computer Muster erkennen und dabei möglichst hohe Trefferquoten erzielen? Hirnmuster werden dabei vom Prinzip her nicht anders als Fingerabdrücke oder Gesichter behandelt. Es geht um räumliche Muster, und die maschinelle Erkennung solcher Muster erfolgt immer nach demselben Prinzip.

PRINZIPIEN DER KLASSIFIKATION:
Wie liest ein Computer Hirnmuster aus?

Nehmen wir vereinfacht an, wir wollten aus der Hirnaktivität erkennen, ob jemand an einen Hund oder an das Brandenburger Tor denkt, und wir hätten schon einige Beispiele der Hirnaktivität für diese beiden Gedanken gemessen. Abbildung 14 zeigt dies beispielhaft und schematisch für nur zwei Voxel (in Wahrheit sind natürlich viel mehr gemessen worden). Nun kann man die gemessenen Aktivitäten in ein Koordinatensystem eintragen: den ersten Wert auf der x- und den zweiten Wert auf der y-Achse. Für den Gedanken an den Hund im Kopf des Probanden wären es in diesem schematischen Beispiel die Werte 2 und 8, für das Brandenburger Tor 7 und 3. Das wiederholen wir ein paar Mal und tragen alle Messungen der Hirnaktivität in das Koordinatensystem ein. Die Messpunkte für den Hund markieren wir als Kreise, die für das Brandenburger Tor als Kreuze. Wenn alle Voxel ausgewertet sind, schauen wir uns das Koordinatensystem erneut an. Im Idealfall sehen wir eine klare Trennung zwischen den Kreisen, die für »Hund«, und den Kreuzen, die für »Brandenburger Tor« stehen. Der Algorithmus der Mustererkennung lernt nun die Linie, mit der man diese beiden Punktwolken optimal trennen kann (gestrichelte Linie in der Abbildung). In diesem Beispiel funktioniert das sehr gut. Selbst wenn die Punktwolken sich etwas überlagern, findet der Algorithmus eine Trennungslinie, mit deren Hilfe er die Muster sehr effizient auseinanderhalten kann.

In der Regel kommt es dabei unweigerlich auch zu Fehlern. Ein Kreis taucht plötzlich auf der anderen Seite der Unterscheidungslinie auf. Wir hätten ihn also falsch als »Brandenburger Tor« und nicht als »Hund« zugeordnet. Hier lautet die Devise: Aus Fehlern lernen. Der Computer kann mit jedem Fehler seine Unterscheidungslinie verbessern. Er muss die Linie einfach nur ein bisschen »verbiegen«, damit sie zwischen den beiden Punktwolken perfekt trennt. Wenn sich die Aktivitätspunkte für die beiden Objekte, die er auseinanderhalten soll, allerdings zu stark durchdringen, wird die Mustererkennung schwierig. In diesem Fall ist mit einer höheren Fehlerrate zu rechnen.

Abb. 14: Klar zu trennende Muster der Hirnaktivität für die Gedanken an »Hund« und »Brandenburger Tor«.

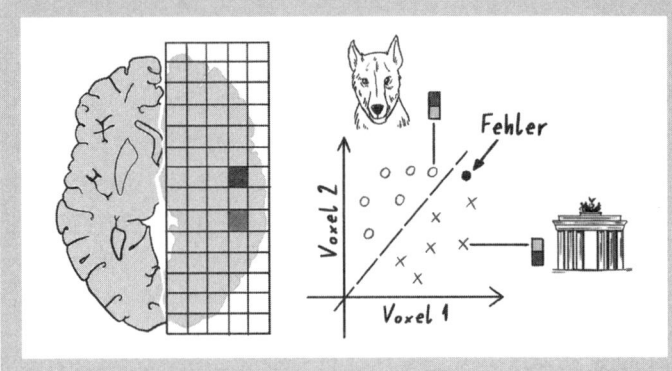

Das Prinzip, erst die Aktivitätsmuster zu messen und sie dann einem Computer beizubringen, funktioniert sehr gut. Allerdings können wir damit keine beliebigen Gedanken lesen, sondern nur jene, die der Computer zuvor gelernt hat. Bei Lichte besehen geht es hier also eher um ein Wiedererkennen. (Wie man über diese Beschränkung hinwegkommen kann, sehen wir später noch.) Wenn ein Proband hoch konzentriert ist und die Objekte, die er auf seinem Monitor im MRT sieht, jedes Mal präzise vergegenwärtigt, können wir dem Computer präzise Aktivitätsmuster und damit die Voraussetzung liefern für eine Wiedererkennungstrefferquote von fast 100 Prozent. Sind die Bedingungen weniger ideal, etwa weil der Proband unkonzentriert ist und seine Gedanken abschweifen oder die Inhalte, die wir unterscheiden und dem Rechner beibringen wollen, einander sehr ähnlich sind, müssen wir uns bisweilen mit Trefferquoten knapp über Zufallsniveau zufriedengeben.

Es gibt noch weitere Erklärungen, warum die Trefferquoten bisweilen niedrig sind. Dafür muss man sich die Funktionsweise der fMRT in Erinnerung rufen. In den einzelnen Bildpunkten, den Voxeln, werden in der Regel mehrere Millionen Neurone auf einmal gemessen. Selbst wenn es eine einzelne hochspezialisierte Nervenzelle in dem Voxel gibt, die es erlauben würde, das Objekt hundertprozentig richtig zuzuordnen, könnte die Trefferquote durch alle anderen Nervenzellen im Voxel verwässert werden, denn wie sollte sich eine einzige Nervenzelle gegen all die anderen Gehör verschaffen?

Aber nützt uns eine Trefferquote von weniger als 100 Prozent überhaupt etwas? Das hängt davon ab, welches Ziel man mit einer Decodierung verfolgt. In der Wissenschaft sind prinzipiell alle Ergebnisse über Zufallsniveau wertvoll. Wenn man beim Auslesen einer Hirnregion eine Trefferquote von 60 Prozent erreicht, dann heißt das zumindest, dass irgendwelche Informationen über die Gedanken in dieser Region stecken. Da kann sich manche Überraschung verbergen, etwa dann, wenn man Informationen über die Gedanken von Probanden an ganz unerwarteten Stellen im Gehirn findet. Beispielsweise reagiert ein Teil des Gehirns auf Bilder (der Sehkortex), ein anderer Teil reagiert auf Töne und Klänge (der Hörkortex). Aber was ist, wenn der Sehkortex nicht gebraucht wird, weil ein Patient etwa von Geburt an blind ist? Liegt diese Hirnregion dann brach? Oder wird sie umfunktioniert? In der Tat können bei blinden Probanden Töne auch aus dem Sehkortex ausgelesen werden. Anscheinend übernimmt das Sehsystem bei Blinden andere Funktionen, es hilft gewissermaßen bei anderen Aufgaben aus, wenn der visuelle Input ausbleibt. Diese Einsicht ist selbst dann interessant, wenn man die Töne nur mit sechzigprozentiger Genauigkeit aus dem Sehkortex auslesen kann. Denn man hat in diesem Fall etwas darüber gelernt, wie das Gehirn Informationen aus verschiedenen Sinnen verarbeitet.

Auch niedrige Trefferquoten knapp über Zufallsniveau sind also für die Grundlagenforschung wertvoll. Bei angewandter Forschung stellen sich hingegen ganz andere Anforderungen: Hier braucht man eine möglichst hohe Trefferquote. Ein Lügendetektor, der mit einer Wahrscheinlichkeit von 60 Prozent erkennen kann, ob der Angeklagte gelogen hat, dürfte keinem Gericht der Welt etwas nützen. Auch wenn wir mit einer EEG-Kappe per Gedankenkraft eine Bestellung im Internet auslösen wollen, sollte dabei zu 100 Prozent das richtige Produkt geordert werden, nicht nur in sechs von zehn Fällen. Insofern ist es ein weiter Weg von der Grundlagenforschung im Labor hin zur Anwendung im Alltag. Diese Tatsache geht in der medialen Darstellung bisweilen verloren. So wird schon einmal der Traum von einer Gedankenlesemaschine geträumt, auch wenn die Möglichkeiten in der Praxis noch recht begrenzt sind.

KAPITEL 8

HINEINZOOMEN IN
DIE VORSTELLUNGSWELT

Die Hirnaktivitätsmuster für den Gedanken an einen Hund, an das Brandenburger Tor oder an einen Strauß Blumen sind so unterschiedlich, dass man einem Computer leicht beibringen kann, die individuellen Muster auseinanderzuhalten und zu ermitteln, welches Bild jemand gerade sieht. Dieses Beispiel war bewusst einfach gewählt. Aber wo liegen die Grenzen beim Gedankenlesen?

Wenn unsere Hirnscanner die Aktivität der Neurone nur mit sehr begrenzter Auflösung messen können, quasi aus der Vogelperspektive, ist dann nicht auch der Schärfe, mit der Gedanken unterschieden werden können, schnell ein Limit gesetzt? Wie sieht es mit feineren Details unserer Erlebnisse aus? Um diese Frage zu beantworten, haben wir untersucht, ob der Computer in der Lage ist, auch feinkörnige Unterschiede auszulesen.

Stellt man sich Erlebnisse hierarchisch geordnet vor, könnte man auf der ersten Ebene zu unterscheiden versuchen, ob jemand etwa an ein Lebewesen oder an ein Gebäude denkt. Innerhalb der Lebewesen gäbe es wiederum unterschiedliche Reiche, etwa Pflanzen versus Tiere, und dann innerhalb der Tiere wieder Hunde, Katzen, Frösche, Schildkröten, Kühe etc. Und dann könnte man sich auf der letzten Ebene noch dafür interessieren, um welche Hunderasse oder sogar um welchen spezifischen individuellen Hund es geht (etwa um den Berner Sennenhund »Keks« aus der Fernsehserie *Löwenzahn*). Die Gedanken lassen sich also bis in die feinsten Details hinein präzisieren, wir können immer weiter und weiter in sie »hineinzoomen«.

Am Bernstein Center haben wir bereits 2011 in einem Versuch erforscht, ob es möglich ist, neben den groben Kategorien auch die spezifischen Elemente zu unterscheiden.[1] Wir wählten die vier Kategorien Tiere, Autos, Flugzeuge und Stühle und suchten dazu drei möglichst unterschiedliche Einzelexemplare (siehe Abbildung 15). Ergebnis: Unser Computer konnte mit einer Trefferquote von bis zu 90 Prozent die groben Kategorien auseinanderhalten. Das gelang ihm weitgehend auch bei den konkreten Beispielen aus den jeweiligen Kategorien, wobei allerdings die Trefferquote auf etwa 70 Prozent sank. Das reichte, um einen ersten Beweis dafür erbracht zu haben, dass auch feinere gedankliche Details ausgelesen werden können, zumindest bis zu einem gewissen Grad.

Aber könnte man die Auflösung nicht noch weiter erhöhen? Nehmen wir menschliche Gesichter: Wäre es möglich, auch den Gedanken an ein konkretes Individuum zu erkennen – also im Hirnscanner zu sehen, ob jemand gerade an Jennifer Aniston oder an Halle Berry denkt? Für solche Gedanken gibt es, wie wir gesehen haben, hoch spezialisierte Nervenzellen. Denn Menschen sind ja in der Lage, selbst anhand allerkleinster visueller Details eine Person eindeutig zu identifizieren. Das war evolutionär sehr wichtig, denn in früheren Zeiten war es gegebenenfalls entscheidend, auch in größeren Ansammlungen blitzschnell entscheiden zu können, wer Freund und wer Feind war. Dass uns diese Fähigkeit seit Urzeiten eingeschrieben ist, sieht man auch daran, dass wir dazu neigen, auch in allen möglichen unbelebten Dingen spontan Gesichter zu sehen, ein Phänomen, das als *Pareidolie* bezeichnet wird (siehe Abbildung 16).

Abb. 15: Bilder, mit denen wir untersucht haben, ob man nicht nur grobe Kategorien von Gedanken unterscheiden kann, sondern auch innerhalb der Kategorien feinere Details zwischen den Exemplaren.

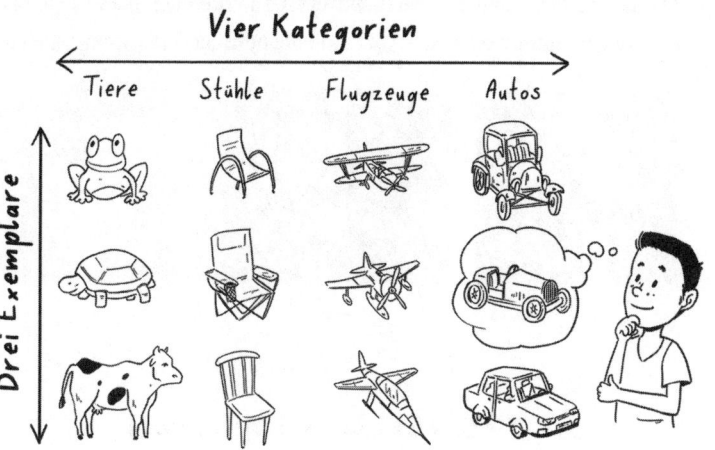

Das Erkennen von Gesichtern ist ein Grundpfeiler unserer sozialen Interaktion. Einzelne Gesichter können einander stark ähneln, und trotzdem gelingt es uns, sie auseinanderzuhalten. Kann der Computer also aus den Hirndaten ebenfalls die Nuancen einzelner Gesichter erkennen? Es gibt mehrere Regionen im Gehirn, die bei der Gesichtswahrnehmung eine wichtige Rolle spielen. Aus Studien an hirngeschädigten Patienten ist bekannt, dass selektive Ausfälle in diesen Regionen zu einem drastischen Einbruch der Fähigkeit führen, Gesichter zu erkennen.[2] Es ist sogar möglich, aus Aktivitätsmustern in diesen Regionen individuelle Gesichter auszulesen.[3] Wenn man Bilder verschiedener Personen zeigt – selbst wenn es verschiedene Ansichten sind – kann man aus der Hirnaktivität in dieser Gesichtsregion recht genau feststellen, um welche Person es sich handelt.

Abb. 16: Als »Pareidolie« bezeichnet man die Neigung von Menschen, in Zufallsmustern – wie hier in einer Gesteinsformation auf dem Mars – Gesichter zu sehen (*links:* Ausschnitt; *Mitte:* volles Bild). Auf dem Bild rechts (aus einer anderen Perspektive) ist zu erkennen, dass es sich bei der Wahrnehmung eines Gesichts um eine optische Täuschung handelt.

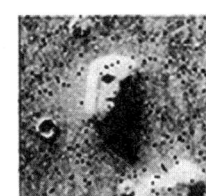 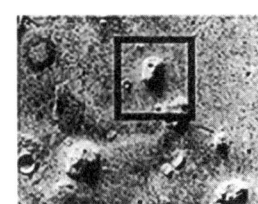 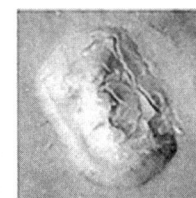

VORSTELLUNGSWELTEN

Sind die oben genannten Beispiele für das Auslesen von bildlichen Gedanken wirklich so spektakulär? Wenn jemandem im Scanner Bilder von Hunden, Katzen, Schildkröten und anderen Tieren gezeigt werden, dann würde es im Prinzip ja reichen, einfach auf den Bildschirm zu schauen, um zu wissen, woran die Person gerade denkt. Ist dort etwa ein Hund zu sehen und der Proband betrachtet das Bild aufmerksam, kann man mit hoher Wahrscheinlichkeit darauf schließen, dass er in der Tat gerade an einen Hund denkt, nämlich an den auf dem Bild. Dazu wäre eigentlich keine Messung der Hirnaktivität erforderlich. Doch wenn man sich für die reine Vorstellungswelt von Probanden interessiert, etwa für Tagträume, die sich nicht auf konkrete gegenwärtige Außenweltreize beziehen, sieht das ganz anders aus. Könnte man mit den Methoden des Brain-Reading etwa feststellen, welche Bilder jemand vor seinem inneren Auge hat, während er gerade einem Tagtraum nachhängt? Gedanken auszulesen, die nur vor dem inneren, geistigen Auge des Probanden stattfinden, stellt natürlich eine viel größere Herausforderung dar – technisch, aber auch ethisch, denn wir dringen damit in eine sehr private Welt ein, in die normalerweise niemand hineinschauen kann.

Mit meinem damaligen Doktoranden Radoslaw Cichy untersuchte ich am Bernstein Center, ob auch reine Vorstellungsbilder ausgelesen werden können. Die Probanden sollten sich dazu zahlreiche Bilder ansehen und intensiv einprägen. Die Bilder zeigten zum Beispiel eine Uhr, einen Blick aus dem Fenster oder die Gesichter von Kindern. Im zweiten Schritt sollten sich die Probanden im Scanner an die Bilder so lebhaft wie möglich erinnern. In der Tat konnten die spezifischen Vorstellungsbilder aus den Aktivitätsmustern im Sehsystem der Probanden ausgelesen werden, mit Genauigkeiten von bis zu 70 Prozent. Der Einblick in die reine Welt der Gedanken war also prinzipiell geglückt, wenn auch bei Weitem nicht perfekt.

Nun wollten wir noch einen Schritt weitergehen und uns einer ganz zentralen Frage der Wissenschaft zuwenden. Bereits in den 1980er-Jahren wurde in der Psychologie und der Hirnforschung eine leidenschaftliche Diskussion geführt. In der sogenannten *Imagery Debate* (Debatte über bildliche Vorstellungen) ging es um nichts weniger als die Frage nach der Sprache unserer Gedanken im Gehirn. Es trafen zwei Kontrahenten aufeinander, die völlig entgegengesetzte Positionen einnahmen. Auf der einen Seite stand der kanadische Kognitionswissenschaftler Zenon Pylyshyn. Er vertrat die Ansicht, satzartige Konstruktionen stellten die universelle Sprache des Gehirns dar,[4] und zwar auch nicht nur dann, wenn man Selbstgespräche führt. Er glaubte, selbst unsere Vorstellungsbilder seien in solchen satzartigen Strukturen codiert. Die Vorstellung von zwei Hunden, die auf dem Sofa sitzen und fernsehen, wäre etwa in folgender Form codiert: »Zwei Hunde auf Sofa; Fernseher angeschaltet; Hunde schauen fern«. Pylyshyn stellte sich die gesamte Sprache des Gehirns wie die eines Computers vor, in der auf abstrakte Weise mit Sätzen Informationen codiert werden.

Aber wie plausibel ist das? Stellen Sie sich eine Gemäldegalerie vor, in der nicht die Kunstwerke selbst hängen, sondern dem Besucher lediglich genaue Beschreibungen der Bilder ausgehändigt werden (Abbildung 17). Anstelle eines abstrakten Gemäldes von Maholy-Nagy würde in der Berliner Neuen Nationalgalerie nur eine Beschreibung im Rahmen zu lesen sein. Wenn Pylyshyn recht hätte, würde es keinen Unterschied geben zwischen dem visuellen Erleben der Gemälde und dem Lesen der sprachlichen Beschreibung, da die Bilder im Gehirn ohnehin in Sätze übertragen würden. Doch ist nicht geradezu das Gegenteil der Fall? Lässt sich die Vielfalt und Vielschichtigkeit unserer Erlebnisse beim Betrachten von Bildern nicht besonders schlecht mit Sprache wiedergeben?

Der wortgewaltige amerikanische Psychologe Stephen Kosslyn nahm in der Imagery Debate die entgegengesetzte Position ein. Wenn wir uns etwas bildlich vorstellen, so Kosslyn, dann wird direkt das Sehsystem in unserem Gehirn aktiviert, und zwar genau so, als ob wir das Objekt tatsächlich vor Augen hätten.[5] Das weist auf einen bildhaften Code hin. Für Kosslyn waren bei der visuellen Wahrnehmung und der bildlichen Vorstellung dieselben Mechanismen in Aktion. Es macht nach dieser Hypothese für das Gehirn also (fast) keinen Unterschied, ob man durch eine Galerie streift und Bilder betrachtet oder ob man sie sich zu Hause im Geiste vor Augen führt. Beim Betrachten seien die Bilder zwar stärker ausdifferenziert, aber es wirkten dieselben Grundmechanismen.

Zugespitzt könnte man also fragen, ob unser Gehirn die Vorstellungswelt in Sätzen oder in Bildern speichert (tech-

Abb. 17: Würde sich etwas ändern, wenn im Museum statt eines Bildes einfach eine Beschreibung zu lesen wäre?

nisch gesprochen, ist auch von »propositionalen« versus »analogen« Repräsentationen die Rede.) Die oben beschriebenen Experimente mit den Vorstellungsbildern brachten hier bereits etwas Licht ins Dunkel. In einem zweiten Schritt prüften wir die These von Kosslyn und versuchten herauszufinden, ob das Gehirn für die Vorstellungsbilder tatsächlich den gleichen Code verwendet, als würde es die Bilder real vor sich sehen. Dafür zeichneten wir nun nicht nur die Hirnaktivität der Probanden auf, während sie sich die Bilder vorstellten, sondern ebenso in jener Phase, in der sie die Bilder wirklich vor sich hatten und betrachteten. Würde in beiden Fällen vom Gehirn tatsächlich derselbe Code verwendet, dann müsste es möglich sein, den Computer auf die Hirnmuster der reinen Vorstellungen zu trainieren und damit die wahrgenommenen Bilder auszulesen.

Das gelang in der Tat: Der Computer konnte die relevanten Aktivitätsmuster von der Vorstellungs- auf die Wahrnehmungsbedingung übertragen.[6] Dieses Resultat spricht für die These von Stephen Kosslyn. Die Mechanismen bei der visuellen Wahrnehmung und der bildlichen Vorstellung scheinen sehr ähnlich zu sein und keineswegs auf satzartigen Strukturen zu basieren.

Die Trefferquote unseres Computers bei der Decodierung der bildlichen Vorstellung war übrigens etwas schlechter als die bei der tatsächlichen Wahrnehmung der Bilder, bei der durchweg hohe Trefferquoten erreicht werden. Eine Erklärung dafür liefert ein Selbstversuch: Stellen Sie sich ein Objekt vor, das Ihnen aus dem täglichen Umgang gut bekannt ist – etwa Ihre Armbanduhr, Ihre Schreibtischlampe oder Ihre Lieblingstasse. Nehmen Sie sich ruhig ein paar Minuten Zeit. Dann öffnen Sie die Augen und schauen sich das Objekt, das Sie sich vorgestellt haben, genau an. Welches Bild ist detailreicher? Wahrscheinlich wirkt das tatsächlich Gesehene präsenter und komplexer als das Vorgestellte.

Unabhängig davon unterscheiden sich Menschen sehr stark darin, wie gut sie sich Dinge vor ihrem inneren Auge wachrufen können. Einige Probanden sagen sogar, es gelinge ihnen überhaupt nicht, einen bestimmten Gegenstand vor ihrem geistigen Auge erstehen zu lassen. Dafür gibt es ein Fachwort: *Aphantasia*. Bei anderen Probanden wiederum hängt es vom Objekt ab, wie gut sie es sich vorstellen können. In jedem Fall aber kommt man – außer vielleicht bei Halluzinationen – mit der Vorstellung eines Bildes nicht an die Lebhaftigkeit des Seherlebnisses heran.

UNSERE KURZFRISTIGEN
ERINNERUNGEN

Eine weitere Frage wäre, wie gut wir uns eigentlich die Ein-
drucksvielfalt eines Augenblicks vor unserem inneren Auge
ins Gedächtnis rufen können. Wenn Sie wieder einmal in
einem Restaurant sitzen und sich in großer Runde lebhaft
unterhalten, achten Sie bitte auf alle Ihre Erlebnisse: die
Personen, das Essen, das Stimmengewirr an den anderen
Tischen, die Hintergrundmusik. In solchen Momenten
haben wir den Eindruck, dass unsere Erlebniswelt unglaublich komplex und vielschichtig ist. Wenn Sie in so einer
Situation für einen Moment die Augen schließen, an wie
viele Details können Sie sich wirklich erinnern? Wissen Sie
noch genau, wer wo sitzt? Und welche Farbe das Hemd Ihres
Gegenübers hat? Und was Ihr Nachbar isst? Nehmen wir an,
dass sich, während Sie die Augen geschlossen haben, zwei
Personen weiter hinten am selben Tisch umsetzen. Würden
Sie das merken, wenn Sie Ihre Augen wieder öffnen? Es gibt
zahlreiche Experimente zur *Change Blindness*[7] (Verände-
rungsblindheit), die zeigen, dass wir in solchen Situationen
unglaublich schlecht darin sind, selbst größere Veränderungen zu bemerken.

Eine mögliche Erklärung dafür wäre, dass es sich bei dem
Eindruck, unsere Wahrnehmung sei ungeheuer komplex, um
eine große Täuschung (engl. *Grand illusion*) handelt.[8] Wir
glauben zwar, dass wir zu jedem Zeitpunkt unglaublich viele
Details wahrnehmen, aber vielleicht sind wir uns stattdessen
doch immer nur eines kleinen Ausschnitts der Welt bewusst,
nämlich genau des Teils, auf den wir gerade achten.[9] Wir merken dies erst, wenn wir die Augen schließen und versuchen,
unsere Erlebnisse im Kurzzeitgedächtnis »festzuhalten«. Ein
verwandtes Phänomen tritt auf, wenn uns jemand seine

Handynummer sagt. Wenn die Nummer mehr als sieben oder acht Ziffern hat, bekommen wir selbst unmittelbar nach der Nennung große Probleme, sie wiederzugeben. Die Kapazität unseres Kurzzeitgedächtnisses ist nun einmal begrenzt.

Die Frage, wo die Inhalte unseres Kurzzeitgedächtnisses im Gehirn gespeichert sind, wird in der Hirnforschung seit Langem kontrovers diskutiert. Als erster Kandidat für den Sitz des Kurzzeitgedächtnisses galt seit den 1930er-Jahren der Präfrontalkortex, also der Teil der Großhirnrinde, der direkt hinter der Stirn liegt. Damals hatte der Neurophysiologe Carlyle Jacobsen an der Yale University das Gedächtnis von Schimpansen getestet. Er zeigte seinen Versuchstieren zwei Becher. Einer war leer, in dem anderen lag eine Nuss. Die Frage war, ob die Affen sich für ein paar Sekunden merken konnten, in welchem Becher die Nuss lag. Die Schimpansen bestanden den Test und griffen immer zum Becher mit der Nahrung. Sie hatten sich also gemerkt, wo es etwas zu holen gab. Nachdem Jacobsen bei den Schimpansen aber Teile des präfrontalen Kortex chirurgisch entfernt hatte, scheiterten die Tiere an der Aufgabe. Das wurde als Indiz dafür gesehen, dass der Präfrontalkortex der Sitz des Kurzzeitgedächtnisses ist. Dazu passten später auch Forschungsergebnisse der US-amerikanischen Neurowissenschaftlerin Patricia Goldman-Rakic, die in den 1980er-Jahren im präfrontalen Kortex von Affen Zellen entdeckte, die feuerten, solange die Tiere sich etwas merkten.[10]

Für andere Hirnforscher, die sich ebenfalls intensiv mit der Analyse der Hirnaktivitätsmuster beschäftigten, sprach allerdings einiges dafür, dass Informationen – zumindest die für gemerkte Bilder – direkt im Sehsystem gespeichert sind und nicht im Präfrontalkortex. Im Bernstein Center ging ich der Sache zusammen mit meinem damaligen Doktoranden Thomas Christophel auf den Grund. Wir zeigten den Probanden ganz kurz ein komplexes Farbmuster. Nach zehn Sekunden wollten wir wissen, ob sie die Bilder noch erinnerten. Wir verwendeten abstrakte Farbbilder, damit tatsächlich nur das Kurzzeit- und nicht das Langzeitgedächtnis zum Einsatz kam. Das wäre nicht der Fall gewesen, wenn wir stattdessen die Mona Lisa gezeigt hätten, da wahrscheinlich jeder Mitteleuropäer dieses Bild gut kennt. Unsere Ergebnisse[11] wie auch die von anderen Kollegen ließen keine Zweifel: Die Informationen von Bildern im Kurzzeitgedächtnis sind nicht im Präfrontalkortex, sondern vor allem im visuellen System gespeichert.

So merkwürdig es sich anhören mag, aber der Präfrontalkortex hat in unserem Fach eine mächtige Lobby. Für alle höheren Funktionen kann nach Meinung vieler Neurowissenschaftler nur jene Hirnstruktur hinter der Stirn verantwortlich sein. Ganz in diesem Sinne interpretierten die Kollegen auch unsere Resultate. Es sei ja möglich, dass das Sehsystem die Bilder kurz speichere. Aber sobald sie auf irgendeine Weise bearbeitet würden, müsse der Präfrontalkortex ins Spiel kommen. Nach ihrer Vorstellung kann man sich den Präfrontalkortex wie einen Schreibtisch oder eine Arbeitsfläche denken, auf der man alle aktuell relevanten Informationen parat hält. Alles, was man sich gerade merken müsse, stehe hier kurzfristig zur Verfügung. Spätestens, wenn man die Informationen im Geiste verändere, würde dies das visuelle System überfordern und es sei nicht ohne den Präfrontalkortex zu erbringen.

Auch dies ließ sich leicht testen. Wir baten die Probanden darum, das Bild, das wir ihnen zeigten, gedanklich nach rechts oder links zu drehen, denn dann mussten sie das Gesehene nicht einfach nur registrieren, sondern die visuellen Informationen müssten auch transformiert werden und dann müsste, wenn die Annahme vieler Kollegen richtig wäre, der

Präfrontalkortex ins Spiel kommen. Erstaunlicherweise zeigte das Hirnaktivitätsmuster bei der Bewältigung dieser Aufgabe jedoch nur im Sehkortex und im hinteren Parietalkortex Informationen über das gemerkte Bild, nicht aber im Präfrontalkortex.[12] Selbst das Sehystem speichert also auch die transformierten Informationen über das im Geiste gedrehte Bild, obwohl man ja eigentlich geglaubt hatte, es sei vor allem für die passive Registrierung der Außenwelt zuständig. Wahrscheinlich ist das möglich, weil die Wahrnehmung, die bildliche Vorstellung und die Erinnerung im Hirn ähnliche Mechanismen nutzen. Wenn man ein Bild wie die Mona Lisa vor sich sieht, es eingehend studiert und sich einprägt, und dann die Augen schließt, um es sich für ein paar Sekunden zu merken, verwendet man dazu das Vorstellungsvermögen – man führt es sich quasi »vor Augen«. Das zeigt gut, wie eng Wahrnehmung, Vorstellung und bildliches Gedächtnis im Sehsystem zusammenhängen. Die vielfältigen Spielvarianten bildlicher Gedanken scheinen also eine Art Universalcode zu verwenden. Wir werden weiter unten noch sehen, dass dieser Code sich selbst auf Trauminhalte erstreckt.

KAPITEL 9

UNBEWUSSTE
BOTSCHAFTEN

Es ist also, wie wir im vorherigen Kapitel gesehen haben, möglich, die Inhalte unseres Kurzzeitgedächtnisses auszulesen, selbst wenn wir gerade nicht an die betreffenden Objekte denken. Könnte man dies noch weitertreiben und nach Informationen im Gehirn suchen, die uns überhaupt nicht bewusst werden? Solche »unbewussten Reize« sind in der Vergangenheit vielfach untersucht worden und auch unter Laien weithin bekannt. Ein besonders beeindruckendes Beispiel kommt aus dem Marketing. Noch heute schwärmen manche Manager von den Versuchen des amerikanischen Marktforschers James Vicary im Jahr 1957. Dieser beschrieb ein bahnbrechendes Experiment, das großes Aufsehen erregte:[1] Sechs Wochen lang zeigte Vicary in einem Kino einen Film, in den er spezielle Bilder montiert hatte. Alle fünf Sekunden erschienen auf der Leinwand für den Bruchteil einer Sekunde die Aufforderungen »Drink Coca-Cola« und »Hungry? Eat Popcorn«. Die Zuschauer bemerkten die Kaufanimationen nicht, da die kurzen Einblendungen deutlich unterhalb der Wahrnehmungsschwelle lagen. Für sie sah es aus wie ein normaler, ununterbrochener Film. Vicary berichtete, der Konsum der so beworbenen Waren hätte infolgedessen stark angezogen. Der Absatz von Cola stieg seinen Angaben nach im Vergleich zu den regulären Vorführungen um 18 und der von Popcorn sogar um 58 Prozent – eine Sensation für die Wahrnehmungsforschung und vor allem für das Marketing. Vicary schlug vor, die TV-Werbung zu revolutionieren. Statt der lästigen Unterbrechungen des Programms durch längere Spots könne man einfach die Werbung unbemerkt in die Filme montieren. Der öffentliche Aufschrei angesichts solcher Manipulationsstrategien war groß, und die TV-Sender versprachen, versteckte Werbung im Fernsehen nicht zuzulassen.

Viele Psychologen hegten allerdings Zweifel an Vicarys Ergebnissen und gingen daran, die Versuche zu wiederholen. Allerdings ohne Erfolg. Schließlich gab Vicary zu, dass sein Experiment von vorne bis hinten erfunden war. Trotzdem hielt sich hartnäckig die Legende von der manipulativen Kraft unterschwelliger Reize. In den 1970er-Jahren kamen in der Esoterikszene Kassetten und Schallplatten mit suggestiven Inhalten in Umlauf. Besonders beliebt war New-Age-Musik mit unterschwelligen positiven, motivierenden Botschaften. Die Idee war, die Botschaften an der Instanz des kontrollierenden rationalen Bewusstseins vorbeizuschmuggeln, indem sie nicht direkt zu hören waren. Sie sollten besonders starke Wirksamkeit entfalten, indem sie sich gleichsam unterschwellig ins Gehirn »einhackten«. In der Pop-Szene kursierten Gerüchte von rückwärts in Songs eingefügten Botschaften. Prominent wurde in diesem Zusammenhang der Verschwörungsmythos vom angeblichen Tod Paul McCartneys. Demnach sollte der Songwriter und Bassist der Beatles bereits 1966 bei einem Autounfall ums Leben gekommen und von einem Doppelgänger ersetzt worden sein. Angeblich versteckten die Beatles die Nachricht über seinen Tod in ihrem Song *Revolution No. 9*, und wenn man die Stelle mit den Worten »number nine« rückwärts spiele, sei »turn me on, dead man« zu hören. Anderen Bands und Sängern – wie Madonna, Judas Priest oder Falco – wurde unterstellt, sie hätten sogar Selbstmordaufforderungen in ihren Songs versteckt, die in

110

umgekehrter Laufrichtung eingespielt seien und am Bewusstsein vorbei direkt handlungsleitende Kraft entfalten würden. Einige Fans hätten sie sogar beim Wort genommen und Suizid begangen. Auch bei Wahlkämpfen in den USA und Frankreich tauchten immer wieder Gerüchte über Manipulationsversuche mithilfe unterschwelliger Reize auf.

Die Bedeutung dieser unterschwelligen Beeinflussungsmöglichkeiten geht weit über den Bereich der Werbung und der Politik hinaus. Es stellt sich hier nämlich die grundsätzliche Frage nach den Grenzen menschlicher Selbsterkenntnis: Wissen wir wirklich, was in uns vorgeht? Können wir die Mechanismen, nach denen unser Geist funktioniert, selber durchdringen?

Der wissenschaftliche Begriff für solche unbewusste Beeinflussung lautet *subliminal,* übersetzt »unterhalb der Schwelle«. Gemeint ist hier die Schwelle des Bewusstseins. Immer wieder unternahmen Hirnforscher Anläufe, diese Phänomene zu untersuchen.[2] Allerdings mit derart wechselnden Ergebnissen, dass tatsächlich weder die Wirksamkeit noch deren Unwirksamkeit wirklich bewiesen werden konnte. Aber eines ist klar: So deutliche Effekte wie bei den Popcorn-Botschaften von Vicary sind reine Fantasie. Unterschwellige Reize entfalten höchstens ihre Wirkung, wenn die Probanden ohnehin bereits die entsprechende Handlung erwogen und vorbereitet hatten. Dann handeln sie vielleicht den Bruchteil einer Sekunde schneller. Aber völlig neue Handlungsimpulse, am Ende noch gegen den Willen einer Person, kann man damit nicht auslösen.

Wir gingen nun der Frage nach, ob solche unterschwelligen Reize überhaupt im Gehirn verarbeitet werden. Den Probanden wurden im Scanner zwei Bilder präsentiert, die sie allerdings nicht unterscheiden konnten. Zur Verdeutlichung kommen wir noch einmal auf das Beispiel Film zurück. Montiert man in einen Film ein einzelnes Bild, wird der Betrachter im Zusammenhang der ganzen Bilderfolge kaum erkennen können, was darauf gezeigt wird, er wird die Manipulation vermutlich nicht einmal bemerken. Wird ihm aber das Bild gezeigt, ohne dass es in einen Film eingebettet ist, erkennt er es sofort, da die störende Wirkung der vorherigen wie auch der darauffolgenden Bilder im Film wegfällt.

Wir konnten auf den ersten Stufen des Sehsystems tatsächlich deutliche Informationen über diese unbemerkten Bilder auslesen. Interessanterweise waren diese Informationen aber auf späteren Verarbeitungsstufen des visuellen Kortex nicht mehr zu finden. Die subliminale Botschaft überschreitet zwar – bildlich gesprochen – die Türschwelle, bleibt aber in der Eingangshalle stecken. Trotzdem gelangen Informationen auf die ersten Stufen unseres Gehirns, die wir selber gar nicht erkennen können und auf die wir keinen Zugriff haben. Ständig registrieren die unteren Wahrnehmungsebenen alle möglichen Reize in unserer Außenwelt, ohne dass sie uns bewusst werden. Und mithilfe der Bildgebung kann das Brain-Reading nicht nur bewusste Gedanken auslesen, sondern auch den zahlreichen unbewussten Prozessen nachspüren, die im Hintergrund unserer geistigen Aktivität wirken.

KAPITEL 10

TRAUMWELTEN

Träume sind sicherlich eines der faszinierendsten Phänomene, die unser Gehirn hervorbringt. Gerade wegen der fantasievollen Episoden, die nur wenig mit der rationalen Tageslogik zu tun haben, findet der Traum auch in Forscherkreisen breites Interesse. Wenn eine Person schläft, sind nach außen hin kaum Anzeichen für innere Erlebnisse sichtbar. Obwohl der Träumende nicht wach ist, befindet er sich in einer komplexen Welt, inmitten eines Erlebnisstromes, von dem die anderen nichts mitbekommen. Zwar kann man die diffuse Gefühlslage erahnen, in der sich der Partner nachts im Traum befindet, aber die konkreten Inhalte sind für uns nicht sichtbar: Warum lacht er gerade, warum schreit und zuckt er, warum brabbelt er etwas vor sich hin? Um das zu erfahren, müsste man den Schlafenden wecken, doch dann wäre der Traum schon vorbei, und was er davon erzählen würde, hätte womöglich kaum etwas mit dem soeben Erlebten zu tun. Denn allzu oft verschwinden die nächtlichen Abenteuer bereits mit dem Aufwachen. Das Auslesen von Träumen durch das Brain-Reading wäre insofern die einzige Möglichkeit, unmittelbar aus dem Traumerleben heraus etwas von dieser Welt zu erfahren. Wenn es gelänge, dem schlafenden Gehirn direkt zu entlocken, wovon eine Person gerade träumt, wären Träume zum ersten Mal in der Menschheitsgeschichte von außen zugänglich.

Die Unmöglichkeit, Träume direkt zu beobachten, ruft Skeptiker auf den Plan: Gibt es überhaupt objektive Belege dafür, dass Menschen *während* ihres Schlafes träumen? Es erscheint uns allen zwar offensichtlich, dass wir träumen; von anderen Menschen nehmen wir an, dass sie geträumt haben, wenn sie nach dem Aufwachen von ihren Träumen berichten, und auch wir selber erinnern uns manchmal an Träume. Aber sind sie deswegen wirklich ein im wissenschaftlichen Sinne harter Fakt? Prinzipiell denkbar wäre auch eine andere Erklärung, nämlich dass uns das Gedächtnis einen Streich spielt. Tagsüber erleben wir alle so einiges. Was da geschieht, wird jedoch nicht gleich ins Langzeitgedächtnis übertragen, sondern erst einmal zwischengespeichert. Patienten mit traumatischen Hirnverletzungen können sich oft nicht an das erinnern, was in den Stunden unmittelbar vor dem verhängnisvollen Unfall passiert ist. Über Dinge, die weiter zurückliegen, wissen sie hingegen gut Bescheid. Es scheint also eine Phase zu geben, in der die Gedächtnisinhalte in einem eher instabilen Zwischenspeicher abgelegt werden.

Das hat etwas damit zu tun, wie das Gehirn Erlebnisse im Langzeitgedächtnis speichert. Zuerst werden nämlich gelernte Inhalte mithilfe einer speziellen Hirnregion, dem *Hippocampus* (Seepferdchen), aufbewahrt. Der Hippocampus ist eine Struktur im Zentrum des Gehirns, die vom Aussehen ein wenig an ein Seepferdchen erinnert. Von dort werden die Erlebnisse nach und nach in die Großhirnrinde überschrieben, wo sie dann dauerhaft gespeichert sind.

Für diesen langsamen Übertragungsprozess – man sagt auch Konsolidierung oder Verfestigung – ist Schlaf eminent wichtig. Es gibt Theorien, nach denen im Schlaf, wenn der Zustrom an Außenweltreizen unterbrochen ist, die tagsüber gesammelten Gedächtnisinhalte noch einmal abgespielt werden und sich dadurch verfestigen. Es könnte also sein, dass sich unser Gehirn beim Aufwachen in einem ebensolchen Zustand befindet, so, als hätte es gerade eben etwas erlebt.

Man meint zwar, sich an ein fulminantes Traumerlebnis zu erinnern, aber das wäre nur eine Gedächtnistäuschung.

Das ist eine sehr verwegene Theorie. Was wäre ein gangbarer Weg, die Frage nach der Natur der Träume zu klären?

Mit den Methoden des Brain-Reading kommt man auch hier weiter. Wenn wir tatsächlich während des Schlafes echte Erlebnisströme haben, sollte es auch möglich sein, diese mithilfe der Hirnaktivität auszulesen. Dazu würde es genügen, Probanden einfach im MRT schlafen zu lassen, sie im Traumschlaf aufzuwecken und zu fragen, ob sie etwas erlebt haben und, wenn ja, was das war. Wenn wir dann auf die Hirnaktivität schauen, die wir, kurz bevor sie aufgeweckt wurden, aufgezeichnet haben, müsste man dort Anzeichen für die berichteten Trauminhalte finden.

Das klingt sehr einfach, ist jedoch praktisch kaum durchführbar, weil Probanden eine Weile brauchen, um die besonders traumreiche REM-Schlafphase zu erreichen, die dadurch erkannt werden kann, dass Probanden die Augen schnell bewegen (*Rapid Eye Movement*, REM). Da wir die Probanden mehrmals aufwecken müssten – jedes Mal wenn wir sie fragen wollen, was sie gerade erlebt haben –, würde das Experiment sehr lange dauern. Es gibt aber noch eine weitere Komplikation. Die Episoden, die sich in unseren Träumen abspielen, sind sehr vielgestaltig und zudem völlig unvorhersehbar. Da der Computer in der Hirnaktivität nur entdecken kann, was er vorher gelernt hat, müssten wir ihn wochenlang – immer mit derselben Versuchsperson – auf Tausende Inhalte trainieren und dann darauf hoffen, dass der Proband in der Nacht des Experiments von einem davon träumt. Ein schier aussichtsloses Unterfangen.

Eine Forschergruppe aus Japan um Yukiyasu Kamitani hatte allerdings eine brillante Idee, wie man mit den Methoden des Brain-Reading doch etwas über Träume in Erfahrung bringen kann. Zum Verständnis müssen wir uns die Architektur des Schlafes anschauen, der vier* wesentliche Stadien umfasst und in Zyklen verläuft. Auf die Einschlafphase folgt die Leichtschlafphase, dann kommt die Tiefschlaf- und schließlich die REM-Phase. Das Ganze dauert ein bis zwei Stunden, dann gehen die Phasen wieder von vorn los.

Man nahm immer an, dass vor allem in der REM-Phase geträumt wird. Möglicherweise aber ist diese Theorie nicht mehr haltbar, da Probanden ebenfalls von Träumen berichten, wenn man sie aus den anderen Schlafphasen aufweckt, zum Beispiel auch gleich nach dem Einschlafen in der Schlafphase eins.[1] Die Idee der japanischen Forscher war nun, gar nicht erst auf die REM-Phase zu warten, sondern sich auf die frühe Schlafphase zu konzentrierten, die viel schneller erreicht wird. Sie ließen die Versuchsteilnehmer im MRT einschlafen und zeichneten dabei ihre Hirnaktivität auf. Kurz nachdem die Probanden eingenickt waren, wurden sie aufgeweckt und befragt, ob und was sie geträumt hatten. Die Wissenschaftler durchsuchten diese Traumberichte nach Gegenständen. Beispielsweise erzählte ein Proband: »Yes, well, I saw a person. Yes. What it was ... It was something like a scene that I hid a key in a place between a chair and a bed and someone took it.«[2]

In dieser Traumszene kommt also ein Schlüssel, ein Stuhl, ein Bett und eine Person vor, aber kein Auto. Die Frage war nun, ob man in den Mustern der Hirnaktivität, die kurz vor dem Aufwecken aufgenommen wurden, diese Traumobjekte finden konnte. Für Gegenstände, die nicht im Traum auftauchten, sollten sich dementsprechend keine Belege finden (siehe Abbildung 18). Die japanischen Wissenschaftler suchten also passende Beispielbilder im Internet und zeigten sie

---

* Bisweilen wird Schlaf auch in fünf Phasen unterteilt.

116

Abb. 18: Eine Person liegt schlafend im Scanner und denkt im Traum an einen Stuhl und einen Schlüssel. Als sie aufgeweckt wird, berichtet sie über Erinnerungen an einen Schlüssel. Schaut man sich jetzt die Hirnaktivität unmittelbar vor dem Aufwecken an, kann man erkennen, ob diese eher dem Gedanken an einen Schlüssel oder an ein anderes Objekt (hier einem Auto) ähnelt. Wenn die Hirnsignale zu den Träumen passen, würde das dagegensprechen, dass die Trauminhalte im Moment des Aufwachens »erfunden« werden, man also einfach nur die Gedächtnistäuschung hat, man hätte etwas erlebt. Die Täuschung besteht darin, dass man während des Schlafes gar nichts erlebt, aber nach dem Aufwachen die Illusion hat, vorher etwas erlebt zu haben, weil das Kurzzeitgedächtnis vollgeschrieben ist. Wenn die Information aus der Hirnaktivität während des Schlafes extrahiert werden kann, spricht das aber dafür, dass man während des Schlafes bewusst träumt.

den Probanden im Wachzustand im Scanner. Die Forscher konnten so lernen, wie diese Gedanken in den individuellen Gehirnen gespeichert waren. Sie trainierten den Computer darauf, aus den Aktivitätsmustern diese Gedanken zu erkennen, und wendeten den Algorithmus dann auf die Ergebnisse der Einschlafphase an.

In der Tat funktionierte dies bis zu einem gewissen Grad, mit bis zu 80 Prozent Trefferquote. So konnte das Vorhandensein von Traumelementen in der Aktivität des schlafenden Gehirns zum ersten Mal nachgewiesen werden.

Außerdem brachten die Versuche weitere Details über die Art des neuronalen Codes, mit dem das Gehirn arbeitet, ans Licht. Wenn man den Computer im Wachzustand trainiert und dann mit seiner Hilfe während des Traums Objekte identifizieren kann, müssen die Aktivitätsmuster in beiden Zuständen identisch gewesen sein. Das aber heißt, das Gehirn codiert die Trauminhalte in derselben Weise, wie es die Erlebnisse im Wachzustand codiert. Für das neuronale Aktivitätsmuster macht es also keinen Unterschied, ob man ein Bild gerade tatsächlich vor sich sieht, ob es einem im Traum erscheint oder – wie weiter oben ausgeführt – ob man es sich gerade vorstellt. Das Gehirn scheint hier also eine Art Universalsprache zu verwenden.

KAPITEL 11

GEFÜHLE AUSLESEN:
LIEBESPAARE IM SCANNER

Wie bei den Träumen müssen auch beim Erkennen von Gefühlen aus der Hirnaktivität einige Hürden überwunden werden. Rufen wir uns nochmals die Logik der vorangegangenen Experimente in Erinnerung. Wir lassen die Probanden im Scanner bestimmte Dinge denken, messen die zugehörigen Hirnaktivitätsmuster, speichern diese und können dann anhand derer die betreffenden Gedanken wiedererkennen. Nun könnte man meinen, auch Gefühle seien nach diesem Schema auslesbar: Man bräuchte lediglich die Hirnaktivitätsmuster der Probanden zu messen, während sie glücklich, traurig oder wütend sind, und den Computer entsprechend zu trainieren.

Prinzipiell würde das auch funktionieren, es gibt dabei jedoch ein Problem: Es gestaltet sich sehr schwierig, unter wissenschaftlich genau kontrollierten Bedingungen dafür zu sorgen, dass eine Person im Scanner tatsächlich in einen bestimmten Gefühlszustand kommt. Versuchsteilnehmer gezielt in bestimmte Emotionen zu versetzen ist zudem auch ethisch ein heikles Unterfangen.

Wie kann man in einem Experiment einen Probanden traurig machen? Auf Kommando geht das sicherlich nicht (»Und jetzt seien Sie bitte mal für zehn Sekunden traurig«). Eine Möglichkeit wäre natürlich, dem Probanden eine traurige Information mitzuteilen (»Ihre Katze ist gerade verstorben«). Aber abgesehen von der mangelnden Glaubwürdigkeit dieser Information ist es natürlich ethisch bedenklich, jemanden mit falschen Informationen in die Irre zu führen, vor allem, wenn unangenehme Gefühle dadurch ausgelöst werden. Eine Person aus reinem Forschungsinteresse extrem traurig zu machen verbietet sich. Im Gegensatz dazu wäre es sicher weniger unethisch, jemandem im Scanner freudige Gefühle zu verschaffen; einfach wäre jedoch auch das nicht. Man könnte ihm 100 Euro schenken, aber vielleicht freut er sich darüber gar nicht. Theoretisch wäre es auch vorstellbar, einen Versuchsteilnehmer im MRT in starke Wut zu versetzen oder ihm Angst zu machen, doch auch so etwas kommt für uns Hirnforscher nicht infrage, selbst dann nicht, wenn sich ein Mitarbeiter oder ein Proband freiwillig dafür zur Verfügung stellen würde. Wir müssen schlicht akzeptieren, dass wir die Bandbreite der menschlichen Gedankenwelt aus prinzipiellen Gründen nur sehr eingeschränkt in unserer Forschung abbilden können. Von den Emotionen, die prinzipiell zugänglich wären, sind viele aus ethischen Gründen im Experiment nicht darstellbar. Und das ist auch gut so.

Doch wir müssen deswegen nicht auf die Untersuchung von Gefühlen verzichten. Wir brauchen nur einen vergleichsweise sanften, ethisch vertretbaren Weg. Man kann den Probanden beispielsweise Bilder von Gesichtern zeigen, die entweder freudig oder traurig sind, und darauf hoffen, dass sie sich darin einfühlen. Diese Methode belastet die Versuchsteilnehmer, wenn überhaupt, nur sehr wenig.

Vorher muss jedoch eine wichtige Frage geklärt werden: Wie viele Gefühle gibt es eigentlich? Der US-amerikanische Anthropologe Paul Ekman definierte in den 1970er-Jahren sechs sogenannte Grundgefühle des Menschen (auch »Basisemotionen« genannt): Wut, Ekel, Freude, Trauer, Angst und

Überraschung. Gemeinsam mit seinem Kollegen Wallace Friesen stellte er 1971 darüber hinaus die These auf, dass die entsprechenden Gesichtsausdrücke von allen Menschen in derselben Weise empfunden würden.[1] Die beiden Forscher begaben sich für die Prüfung ihrer These, dass Gefühle universell seien, nach Papua-Neuguinea. Dort lebten damals Stammesangehörige ohne Kontakt zur westlichen Zivilisation. Ekman und Friesen gaben ihnen kurze Beschreibungen von Personen in spezifischen Gefühlszuständen. Etwa: »Seine Mutter ist gestorben, und er ist sehr traurig«.[2] Dann baten sie die Probanden aus drei Fotos von Menschen aus westlichen Industrienationen auszuwählen, welcher Gesichtsausdruck dazu passte. Die Probanden konnten die Aufgabe gut lösen. Dies zeigt, wie stabil Gesichtsausdrücke bestimmten Gefühlen zugeordnet werden können. Aus vielen Studien wurde mehr und mehr klar, dass Menschen unabhängig von ihrem kulturellen Hintergrund den emotionalen Gehalt von Gesichtern sehr gut erkennen. Dieser Befund legte die Vermutung nahe, dass die Basisemotionen nicht kulturell erworben, sondern genetisch veranlagt sind.

Wenn Sie selbst die Probe aufs Exempel machen wollen, decken Sie bitte in der folgenden Abbildung die untere Zeile mit den Beschreibungen ab und lassen erst einmal nur die Gesichter auf sich wirken. Um welche Gefühlszustände geht es hier?

Schön wäre es, wenn man die Abbildung noch um eine Zeile erweitern und das jeweilige Hirnaktivitätsmuster hinzufügen könnte. Doch leider genügt es dafür nicht, den Probanden diese Bilder zu zeigen, während sie im Scanner liegen. Denn es ist nicht gesagt, dass sie beim Betrachten der Gesichter in dieselbe Gefühlslage geraten. Zeigt man den Probanden beispielsweise das Gesicht, das sie voller Wut anschaut, könnte es sein, dass sie eher Angst als Wut verspüren.

Abb. 19: Die sechs Grundgefühle nach Ekman und Friesen. Die Beschriftung steht auf dem Kopf, damit Sie selbst testen können, wie gut Sie die Gefühle erkennen können. Es ist in der Forschung noch nicht abschließend geklärt, wie viele Grundgefühle existieren und ob es überhaupt klar trennbare Gefühlskategorien gibt. Häufig wird auch die Verachtung als weiteres Grundgefühl angenommen, und manche Modelle gehen von bis zu 27 voneinander abgrenzbaren Gefühlen aus, die sich zum Teil sehr subtil unterscheiden

Freude   Traurigkeit   Furcht

Wut   Überraschung   Ekel

Auch ein von Ekel verzerrtes Gesicht muss beim Betrachter nicht unbedingt Ekel erzeugen. Freude hingegen könnte möglicherweise so ansteckend wirken, dass die Probanden dasselbe Gefühl empfinden, während sie auf ein trauriges Gesicht vielleicht sogar mit Schadenfreude reagieren könnten. Insofern taugen die Bilder von Gesichtern, die Emotionen zeigen, für unsere Zwecke nur bedingt.

Zum Glück gibt noch andere Möglichkeiten, Gefühle bei Probanden hervorzurufen. So kann man zum Beispiel die Teilnehmer bitten, Erinnerungen an besonders freudige oder besonders traurige Episoden aus ihrem Leben wachzurufen. Erfolge hat die Forschung auch durch den Einsatz von Musik erzielt. Mittlerweile ist der emotionale Effekt bestimmter Tonfolgen gut erforscht. Musik wirkt außerdem unmittelbar. Sie muss nicht erst rational verarbeitet werden, sondern ruft ohne Umwege und Zwischenstufen direkt Gefühle hervor – sogar schon bei Säuglingen, wie Versuche am Max-Planck-Institut in Leipzig gezeigt haben. Dem in Norwegen forschenden Neurowissenschaftler Stefan Kölsch gelang es, durch Musik ausgelöste Gefühle sehr detailliert im Gehirn nachzuverfolgen. Er zeigte dabei, dass sich die Aktivität der Hirnregionen, die an der Entstehung von Gefühlen beteiligt sind, durch Musik verändert.[3]

Wenn es möglich ist, die Gefühle einer Person bis zu einem gewissen Grad aus der Hirnaktivität auszulesen, könnte man sich auch fragen, ob es möglich ist, zu erforschen, wie Gefühle von einer Person zu einer anderen Person wandern. So fragten wir uns, zusammen mit meiner Lübecker Kollegin Silke Anders und dem Tübinger Thomas Ethofer, ob und wenn ja, inwieweit wir nachverfolgen können, wie die Hirnmuster für einzelne Gefühle von einem Gehirn in ein anderes übertragen werden. Für unsere Studie wählten wir speziell Liebespaare als Probanden aus, da diese sich besonders gut in die Gefühle ihres Partners einfühlen können, und teilten sie in Sender und Empfänger auf. Der Sender sollte nun ein Gefühl in sich entstehen lassen und dieses in seiner Mimik ausdrücken. Parallel wurde die Hirnaktivität gemessen. Der Empfänger, der ebenfalls in einem Hirnscanner lag, beobachtete über einen Videolink, wie der geliebte Partner traurig, wütend oder freudig wurde. Aufgrund der hohen Empathie zwischen Verliebten spiegelte der Empfänger das entsprechende Gefühl. So hatten wir eine ethisch vertretbare Möglichkeit gefunden, bei Probanden zuverlässig ein weites Spektrum an Emotionen zu erzeugen.

Es gelang uns, die Gefühle aus den Hirnmustern sowohl der Sender als auch der Empfänger auszulesen. Die Auswertung erbrachte einen überraschenden Befund: Im Gehirn des Empfängers zeigte sich in der Tat eine Resonanz, und die Muster seiner Hirnaktivität spiegelten recht gut die des Senders wider. Allerdings dauerte es einige Sekunden, bis das Empfängergehirn in diesen Spiegelmodus ging.[4] Empathie braucht also Zeit, die Resonanz muss sich langsam aufbauen.

Überraschend waren die Ergebnisse auch noch in anderer Hinsicht. Nach landläufiger Ansicht sollen für die Emotionen gerade keine weit verteilten Netzwerke, sondern eng umgrenzte Areale im Gehirn zuständig sein, ähnlich wie bei den Großmutterzellen. Bis in die Publikumszeitschriften hinein hat es sich durchgesetzt, von »emotionalen Zentren« zu sprechen. So soll die *Amygdala* (auch »Mandelkern« genannt) für die Furcht, die *Insula* für den Ekel und der cinguläre Kortex für Ärger verantwortlich sein. Allerdings mehren sich seit längerer Zeit Zweifel, ob dieses Bild einer 1:1-Zuordnung von Gefühlen und Hirnregionen richtig ist. In einer wahren Herkulesarbeit analysierte Kinh Luan Phan von der University of Illinois in Chicago bereits 2002 die Resultate von insgesamt 55 Untersuchungen der Hirnaktivität.[5] Seine Ergebnisse widersprachen der Vorstellung, nach der Emotionen im Gehirn ein lokales Phänomen seien. Zwar zeigte sich, dass der Mandelkern bei Furcht stark ansprang, doch sie wurde auch bei Freude und Traurigkeit aktiv, wenn auch etwas weniger häufig. Ähnlich verhielt es sich beim cingulären Kortex. Er reagierte stark bei Ärger, aber ebenfalls bei den zueinander gegensätzlichen Gefühlen von Fröhlichkeit, Furcht und Trauer. Auch die Insula ließ an Deutlichkeit zu wünschen übrig: Sie war sogar bei allen untersuchten Emotionen aktiv. So räumte diese Studie recht radikal mit der Idee einer präzisen Zuordnung einzelner Emotionen zu bestimmten Hirnregionen auf.

Man könnte also sagen, dass über die Natur unserer Gefühle eher Verwirrung herrscht. Doch wenn man sich vergegenwärtigt, wie oft es einem selbst schwerfällt zu sagen, wie man sich genau fühlt, sollte das nicht zu sehr verwundern.

Im Jahre 2017 begannen dann die Kollegen Alan Cowen und Dacher Keltner von der University of California in Berkeley, die Gefühlswelt ganz neu zu vermessen. Sie sammelten zunächst im Internet 2185 Videos, die emotional aufgeladene Szenen enthielten.[6] Anschließend baten sie eine Vielzahl von Teilnehmern, die dargestellten Gefühle zu charakterisieren. Einige wurden zum Beispiel gebeten, Stichwörter anzugeben, die ein Video gut beschreiben (etwa »romantische Liebe«). Andere sollten beurteilen, ob eine bestimmte Gefühlsnuance gut zum Video passt (etwa »Neid«). Sie stellten schließlich fest, dass nicht nur sechs, sondern 27 Grundgefühle erforderlich sind, um die volle Komplexität der Gefühlswelten zu charakterisieren, darunter auch Nostalgie, Verlangen, Erleichterung und Triumph. Offensichtlich sind unsere Gefühle nicht aus wenigen Bausteinen zusammengesetzt, sondern von vornherein vielfältig. Im Jahr 2020 konnten die Kollegen Cowen und Keltner dann mit Forschern aus Japan bestätigen, wie weit verteilt und komplex die Netzwerke dieser Grundgefühle im Gehirn sind. Dies zeigt noch einmal: Wie bei den meisten anderen Bewusstseinsinhalten werden auch Gefühle eher in verteilten Hirnmustern codiert und sind nicht einzelnen Stellen im Gehirn zuzuordnen. Auch unsere Studie mit den Liebespaaren belegte diese Erkenntnis: Die Aktivitätsmuster, die wir beim Empfänger identifizieren konnten, wenn er durch die Beobachtung des Partners in verschiedene Gefühle versetzt wurde, waren immer weit über das Gehirn verteilt.

Aber was bedeutet es eigentlich, wenn man an vielen Stellen im Gehirn Informationen über die Gefühle findet? Heißt das, dass alle diese Regionen am Zustandekommen der Gefühle beteiligt oder zumindest dafür notwendig sind? Wenn also zum Beispiel bei Furcht nicht nur der Mandelkern aktiv wird, sondern auch weitere Regionen wie der Inselkortex, müssen dann alle gemeinsam anspringen, damit man Furcht verspürt? Wie könnte man das herausfinden?

Ein Hinweis kommt aus der Forschung an Patienten, die selektive Schädigungen der Amygdala haben. Die Betroffenen können keine Furcht empfinden, aber alle anderen Emotionen fühlen sie. Sie verstehen auch rein intellektuell, was mit Furcht gemeint ist, erleben können sie dieses Gefühl jedoch nicht. Das würde nahelegen, dass die Furcht sich doch recht gut auf den Mandelkern eingrenzen lässt.

Patienten mit selektiven Schäden an der Insula hingegen verspüren in der Regel ganz normal Furcht, aber dafür keinen Ekel. Daraus können wir schließen, dass zwar die Insel aktiv wird, wenn wir uns fürchten, aber diese Aktivität nicht notwendig für die Furcht zu sein scheint, denn es geht auch ohne. Eine mögliche Erklärung dafür wäre, dass Gefühle in der Tat direkt bestimmten Hirnregionen zugeordnet sind, jedoch im gesamten Netzwerk eine Art neuronales »Echo« entsteht, sobald die zuständige Region aktiv wird. Dieses Echo ist für das Gefühl nicht unbedingt notwendig, es ist nur eine Begleiterscheinung.

Ein besonders wichtiger Bereich unsere Gefühlswelt ist das Erleben von Schmerzen. In der Wissenschaft sind Schmerzen nicht immer ganz klar von Gefühlen abgegrenzt. Sie sind negativen Gefühlen zumindest insofern ähnlich, als sie als unangenehm erlebt werden. Der Unterschied besteht darin, dass Schmerzen eine sensorische Dimension haben und, wie etwa ein Tasterlebnis, an einem bestimmten Ort des Körpers lokalisiert werden können. In den meisten Fällen werden Schmerzen durch Reizung von Schmerzrezeptoren ausgelöst – spezielle Sinneszellen, die auf die Schädigung von Gewebe reagieren. Es gibt jedoch auch Schmerzen, denen keine solche Reizung vorangeht. Man spricht dann von idiopathischen oder psychogenen Schmerzen.

Gerade bei Schmerzen spielen psychologische Faktoren wie Aufmerksamkeit oder Erwartungen eine große Rolle. Wir wissen alle, dass der Stich einer Spritze viel stärker wehtut, wenn wir erwarten, dass er schmerzt. Das Schmerzempfinden ist von psychischen Aspekten weitaus mehr beeinflusst als andere Sinneswahrnehmungen.

Da Schmerzen eine der größten Bedrohungen für unser Wohlbefinden sind, stellt sich die Frage, ob es auch möglich wäre, Schmerzerlebnisse aus der Hirnaktivität auszulesen. Dies könnte hilfreich sein, um die schmerzlindernde Wirkung von Medikamenten in Pharmastudien einzuschätzen. In der Tat gibt es Versuche, mithilfe von Hirnscannern festzustellen, ob eine Person gerade an Schmerzen leidet oder nicht. Wie bei den Gefühlen, spielen auch hier weiträumige Hirnregionen eine Rolle. Der Schmerz ist also nicht in einem eng umgrenzten Schmerzzentrum des Gehirns lokalisiert, sondern ein Netzwerkphänomen, das den somatosensorischen Kortex, den cingulären Kortex, den Inselkortex, den Mandelkern und viele andere Hirnregionen umfasst.

Schließlich ist man dazu übergegangen, die Prinzipien des Brain-Reading auch auf den Schmerz zu übertragen. Für Untersuchungen zur Hirnaktivität bei Schmerzen muss man den Probanden natürlich erst einmal Schmerzen zufügen: ein ethisch heikles Unterfangen. Man verwendet dazu zum Bei-

Abb. 20: Was passiert, wenn ein Patient Schmerzen hat und ein Hirnscanner sagt, er finde keine Belege dafür im Gehirn?

spiel kleine Hitzestimulatoren, die kurzzeitig eine schmerzhafte Temperatur auf der Haut erzeugen, wobei die Temperatur so gewählt wird, dass sie das Gewebe nicht schädigt. Dann trainiert man einen Computer darauf, zu erkennen, wann ein Proband Schmerzen empfindet und wann nicht. Tor Wager vom Dartmouth College in den USA forscht seit vielen Jahren mit solchen Methoden zur neurologischen Schmerzsignatur, also dem Muster der Hirnaktivität, das speziell bei Schmerzen entsteht. Es ist ihm gelungen, ein solches Schmerzmuster von einem zweiten Aktivitätsmuster abzugrenzen, mit dem das Gehirn auf die Erwartung von Schmerz reagiert. Damit ist ein großer Schritt in Richtung eines hirnbasierten Schmerzdetektors getan. Allerdings bleiben noch viele Fragen offen. Was etwa, wenn ein Patient behauptet, Schmerzen zu haben, aber der Computer dafür keine Belege findet? Wem sollte man dann glauben? Heißt das, dass der Patient gelogen hat oder sich seine Schmerzen nur einbildet? Oder müssen wir diese Diskrepanz dazu verwenden, die Erkennensleistung des Computers weiter zu verbessern?

Diese Frage weist übrigens auf ein fundamentales Dilemma hin, das sich immer dann zeigt, wenn ein Computer einen bestimmten Gedanken zu erkennen glaubt und ein Proband behauptet, etwas anderes gedacht zu haben. Unsere Intuition legt uns nahe, erst einmal dem Probanden und nicht dem Computer zu glauben. Man bezeichnet dies auch als *First Person Authority*[7] (siehe Abbildung 20). Aber wenn der Mensch immer der Goldstandard ist, der Kronzeuge für die eigenen Gedanken, wie können wir dann erkennen, wenn er uns täuschen möchte? Auf diese Frage gehen wir später ein.

KAPITEL 12

DAS LUFTKISSENFAHRZEUG
VOLLER AALE

Mithilfe von Brain-Reading gelingt es also, in vielfältige Dimensionen des Geistes vorzudringen. Wahrnehmungen, Vorstellungen, Träume, Erinnerungen, Gefühle und sogar unbewusste geistige Prozesse können aus den Hirnmustern ausgelesen werden – zumindest bis zu einem gewissen Grad. Die Voraussetzung dafür ist, dass der Computer das Hirnaktivitätsmuster eines jeden Gedankens, den er auslesen soll, vorher gelernt hat. Man kann dies mit Fingerabdrücken in einer Datenbank der Polizei vergleichen. Jeder Straftäter, von dem der Fingerabdruck bekannt ist, kann damit identifiziert werden. Was aber, wenn am Tatort ein Fingerabdruck von einer Person gefunden wird, die noch nicht aktenkundig geworden ist? In diesem Fall bringt die Datenbank nichts. Selbst wenn der Polizeicomputer für Abermillionen Personen Fingerabdrücke besitzt, kann er nicht erkennen, welche Person zu einem bis dato nicht erfassten Fingerabdruck gehört. Ähnlich sieht es mit den Gedankenmustern im Gehirn aus. Der Brain-Reading-Computer muss passen, wenn eine Person einen neuen Gedanken hat, der unter den bisher von ihm gelernten Beispielen nicht auftaucht.

Interessant wäre es, wenn man eine Art »universelle Gedankenlesemaschine« entwickeln könnte. So ein Gerät würde beliebige Gedanken beliebiger Personen in beliebiger Genau-

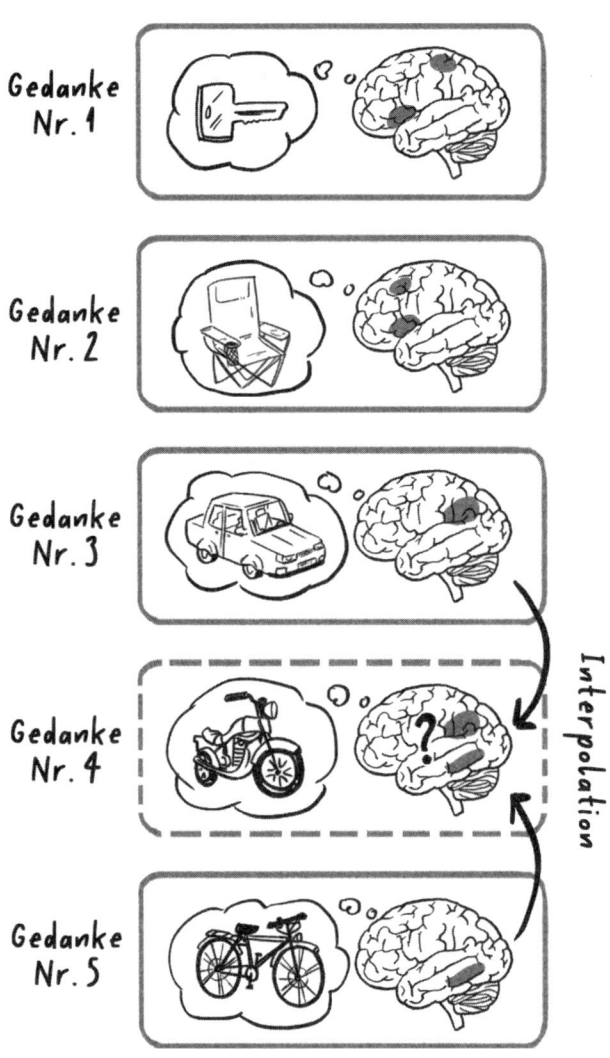

Gedanke Nr. 1

Gedanke Nr. 2

Gedanke Nr. 3

Gedanke Nr. 4

Interpolation

Gedanke Nr. 5

igkeit lesen können, und zwar am besten ohne Trainingszeit. Eine Möglichkeit hierzu könnte eine brachiale (*Brute force*)-Methode sein: Man sammelt einfach Hirnmuster für alle prinzipiell denkbaren Gedanken. Angenommen, wir wollten

Abb. 21: Die Idee, eine universell anwendbare Gedankenlesemaschine zu bauen, die alle erdenklichen Gedanken erkennen kann, indem man eine lange Liste mit Einträgen dazu sammelt, welche Denkinhalte mit welchen Hirnaktivitätsmustern zusammenhängen, ist unrealisierbar. Stattdessen kann man den Umstand nutzen, dass das Gehirn ähnliche Gedanken mit ähnlichen Mustern codiert. Auf der rechten Seite ist das schematisch demonstriert. Nehmen wir an, wir hätten das Aktivitätsmuster für »Auto« und das für »Fahrrad« in der Datenbank, beobachten aber nun ein Aktivitätsmuster, das wie eine Mischung der beiden aussieht, dann könnte es sich hierbei vielleicht um ein Motorrad handeln. Denkbar wäre aber auch ein Auto, das ein Fahrrad auf dem Dachgepäckträger hat.

zunächst alle sprachlich fassbaren Gedanken erkennen. Dann könnten wir den Brockhaus nehmen und den Probanden alle Einträge der Enzyklopädie vorlesen und die dazugehörige Hirnaktivität messen (siehe Abbildung 21). Bei etwa 300 000 Einträgen könnte das eine ganze Weile dauern.

Doch selbst diese vielen Einträge reichen bei Weitem nicht aus, denn unsere sprachlichen Gedanken bestehen ja nicht nur aus einzelnen Wörtern, sondern wir bauen sie in Sätzen zu immer neuen Bedeutungen zusammen. Nehmen wir den Gedanken »Das Luftkissenfahrzeug ist voller Aale« aus dem Monty-Python-Sketch *Das ungarische Lexikon*. Sie werden heute Morgen vermutlich nicht aufgewacht sein und gedacht haben, dass sie heute diesen Satz hören beziehungsweise lesen werden (siehe Abbildung 22). Trotzdem können Sie sich auch diese bizarre Situation ohne Probleme vorstellen. Ein Proband müsste sich also nicht nur alle 300 000 Brockhaus-Einträge, sondern auch alle denkbaren Kombinationen von Wörtern zu Sätzen im Hirnscanner anhören, damit wir der-

Abb. 22: Gedanken können manchmal bizarre Formen annehmen, wie etwa »ein Luftkissenfahrzeug voller Aale«. Auch diese müsste eine Gedankenlesemaschine erkennen können.

weil seine Hirnaktivitätsmuster erheben können. Das wäre allein zeitlich ein uferloses Projekt.

Doch damit hätte man nur die sprachlichen Äußerungen abgedeckt. Viele Gedanken aber sind nichtsprachlicher Natur, etwa die Vorstellungsbilder. Die oben dargestellten Studien verwendeten immer eine sehr begrenzte Anzahl solcher Bilder, zum Beispiel »Hund«, »Brandenburger Tor« usw. Aber was, wenn ein Proband an beliebige Dinge denkt? Was, wenn er zur Inspiration im Internet einfach nach einem Bild suchen würde und daran denkt? Wenn wir die Hirnaktivität für jedes einzelne Bild messen müssten, könnte das eine Weile dauern. Aber wie lange genau?

Stellen wir uns vereinfachend vor, dass der Proband nicht an alle möglichen Bilder denken darf, sondern die Auswahl eingeschränkt wird. Nehmen wir alle Bilder, die dadurch entstehen, dass man die zehn mal zehn Felder eines Gitters beliebig aus schwarzen oder weißen Feldern gestaltet, ähnlich wie ein Schachbrett. Zu jedem Bild misst man dann das Hirnaktivitätsmuster. Ein erstes Schachbrettmuster könnte entstehen, wenn alle Felder schwarz und nur ein Feld oben links weiß ist. Nachdem die Hirnaktivität für dieses Schachbrettmuster aufgenommen ist, geht man zum nächsten über: Nun ist auch das zweite Feld in der oberen Reihe weiß. Darauf folgt das dritte, vierte, fünfte usw. Auf diese Weise kann man die ersten 100 möglichen Bilder nach und nach erheben. Aber insgesamt sind viel mehr als 100 Kombinationen möglich. Wir könnten die Felder auch abwechselnd Schwarz oder Weiß sein lassen oder beliebige Kombinationen von schwarz und weiß nehmen. Die Zahl der möglichen Kombinationen ist nicht nur sehr groß, sondern im wahrsten Sinne unvorstellbar groß. Die Summe aller Muster, die mithilfe des beschriebenen Schachbretts erzeugt werden kann, liegt bei 2^{100}. Um diese Zahl zu berechnen, muss man hundertmal die 2 mit sich selbst multiplizieren. Das Ergebnis ist eine 31-stellige Zahl.

Angenommen, man würde alle so erzeugbaren Bilder im Scanner präsentieren, die Hirnaktivität dazu messen und in eine riesige Tabelle eintragen. Weiter angenommen, man würde für jedes Bild nur eine Sekunde veranschlagen (was sehr optimistisch ist), dann bräuchte man für alle 2^{100} Bilder sehr viel mehr Zeit, nämlich ungefähr zehn Billionen mal so lange, wie seit Entstehung des Universums überhaupt verstrichen ist (Abbildung 23). Es ist also prinzipiell unmöglich, selbst für diese vereinfachte Konstellation alle denkbaren Muster durchzumessen. Wir stoßen hier also an eine harte Grenze des Machbaren.

Mit dem Brute-Force-Ansatz kommt man nicht ans Ziel. Eine andere Idee wird benötigt. Eine erste Hoffnung für die

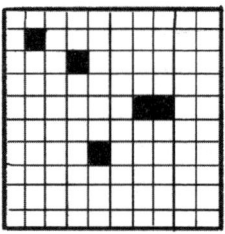

Irgendwann am Anfang des Universums vor knapp 14 Milliarden Jahren.

Oh je - die Versuchsperson hat ja unglaublich viele Gedanken. Wie sollen wir das messen?

Wir müssen das Problem vereinfachen!

Statt aller Gedanken messen wir Vorstellungsbilder, die aus 10 x 10 schwarzen und weißen Feldern bestehen. Und diese Hirnaktivitäten messen wir in jeweils einer Sekunde.

Bist du sicher? Sind das nicht immer noch ziemlich viele Bilder?

Ach das sind nur 2^{100}, so viel kann das ja nicht sein ...

Knapp 14 Milliarden Jahre später, letzten Dienstag um 14h27 M.E.Z.

434.194.789.916.534.352 ... oder war es 353?

Dann müssen wir nochmal von vorne anfangen...

Und dabei haben wir noch nicht einmal einen Bruchteil geschafft...

Abb. 23: Rekonstruktion geometrischer Muster aus der Hirnaktivität. Selbst unter extrem vereinfachenden Annahmen ist die Durchmessung aller Gedanken völlig unrealistisch.

Rekonstruktion beliebiger Bilder kommt aus einer Beobachtung, die bereits im dritten Kapitel geschildert wurde. Im Sehkortex ist die visuelle Außenwelt in Form einer Karte abgebildet, sodass jeder Stelle im Sehfeld eine entsprechende Stelle im Gehirn zugeordnet werden kann. Damit hätten wir also (vereinfacht gesagt) eine 1:1-Zuordnung wie beim Großmutterzellencode. Wenn man die beliebigen Schachbrettmuster auslesen möchte, könnte man diese Karte vielleicht dafür nutzen. Gehört nämlich zu jedem Feld des Bildes eine Stelle im Sehkortex, bräuchte man lediglich die 100 Stellen im Gehirn vermessen und schauen, ob dort jeweils die Aktivität gerade besonders hoch oder besonders niedrig ist.

Mit genau diesem vereinfachenden Ansatz erzielten Yukiyasu Kamitani und Yoichi Miyawaki von der Universität Kyoto beeindruckende Resultate,[1] indem sie genau solche geometrischen Schachbrettmuster aus der Hirnaktivität Pixel für Pixel rekonstruierten. Den Probanden wurden Bilder mit verschiedenen Quadraten und Kreuzen gezeigt, und der Computer errechnete aus den Daten der fMRT, was die Versuchsteilnehmer gerade sahen. Auf Grundlage dieser Forschung könnte vielleicht eines Tages eine Maschine entstehen, die es erlaubt, Buchstaben allein auf Basis einer Vorstellung in einen Computer einzugeben. Das wäre sicher eine äußerst hilfreiche Erfindung für Patienten, die durch Schlaganfälle oder Nervenkrankheiten starke motorische Einschränkungen erfahren müssen. (Den möglichen Anwendungen ist später ein eigenes Kapitel gewidmet.)

Eine weitere Möglichkeit, um möglichst viele verschiedene Gedanken erkennen zu können, wäre, die Ähnlichkeitsbeziehungen zwischen Gedanken auszunutzen. Nehmen wir an, Sie hätten in Ihrer Datenbank die Aktivitätsmuster für »Auto« und für »Fahrrad«, aber nun finden Sie ein neues Muster, das eine Mischung aus diesen beiden Mustern ist. Worum könnte es sich handeln? Wenn unser Gehirn sich systematisch verhält, sollte es sich hierbei um ein Motorrad handeln (siehe Abbildung 21, rechts). Es gibt einige Hinweise darauf, dass das Gehirn in der Tat so verfährt – und uns die Aufgabe erleichtert, vielfältige neue Gedanken auszulesen.

BEWEGTE BILDER

Das Beispiel mit den Schachbrettmustern zeigt, wie statische Bilder rekonstruiert werden. Es ist jedoch bis zu einem gewissen Grad auch möglich, bewegte Filmsequenzen zu rekonstruieren. Dafür muss der Computer nach einem ähnlichen Prinzip wie bei statischen Bildern lernen, wie sich bewegte Bilder im Gehirn abbilden. Ein Film besteht aus einer Abfolge rasch hintereinander gezeigter Einzelbilder. Jedes Bild bleibt für ca. 16 bis 50 Millisekunden stehen, dann kommt das nächste. Allerdings ist die zeitliche Genauigkeit der fMRT-Methode viel zu grob, um diese einzelnen Bilder aufzulösen. Das ist jedoch auch nicht erforderlich, denn wir Menschen nehmen solche Filme gar nicht als eine Reihe einzelner Bilder wahr, sondern interpretieren sie als fließende Bewegung, solange sie schnell genug aufeinanderfolgen. Entsprechend verarbeitet das Gehirn solche Filme als Bewegungsmuster. Um Filme zu decodieren, muss man dem Computer also beibringen, viele einfache Bewegungsformen zu sehen, ähnlich den einzelnen Bildpunkten im vorherigen Beispiel. Man kann sich dies ein wenig vorstellen wie beim Ballett. Auch dort werden die Choreografien nicht als Serien von statischen Momentaufnahmen notiert, sondern als fließende Bewegungsfolgen. So ist eine Kapriole eine Sprungfolge, bei der man mit einem Fuß abspringt, auf demselben landet und zwischendrin die Beine aneinanderschlägt.

Eine Studie meiner Kollegen Jack Gallant und Shinji Nishimoto aus Berkeley demonstrierte eindrucksvoll, wie weit man bei der Decodierung von Bewegungssequenzen kommen kann.[2] Die Forscher zeigten den Probanden im Hirnscanner eine Reihe von YouTube-Videos mit allerlei bunten Filmszenen. Dann brachten sie einem Computer zuerst bei, anhand der Hirnscans die einfachen Bewegungsfolgen zu erkennen. Im nächsten Schritt lernte der Computer eine Reihe von YouTube-Filmen zu decodieren. Es wurde getestet, ob er in der Lage war, auch neue Filme – also welche, deren Aktivitätsmuster nicht zuvor anhand der Probanden gespeichert wurden – richtig auszulesen. Dabei verwendeten sie einen spannenden und innovativen »Mischungsansatz«: Der Computer versuchte, die Bewegungen zu rekonstruieren, indem er diejenigen Videos zusammenmischte, die zur Hirnaktivität der Probanden am besten passten. Im Internet kann man sich anschauen, wie weit diese Mischung der aus Sicht des Computers passendsten Filme an das Original (also an den Film, den der Proband tatsächlich sah, ohne dass dies dem Computer vermittelt wurde) heranreicht.[3]

Die Erwartungen sollten hier allerdings nicht zu hoch gesteckt werden. Zwar gibt es auffallende Ähnlichkeiten in der Struktur der Objekte und Sequenzen, aber im Detail ist die Rekonstruktion längst nicht perfekt. Das macht deutlich, wie weit wir noch davon entfernt sind, direkt aus der Hirnaktivität bewegte Bilder auslesen zu können. Wenn man jedoch irgendwann Zugang zu zeitlich und räumlich fein aufgelösten Hirnsignalen bekäme, könnte das prinzipiell möglich werden.

DIE BEDEUTUNG VON WÖRTERN

Zurück zum Brockhaus: Könnte man mit dem Mischungsansatz nicht auch das oben dargestellte Problem lösen und alle möglichen Wörter und Wortkombinationen aus der Hirnaktivität auslesen, ohne den Computer vorher darauf trainiert zu haben? Bei Bildern kann man sich noch vorstellen, was die Bausteine der Wahrnehmung sind, etwa die einzelnen Bildpunkte. Aber woraus sind Wortbedeutungen zusammengebaut? Man bräuchte einen Ansatz, der es erlaubt, die Bedeutung vieler Wörter aus den aufgenommenen Hirnaktivitätsmustern einiger weniger Wörter zu rekonstruieren.

Hierzu hatte ein Team um Tom Mitchell und Marcel Just von der Carnegie Mellon University in Pittsburgh eine zündende Idee: Wenn man ein Bild aus einzelnen Punkten zusammenmischen kann, warum dann nicht auch Wörter aus einzelnen Bedeutungseinheiten? Es gab vor einigen Jahren elektronische Gimmicks, kleine Geräte, die einem ein paar Fragen stellten und vermeintlich jeden Gegenstand erraten konnten, an den man dachte (»Beantworte mir 20 Fragen, und ich sag dir, woran du denkst.«[4]). Ein Beispiel: Milch ist flüssig, hell, trinkbar und gesund. Wenn man also dem Computer beibringen könnte, vier Unterscheidungen zu treffen, nämlich zwischen flüssig und fest, hell und dunkel, trinkbar und untrinkbar, gesund und ungesund, müsste sich feststellen lassen, ob jemand an Milch denkt. Der Computer bräuchte dafür nur diese verschiedenen Grundbedeutungen zu erlernen. Wollte man auf diese Weise den Gedanken an Milch auslesen, wäre dies natürlich sehr aufwendig, denn man müsste dem Computer viele einzelne Unterscheidungen beibringen.

Doch die Grundunterscheidungen können auch für andere Gedanken verwendet werden. Wenn wir zum Beispiel

Rotwein nehmen, hätten wir etwas, das flüssig, dunkel, trinkbar und (in Maßen) gesund ist. Man könnte auf diese Weise also schon zwei verschiedene Gedanken auslesen. Bei fest, dunkel, untrinkbar und ungesund würde der Computer möglicherweise auch auf Schokolade schließen. In der Untersuchung wurden natürlich wesentlich mehr Eigenschaften erfasst.

Es gelang in einer ähnlichen Studie tatsächlich, die Bedeutung verschiedener Wörter mit einer Trefferquote von bis zu 77 Prozent zu erkennen.[5] Die Kollegen aus Pittsburgh suchten zunächst 25 grundlegende Bedeutungsbausteine. Sie wählten dazu möglichst universelle Verben wie »sehen«, »riechen«, »drücken«, »tragen« usw. Dann nutzten sie ein mathematisches Verfahren, um die Hirnaktivitätsmuster, die mit diesen 25 Grundbedeutungen verbunden sind, zu messen. Jedes andere Wort, so ihre These, besteht im Prinzip aus einer Mischung dieser 25 Grundbedeutungen. Wenn das stimmte, blieb aber immer noch die Frage, woher man das Mischungsverhältnis nehmen sollte. Die Forscher kannten sich gut mit der mathematischen Analyse großer Datenbanken aus. Also griffen sie zur größten derzeit bekannten Textfülle, nämlich dem Textkorpus der Webseiten, die Google gespeichert hat. Ihre Grundidee war nun, dass zwei Wörter einander besonders stark in ihrer Bedeutung ähneln, wenn sie mit hoher Wahrscheinlichkeit gemeinsam auf einer Webseite auftauchen. Nehmen wir das Wort »Elefant«: Auf Webseiten, in denen es um Elefanten geht, tauchen auch oft die Wörter »Stoßzähne«, »Afrika« oder »Dickhäuter« auf. Aus diesem gemeinsamen Auftreten kann man also grob auf die Verwandtschaft der Wörter schließen. Nach diesem Prinzip mischten Mitchell und Just nun jeweils die Hirnbilder zusammen, die sie von den 25 Grundbedeutungen aufgenommen hatten. Die Methode kann man sich in etwa so vorstellen, als würde man herausbekommen wollen, wie viele Malweisen großer Meister in einem neuen, unbekannten Gemälde enthalten sind. Dafür nehme man ein Bild von Kandinsky, eines von Klee und eines von van Gogh, dazu drei Regler, mit deren Hilfe man die Anteile der einzelnen Kunstwerke verändern kann. Nun stimmt man die Mischungsverhältnisse so lange ab, bis das Ergebnis möglichst nahe an das unbekannte Gemälde herankommt. Dann wird klar, wie viel Kandinsky, wie viel Klee und wie viel van Gogh in ihm enthalten ist.

Die Grundidee ist also, komplexere Gedanken nach einem Bausteinprinzip zusammenzubauen. Im Hirnaktivitätsmuster eines Konzertsaals findet man sicherlich etwas von einem Saal und von einem Konzert. Mithilfe der von Mitchell und Just entwickelten Methode kommt man dann dem Mischungsverhältnis der Hirnaktivitätsmuster nahe und kann auf diese Weise den komplexeren Gedanken bestimmen, ohne vorher den Computer darauf trainiert zu haben.

Mit einem ähnlichen Ansatz konnte meine frühere Doktorandin Fatma Deniz 2019 in der Arbeitsgruppe des Kollegen Jack Gallant an der University of California in Berkeley zeigen, dass die Codierung sprachlicher Bedeutung ganz ähnlich ist, egal, ob eine Person einen Text selbst gelesen oder ihn vorgelesen bekommen hat.[6] Das ist ein weiterer Beleg für eine universelle Bedeutungssprache des Gehirns, die nicht von den Besonderheiten der einzelnen Sinne (Sehen und Hören) abhängt.

KAPITEL 13

DER STEINIGE WEG
ZUR GEDANKENLESEMASCHINE

Es mag überraschen, dass dieser eben dargestellte Mischungsansatz funktioniert. Allerdings hat er klare Grenzen. Das gemeinsame Auftreten zweier Wörter gibt zwar einen Hinweis auf ein gemeinsames Bedeutungsfeld, aber feinere Nuancen kann man so sicher nicht erfassen. In den Nachrichten fällt zum Beispiel oft das Wort »Politik« in der Nähe des Wortes »Wetter«. Trotzdem haben die beiden Begriffe kaum etwas miteinander zu tun. Außerdem ignoriert der Ansatz ein wichtiges Grundprinzip der Sprache. Sie ist nicht »kompositional«, das heißt, die Bedeutung von zusammengesetzten Sätzen oder Wörtern kann nicht unbedingt aus der Bedeutung der darin auftretenden Einheiten zusammengebaut werden. So ein Baukastenprinzip (auch »Kompositionalität« genannt) wäre aber nötig, wenn die Methode mit den Mischungsverhältnissen gut funktionieren soll.

Bei dem Wort »Partyhut« herrscht Kompositionalität, da man die Bedeutung des Kompositums aus den Bestandteilen erschließen kann: ein Hut, den man auf einer Party trägt. Anders liegt der Fall beim Wort »Hasenfuß«. Hier gelingt es nicht, die Bedeutung dieses Wortes aus seinen Bestandteilen zu folgern. Denn weder ein Hase noch ein Fuß spielen hier eine Rolle. Kennt man die Bedeutung dieses Wortes nicht, kann man sie sich ohne entsprechenden Kontext nicht erklären. Man nennt diese Art von sprachlichen Ausdrücken, die

Abb. 24: Der US-amerikanische Zauberkünstler Karl Germain, bekannt als »Germain the Wizard«, konnte mit verbundenen Augen auf der Bühne eine Figur zeichnen, die sich ein »zufällig« ausgewählter Zuschauer ausdachte.

nicht dem Kompositionalitätsprinzip folgen, idiomatisch. Sie machen einen großen Teil der Sprache aus und können mit der Methode von Tom Mitchell und Marcel Just nicht erfasst werden.

Aber das ist nicht die einzige Hürde, die das Brain-Reading überwinden muss. Vielleicht hilft es, sich einmal genauer zu überlegen, wie denn eine fehlerfreie Gedankenlesemaschine funktionieren könnte. Der amerikanische Zauberer Germain the Wizard warb Anfang des 20. Jahrhunderts mit seinen Gedankenlesefähigkeiten. Eine Person wurde auf eine Bühne geholt und sollte an eine beliebige Figur denken. Germain zeichnete dann diese Figur auf eine Tafel, vermutlich zum Staunen seiner Zuschauer. Stellen Sie sich vor, man würde den Trick in zeitgemäßer Weise wiederholen, aber anstelle von Germain the Wizard stünde nun ein Hirnscanner auf der Bühne. Der Proband legt sich hinein und sein Vorstellungsbild wird direkt ausgelesen.

Dieses Setting hilft uns noch einmal dabei, die Anforderungen an eine universelle Gedankenlesemaschine zu formulieren, die wir schon erwähnt haben: Sie sollte zum einen *beliebige Gedanken* lesen können, und das idealerweise in *beliebiger Detailschärfe*. Außerdem müsste sie auch die Gedanken *beliebiger Personen* entschlüsseln können, und zwar *ohne Trainingszeit*. Heutzutage ist so etwas schlichtweg noch nicht denkbar. Einmal ganz abgesehen davon, ob ein solches Gerät überhaupt wünschenswert ist.

Eine beliebige Person würde sich für eine Weile in diese Maschine legen, und man könnte währenddessen ein vollständiges Protokoll ihrer Bewusstseinstätigkeit erstellen. Wahrscheinlich würde dieses Protokoll sogar umfassender sein als die Erinnerung des Probanden, da die Maschine, anders als der Mensch, nichts vergisst.

Was steht dem Bau einer solchen universellen Gedankenlesemaschine derzeit noch im Weg?

Räumliche Auflösung: Da wären einmal die rein technischen Probleme, die das Verfahren der Magnetresonanztomografie mit sich bringt. Die Messung der Hirnaktivität über den Sauerstoffverbrauch im Blut beschränkt die Auflösung von vornherein auf die Größenordnung des Gefäßsystems. Mit dieser Technik kann man nicht in den Bereich von unter einem Millimeter auflösen und deshalb nicht auf die relevante Ebene der Nervenzellen vordringen.

Vermutlich muss man gar nicht alle einzelnen Neurone messen, denn diese arbeiten in kleinen Gruppen zusammen, organisiert in sogenannten Kolumnen. Die sind zwar mit der aktuellen MRT schwer zugänglich, aber es gibt bereits Ansätze, mithilfe stärkerer Magnetfelder in diese Auflösungsebene vorzustoßen. Außerdem kann eine Vogelperspektive auf die Hirnaktivität möglicherweise viel praktischer sein, um Gedanken auszulesen.

Zeitliche Auflösung: Wie bereits in Kapitel 5 ausgeführt, liegt ein weiteres Problem in der zeitlichen Trägheit des MRT. Da die Messung über das Sauerstoffsignal im Blut läuft, hinkt sie der Erlebniswelt stets um ein paar Sekunden hinterher. Wie beim Rotwerden ist die Verzögerung darüber hinaus nicht immer exakt dieselbe, sodass noch eine weitere zeitliche Ungenauigkeit hinzukommt. Insofern können wir die Nervenzellaktivität nicht nur nicht direkt, sondern zugleich auch nur mit einer gewissen räumlichen und zeitlichen Unschärfe messen.

Alltagstauglichkeit: Selbst wenn diese rein messtechnischen Probleme behoben werden könnten, stellen sich weitere rein praktische Fragen. Um ein möglichst reichhaltiges Porträt des Geistes zu bekommen, muss man die Technik auch in alltäglichen Situationen anwenden können: auf der Straße, am Arbeitsplatz, im Supermarkt, in der Natur oder an einem Tatort. Dafür ist der Kernspintomograf denkbar ungeeignet. Mit seinen 15 Tonnen muss das MRT im Labor bleiben und wird auch bei einer technischen Weiterentwicklung wohl niemals Form und Gewicht einer Kappe annehmen, die man einfach aufsetzen und überall hin mitnehmen kann. Wir sind also darauf angewiesen, Brain-Reading im Labor mit dem Hirnscanner durchzuführen. Damit aber ist zwangsläufig eine enorme Reduzierung der möglichen Fragestellungen verbunden. Man wird im MRT vermutlich niemals die Hirnsignale messen können, die auftreten, wenn sich zwei Menschen auf einer Party spontan verlieben. Ebenso wenig wird es gelingen, die prickelnde Spannung an einem Roulettetisch, die Euphorie in einem Fußballstadion oder die Entscheidungsfindung in einem Kaufhaus, das vor Sinnesreizen geradezu überquillt, im Hirnscanner zu untersuchen.

Aber: Mithilfe von EEG-Kappen (über die wir unten noch mehr erfahren) sind solche Anwendungsszenarien schon wesentlich realistischer. Bereits heute gibt es Studien »in the wild«,[1] bei denen sich Probanden frei in ihrer Umwelt bewegen können.

DIE INDIVIDUALITÄT DER GEDANKENMUSTER

Eine der größten Herausforderungen für das Brain-Reading besteht darin, dass sich die Hirnmuster der Menschen erheblich voneinander unterscheiden. Die neuronalen Muster in den Gehirnen zweier Personen sind zwar ähnlicher, wenn beide an einen Hund denken, als wenn einer den Hund und der andere eine Katze vor Augen hat, und die Aktivität tritt auch in ähnlichen Regionen des Gehirns auf, aber die Details der Muster unterscheiden sich so stark, dass man den Computer nicht bei einem Probanden trainieren und bei einem anderen anwenden kann – zumindest nicht, wenn man hohe Trefferquoten erzielen möchte. Es ist ein wenig wie mit dem Fell zweier Leoparden. Beide Felle besitzen dasselbe wiederkehrende Grundmotiv aus beigen und schwarzen Punkten. Doch vergleicht man beide Punktmuster genau, stellt sich rasch heraus, wie unterschiedlich sie sind. Das Muster realisiert sich bei jedem einzelnen Tier ein wenig anders. Bereits Gottfried Wilhelm Leibniz wies auf die Unterschiedlichkeit von Blättern desselben Baumes hin: »Findet mir zwei Blätter im Garten, die genau gleich aussehen, dann habe ich unrecht.«[2] So steht es auch mit den Hirnaktivitätsmustern. Aber woher kommen die Unterschiede?

Dafür gibt es eine Reihe von Gründen. Allein die Lerngeschichte unterscheidet sich von Individuum zu Individuum. Der eine hatte als Kind einen Hund, der ein treuer Kamerad und Spielgefährte war. Er verbindet mit dem Hund natürlich ganz andere Erinnerungen als jemand, der als Kind von einem Hund verfolgt und gebissen wurde. Derselbe Gedanke löst bei verschiedenen Personen völlig andere Assoziationen aus, womit bereits deutlich wird, dass er im Hirn ein wenig anders codiert sein muss und somit die jeweiligen Hirnaktivitätsmuster nicht deckungsgleich sein können.

Wer sich beruflich mit Gehirnen befasst und häufig MRT-Aufnahmen sieht, merkt schnell: Es gibt keine zwei Gehirne, die anatomisch exakt identisch sind. Mit etwas Übung sieht man immer Unterschiede in den Gehirnwindungen und den dazwischenliegenden Gräben und Furchen. Die Hirnanatomie ist mindestens so individuell wie ein Fingerabdruck. Allein schon aus diesem Grunde weichen die Aktivitätsmuster verschiedener Personen voneinander ab.

Durch den Einsatz von Computermodellen gibt es mittlerweile verschiedene Möglichkeiten, zwischen individuellen Gehirnen zu übersetzen. Mit dieser Methode kann man die anatomische Struktur eines Gehirns so lange bearbeiten, bis sie möglichst genau auf ein anderes Gehirn passt. Auf diese Weise kann man Gehirne schon recht gut zur Deckung bringen. Ein anderer Weg wäre, sich nicht von der Anatomie, sondern von der Hirnaktivität leiten zu lassen. Dabei können auch Informationen darüber verwendet werden, welche Stelle im Gehirn auf welche Gedankenprozesse besonders stark reagiert. Man könnte dann zum Beispiel das Gehirn am Computer so stauchen, dass die Homunculi – also die Karten des Tastsinnes, die wir bereits kennengelernt haben – möglichst gut zur Deckung kommen.

In der Forschungspraxis werden noch andere Aspekte der Individualität relevant. So stellt sich zum Beispiel die Frage, ob die Probanden, die bei einem Versuch mitgemacht haben, überhaupt repräsentativ sind. Zumeist nehmen Studenten an den Versuchen teil. Damit sind Aussagen zunächst nur auf diese sehr enge Alters- und Bildungsgruppe beschränkt. Die Gehirne von zehnjährigen Schülern, zwanzigjährigen Studenten und siebzigjährigen Rentnern unterscheiden sich erheblich. Es kommt bereits im jungen Erwachsenenalter zu einem allmählichen Abbau der Hirnsubstanz. Das heißt, dass die Gehirne von älteren Menschen weniger Nervenzellen besitzen. Trotzdem ist ihre Leistungsfähigkeit in einigen Intelligenzbereichen höher als bei Jüngeren.[3] Würde man also im Labor feststellen, dass ein Gedankenmuster bei der Gruppe der Studenten in einer bestimmten Region codiert ist,[4] erlaubt dieses Ergebnis nicht unbedingt eine Übertragung auf andere Personenkreise.

Die selektive Probandenauswahl hat der Hirnforschung und der Psychologie ohnehin den Vorwurf eingebracht, ausschließlich mit sogenannten *Weird people* zu arbeiten. Die Ironie dieses Begriffs liegt in der Bedeutung des Wortes »weird« begründet, das ins Deutsche mit »sonderbar« oder gar »verschroben« übersetzt wird. Das aber ist natürlich nicht ernst gemeint. Der Begriff *weird* steht im Gegenteil für »white, educated, from industrialized rich democratic countries« (weiß, gebildet, aus reichen, demokratischen Industrieländern). Ein hoher Prozentsatz der Experimente wird also an einem sozial und intellektuell privilegierten Personenkreis durchgeführt, der dann als repräsentativ für die Menschen in den verschiedensten Kulturen dieser Welt stehen soll.

Allerdings gibt es bestimmte Grundprinzipien in der Funktionsweise des Gehirns, die für fast alle gesunden Menschen gelten, egal, ob sie alt oder jung, schwarz oder weiß, reich oder arm sind. Nehmen wir die visuelle Wahrnehmung. Die meisten Menschen können bei hellem Licht Farben gut unterscheiden; bei zunehmender Dunkelheit gelingt ihnen das immer schlechter. Das ist bei den *Weird*-Probanden nicht anders als beim Rest der Bevölkerung. Die Gedanken an einen Hund oder eine Katze sind in jedem menschlichen Gehirn an ähnlichen Orten zu finden, und sowohl das Gehirn eines Aborigines im Norden Australiens wie das eines weißen Harvard-Absolventen wird dafür ein spezifisches neuronales Muster ausbilden.

Wenn wir hingegen Experimente durchführen, bei denen Kopfrechnen eine zentrale Rolle spielt, handeln wir uns mit den *Weird*-Probanden sicher eine Auswahlverzerrung ein, da Studenten im Durchschnitt etwas besser rechnen können als der Rest der Bevölkerung. Bei allen Versuchen muss also immer die Frage der Individualität und Repräsentativität mitbedacht werden.

Ein kleiner Trost könnte sein, dass sich die Hirnforschung damit nicht grundsätzlich von anderen Disziplinen unterscheidet. Auch die Physik, die in der Öffentlichkeit immer als exakte Wissenschaft gilt, arbeitet oft mit Näherungen und Vereinfachungen. Selbst der Bremsweg eines konkreten, individuellen Autos kann physikalisch lediglich annähernd bestimmt werden, weil viele Einflussfaktoren wie Reibung, Wärmeentwicklung, Straßenzustand und Reifenprofil für ein konkretes Auto nur ungefähr bekannt sind. Es gibt letztlich in der Forschung selten die Möglichkeit, ein Experiment so zu gestalten, dass alle denkbaren

Details berücksichtigt werden und man eine völlig zweifelsfreie Aussage machen kann.[5]

Bei den fMRT-Untersuchungen kommen noch weitere Faktoren hinzu, die von vornherein die Auswahl der Probanden einschränken. So ist es für solche Messungen erforderlich, für die Dauer eines Experimentes von bis zu einer Stunde völlig ruhig in einer schmalen Röhre zu liegen. Das ist für manche Menschen unerträglich. Mitunter merken Probanden auch erst, wenn sie in den Scanner gefahren wurden, dass sie unter Klaustrophobie leiden und in der MRT-Röhre starke Angstgefühle entwickeln. Natürlich wird das Experiment dann sofort abgebrochen. Die Probanden wären in einem solchen Zustand auch gar nicht in der Lage, die gestellten Aufgaben durchzuführen. Es gibt darüber hinaus noch rein physikalische Ausschlusskriterien für die Probanden. Wegen der starken Magnetfelder im MRT dürfen aus Sicherheitsgründen keine Personen an den Studien teilnehmen, die einen Herzschrittmacher, Metallimplantate oder Piercings tragen. Es zeigt sich also einmal mehr: Beim Brain-Reading steckt der Teufel im Detail.

WAS LERNT DER COMPUTER WIRKLICH?

Anfang der 20. Jahrhunderts machte ein besonderes Pferd aus Berlin internationale Schlagzeilen. Sein Name war Hans. Sein Besitzer, der Mathematiklehrer Wilhelm von Osten, hatte ihm im Hof seines Wohnhauses jahrelang beigebracht, alle möglichen Rechen- und Schreibaufgaben zu lösen, sehr zur Erheiterung der Anwohner.

Hans schien mit der Zeit tatsächlich einiges gelernt zu haben. Fragte man ihn zum Beispiel, was die Hälfte von acht sei, scharrte er viermal mit dem Huf. Er konnte auf dieselbe Weise die Uhrzeit nennen und die Namen von illustren Gästen buchstabieren. »Der Kluge Hans«, wie er genannt wurde, entwickelte sich zu einer Weltsensation. Der Kaiser interessierte sich persönlich für ihn, und über seine Leistungen berichtete sogar die ehrwürdige *New York Times*.

Aber konnte Hans wirklich rechnen oder buchstabieren? Oder war alles nur ein Trick? Eine hochkarätige wissenschaftliche Kommission untersuchte den Fall. Man fand keinen Hinweis auf eine Fälschung, etwa in der Form, dass sein Besitzer dem Pferd versteckte Hinweise gab. Wenn Wilhelm von Osten allerdings nicht dabei war, konnte das Pferd die Lösung nicht erraten. Und wenn der Besitzer oder die anderen Anwesenden die Lösung nicht kannten, wusste auch das Pferd nicht weiter. Irgendwie hatte das Pferd anscheinend gelernt, auf kleine, unbemerkte Regungen seines Besitzers zu reagieren, und wusste, wann er oft genug mit dem Huf gescharrt hatte. Seitdem bezeichnet man es in der Psychologie als »Kluger-Hans-Effekt«, wenn eine scheinbare Leistung auf unbemerkten Körpersignalen anderer beruht und die Lösung also quasi durch ein »Informationsleck« zustande kommt. Dies ist auch der Grund für Doppelblindstudien bei Medikamenten, in denen weder dem Patienten noch dem Arzt bekannt ist, ob die Pille den Wirkstoff enthält oder nicht. Denn der Arzt könnte ja als Versuchsleiter unbemerkt dem Probanden Hinweise geben und dadurch das Experiment verfälschen.

Auch bei der Auswertung von Hirnzuständen stellt sich die Frage, wodurch die Leistung eines Computers eigentlich zustande kommt? Erkennt er wirklich in den Hirnbildern das »Wesen« des Gedankens an den Hund, oder reagiert er vielleicht auf völlig irrelevante Informationen, etwa auf die Schlappohren oder das braune Fell? Ein anderes Beispiel: Ein Computer soll Fotos, auf denen Tiere und solche, auf denen keine Tiere zu sehen sind, auseinanderhalten. Eine Möglichkeit wäre, wenn der Computer aus Unmengen von Bildern die visuellen Eigenschaften von Tieren lernt und diese dann auf den Testbildern erkennt. Auf Bildern mit Tieren findet man Schlappohren, Fell, Schnauzen, Beine, Schwänze und vieles mehr. Wenn er dies alles lernt, sollte ein Computer dazu in der Lage sein, die Motive zu unterscheiden. Aber es stellte sich heraus, dass Tierbilder eine andere verräterische Gemeinsamkeit haben: Wenn Menschen Fotos von Tieren schießen, neigen sie dazu, diese in der Mitte des Bildes zu positionieren. Somit finden sich auf Fotografien mit und ohne Tieren Unterschiede, die überhaupt nichts damit zu tun haben, ob Tiere zu sehen sind oder nicht. Der Computer muss nur lernen, dass alle Bilder, in denen in der Mitte etwas Auffälliges zu sehen ist, Tiere darstellen. Dann kann er die Aufgabe mit einer überzufälligen Trefferquote bewältigen, ohne irgendeine Eigenschaft von Tieren erfasst zu haben.

Möchte man beispielsweise ein computergestütztes Diagnoseprogramm für Schizophrenie entwickeln, könnte man auf die Idee kommen, dem Computer Hirnscans von Schizophrenen und Gesunden vorzulegen und zu testen, ob er die Kranken erkennen kann. Die Hoffnung wäre, dass er die relevanten Veränderungen in den Hirnbildern, wie etwa einen Abbau von Nervenzellen im Präfrontalkortex, zur Diagnose nutzt. Doch er könnte auch andere als diese relevanten Unterschiede lernen. Da Schizophrene in der Regel Medikamente gegen psychotische Schübe nehmen, könnte der Computer auch auf die direkten Effekte der Medikation in den Hirnscans hereinfallen. Würde ein Gesunder dieselben Medikamente nehmen, würde ihn der Computer fälschlicherweise dann allerdings ebenfalls für schizophren halten.

Auch wir selbst nehmen ständig Unterscheidungen vor, ohne genau sagen zu können, wie wir dies machen. Sie können meist mühelos das Geschlecht einer Person erkennen – aber wissen Sie genau, worauf Sie dabei genau achten? Wir alle haben jahrelange Erfahrung mit dieser Unterscheidung, daher sehen wir einfach den Unterschied. Ein Computer hätte sehr viele Unterscheidungsmöglichkeiten: Er könnte die Körpergröße als Kriterium nehmen, die Haarlänge, die Form des Gesichts oder der Augenbrauen – die Liste wäre beliebig fortsetzbar. Sobald wir wissen, was genau der Computer gelernt hat, um seine Aufgabe zu bewältigen, kann er darauf getestet werden. Doch selbst dann könnte er sein Augenmerk noch auf jene Eigenschaften richten, die uns entgangen sind, etwa darauf, ob jemand Make-up trägt oder nicht. Selbst die Schuhgröße könnte ihm bis zu einem gewissen Grad helfen, Männer und Frauen zu unterscheiden. Natürlich gibt es Frauen mit großen und Männer mit kleinen Füßen, aber einen groben Anhaltspunkt bietet die Schuhgröße schon. Nur weil ein Computerprogramm etwas auseinanderhält, heißt das noch lange nicht, dass es die wesentlichen Eigenschaften erkannt hat. Dies wird übrigens auch im Bereich der künstlichen Intelligenz zu einem großen Problem. In den USA wird KI schon massenhaft genutzt, um vorherzusagen, ob ein Straftäter wieder rückfällig werden wird. Würde die Schwere der Tat oder die Art des Verbrechens als Kriterium für diese Vorhersage genutzt, fänden wir das sicherlich unproblematisch. Sobald aber die Hautfarbe als Unterscheidungsmerkmal verwendet würde, hätten wir den Eindruck, der Computer reproduziere rassistische Vorurteile. Dieser Umstand hat in der KI-Forschung bereits eine breite Debatte ausgelöst. Wir müssen ähnliche Fallstricke auch beim Brain-Reading im Auge behalten.

Maschinelles Lernen wird erst seit Mitte der Nullerjahre des 21. Jahrhunderts genutzt, um aus der Hirnaktivität auf die Gedanken zu schließen. Dieser innovative Ansatz hat im

Laufe weniger Jahre immense Fortschritte erbracht. Man konnte viel mehr Details über die Gedanken einer Person aus der Hirnaktivität auslesen, als man es je für möglich gehalten hätte.

Mittlerweile aber scheint allmählich ein gewisser Stand erreicht, über den es nicht weiter hinausgeht. Man kann nämlich auch mit maschinellem Lernen nur das decodieren, was die Hirnscans hergeben. An Verbesserungen der räumlichen und zeitlichen Auflösung bei der MRT wird zwar intensiv geforscht, aber ob es wirklich möglich sein wird, in noch tiefere Dimensionen der Hirnaktivität vorzudringen, ist unklar. Vielleicht stehen wir vor ähnlichen Grenzen wie bei der Entwicklung der digitalen Fotografie. Um das Jahr 2004 herum galten Bilder mit fünf Millionen Bildpunkten als professioneller Standard. Mittlerweile werden Smartphones bereits mit zwölf, Profikameras sogar mit 20 und mehr Megapixel beworben. Doch die Vervierfachung der Auflösung hat beileibe nicht zu einer viermal höheren Qualität geführt. Bei normaler Bildgröße wird man sogar keinerlei Unterschied zwischen einer Fotografie erkennen, die mit fünf, und einer, die mit 20 Megapixel aufgenommen wurde. Ähnlich ist es auch bei den Hirnscannern. Vielleicht müssen wir auf eine ganz neue Technik warten, mit der die Nervenzellaktivität direkt gemessen werden kann und die nicht mehr durch die Auflösung der Blutgefäße begrenzt ist.

KAPITEL 14

DER FREIE WILLE

Am 11. September 2001 morgens um kurz vor sechs Uhr begann gerade ein warmer, sonniger Herbsttag. Am Flughafen von Portland im US-Bundesstaat Maine passierten zwei unauffällige Personen die Sicherheitsschleuse (Abbildung 25). Sie begaben sich an Bord von Flug 5930 nach Boston, wo sie auf drei Bekannte trafen und mit ihnen ein anderes Flugzeug bestiegen, den American Airlines Flug 11 nach Los Angeles.

Was niemand wusste: Die beiden Männer, Abdulaziz al-Omari und Mohammed Atta, waren im Begriff, einen der folgenreichsten Terrorangriffe der Geschichte auszuführen. Kurz nach Abflug, um 8 Uhr 13, brachten sie die Maschine unter ihre Kontrolle. Um 8 Uhr 46 lenkten sie das Flugzeug in den Nordturm des World Trade Center in New York. Keiner der Crew-Mitglieder, Passagiere und Attentäter überlebte. Beim anschließenden Einsturz der Twin-Towers starben fast 3000 Personen.

Zu dem Zeitpunkt, als Al-Omari und Atta am frühen Morgen durch die Sicherheitsschleuse im Flughafen von Portland gingen, wussten die beiden Terroristen, was passieren würde. Sie verfolgten einen ausgeklügelten Plan. Was aber wäre gewesen, wenn der Sicherheitsdienst an jenem schicksalsträchtigen Tag einen geeigneten Hirnscanner gehabt hätte, um die Köpfe der Passagiere nach dem Plan einer Flugzeugentführung zu durchleuchten? Wäre er bei den beiden Attentätern in spe fündig geworden? Können solche verborgenen Absichten überhaupt ausgelesen werden?

Abb. 25: Zwei der Attentäter des 11. September 2001, Al-Omari und Atta, beim Einchecken am Portland International Airport. Hätte man an der Sicherheitsschleuse ihre Terrorpläne durch einen Hirnscanner auslesen können?

Die Vorausplanung unseres Verhaltens ist eine wichtige menschliche Fähigkeit. Während die meisten einfacheren Tiere nach einem genetisch vorgegebenen Muster stereotyp auf Umweltreize reagieren, sind Menschen in der Lage, Pläne zu schmieden, sogar solche, die mehrere Jahre in die Zukunft reichen, etwa wenn wir uns entscheiden, zu studieren, ein Haus zu bauen oder zu heiraten und Kinder in die Welt zu setzen. Ein sehr einflussreicher Philosoph des 19. Jahrhunderts, nämlich Karl Marx, formulierte es einmal so:

Eine Spinne verrichtet Operationen, die denen des Webers ähneln, und eine Biene beschämt durch den Bau ihrer Wachszellen manchen menschlichen Baumeister. Was aber von vornherein den schlechtesten Baumeister vor der besten Biene auszeichnet, ist, dass er die Zelle in seinem Kopf gebaut hat, bevor er sie in Wachs baut. Am Ende des Arbeitsprozesses kommt ein Resultat heraus, das beim Beginn desselben schon in der Vorstellung des Arbeiters, also schon ideell vorhanden war.[1]

Absichten spielen in unserem Geist eine zentrale Rolle, da sie unser Handeln einem Ziel unterstellen. Deshalb wollte ich mit den Kollegen am Berliner Bernstein Center nach den Erfolgen beim Brain-Reading natürlich auch herausfinden, ob es uns gelingt, Absichten aus der Hirnaktivität herauszulesen.

Aber wie erzeugt man während eines Laborversuchs eine Absicht? Mit Absichten verhält es sich kaum anders als mit Gefühlen. In den meisten Experimenten bekommen die Probanden gesagt, was sie tun sollen. In der Regel werden uns unsere Absichten aber nicht von außen vorgegeben, sondern wir suchen uns selbst aus, was wir machen wollen. Also brauchten wir eine Versuchsanordnung, die es den Probanden im Hirnscanner erlaubte, selbst zu entscheiden, was sie machen wollten. Natürlich waren sie nicht völlig frei in ihrer Wahl. Aber immerhin bekamen sie die Möglichkeit, zu entscheiden, ob sie eine Addition oder eine Subtraktion durchführen wollten. Wahre Freiheit sieht natürlich anders aus, aber im Vergleich zu früheren Experimenten, bei denen schlichtweg alles vorgegeben war, stellte diese Instruktion einen ersten Schritt in Richtung einer frei gewählten Absicht dar.

Nachdem die Versuchsteilnehmer die Entscheidung getroffen hatten, was sie tun wollten, folgte nicht sofort die Handlung, sondern eine Konzentrationsphase, in der sie sich auf die bevorstehende Rechnung vorbereiten sollten. Erst dann erschien auf dem Bildschirm eine konkrete Rechenaufgabe. Daraufhin waren einige Zahlen auf dem Bildschirm zu sehen, und die Probanden sollten darunter die richtige Lösung auswählen.

Für das Ergebnis des Experiments war es nicht entscheidend, ob die Probanden richtig oder falsch rechneten. Es ging vielmehr um die Phase, in der sie sich für eine Rechenart entschieden hatten und darauf warteten, die Rechnung durchzuführen. In dieser Phase zeigte sich die Absicht am deutlichsten. Sie existierte zu diesem Zeitpunkt nur in der Gedankenwelt des Probanden und war noch nicht in die Tat umgesetzt.

In Vorträgen lade ich die Zuhörer oft ein, dieses Experiment gedanklich durchzuspielen. Ich bitte die Anwesenden, sich zunächst einmal zwischen Addieren und Subtrahieren zu entscheiden, noch bevor sie eine konkrete Rechenaufgabe bekommen. Nachdem ihre Entscheidung gefallen ist, frage ich sie dann: »Glauben Sie, dass man Ihre verborgene Entscheidung aus Ihrer Hirnaktivität auslesen könnte?« Die meisten Teilnehmer antworten mit Nein. Eine überwältigende Mehrheit glaubt, dass sie ihre Entscheidung im verborgenen Kämmerlein ihrer Gedanken treffen und diese sich nicht in ihrer Hirnaktivität zeigen würden. Hier begegnen wir wieder der dualistischen Auffassung, von der zu Beginn des Buches die Rede war.

Unsere Versuchsergebnisse wiesen jedoch in eine andere Richtung. Es gelang mithilfe des Computers recht gut, die Absichten aus den Hirnaktivitätsmustern der Probanden herauszulesen: Die Trefferquote lag bei etwa 70 Prozent. Das Auslesen der Absichten lief also nicht perfekt, aber schon ziemlich gut.[2]

Die Versuche zeigten, dass die Information über die Absichten in Erregungsmustern des präfrontalen Kortex (genauer: im sogenannten Brodmann-Areal 10) gespeichert ist (siehe Abbildung 26). Diese Region befindet sich direkt hinter der Stirn. Das passte wiederum gut zu Erkenntnissen, die bei Studien mit Patienten erzielt wurden, bei denen diese Region durch einen Schlaganfall zerstört worden war. Diese Personen waren nicht mehr in der Lage, sich ihre Handlungsabsichten zu merken.

Abb. 26: Hirnregionen, aus denen einfache Absichten decodiert werden können. So kann man erfahren, was eine Person in ein paar Sekunden tun wird. Die Muster der Hirnaktivität im Brodmann-Areal 10 (direkt unterhalb der Stirn) unterscheiden sich je nachdem, ob ein Proband plant, Zahlen zu addieren oder zu subtrahieren. Wenn man einen Computer darauf trainiert, diese Muster auseinanderzuhalten, können die Absichten in diesem Experiment mit einer ca. 70-prozentigen Trefferquote decodiert werden.

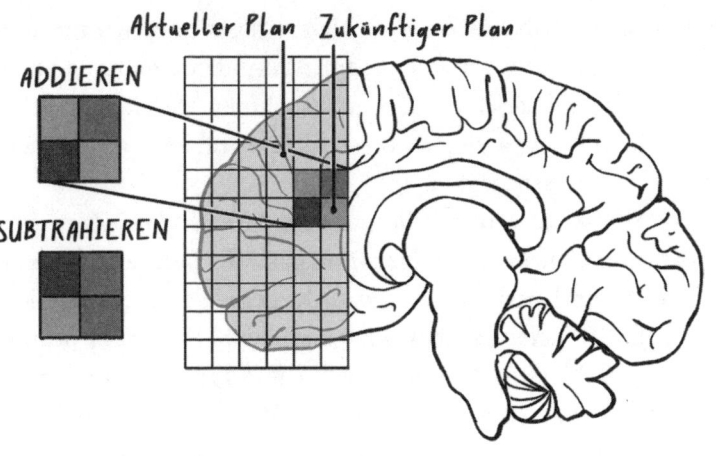

Bedeutet dies nun aber, dass man den Terrorplan von Abdulaziz al-Omari und Mohammed Atta an der Sicherheitsschleuse hätte auslesen können? Sollte man also schleunigst an jedem Flughafen einen solchen Hirnscanner aufbauen?

Neben den ohnehin kaum zu bewältigenden technischen und methodischen Problemen tut sich hier noch eine psychologische Dimension auf. Wie hätten sich denn die Attentäter verhalten, wenn sie gewusst hätten, dass beim Sicherheitscheck Hirnscanner installiert sind, um mögliche Terrorpläne auszulesen? Sicherlich hätten sie versucht, ihre Pläne zu verbergen. Dazu gibt es geeignete Mittel und Möglichkeiten: Sie könnten sich zum Beispiel ablenken und versuchen, die Gedanken an die geplante Tat zu unterdrücken. Vielleicht, indem sie intensiv an das bevorstehende, ihnen verheißene Paradies denken. Wahrscheinlich würde dadurch der Gedanke an die Flugzeugentführung überdeckt und für den Hirnscanner unleserlich.[3] Sobald man das Labor verlässt und sich für konkrete Anwendungen interessiert, ist immer damit zu rechnen, dass die Zielpersonen Gegenmaßnahmen ergreifen, um sich nicht erwischen zu lassen – und dazu zählen insbesondere Ablenkungsstrategien.

Und was wäre mit den anderen Reisenden? Zum Beispiel einem unschuldigen Fluggast? Er sinniert während der Sicherheitskontrolle vielleicht gerade aus rein intellektueller Neugier darüber, wie jemand wohl vorgehen würde, der ein Flugzeug entführen will. Diese Tagträumerei könnte beim Hirnscan mit einer echten Absicht verwechselt werden. Genauso verdächtig würde sich ein ängstlicher Passagier machen, der die ganze Zeit an nichts anderes denken kann als: »Ich hoffe, dass niemand diesen Flieger entführt!«. Ein anderer Fluggast wiederum hätte vielleicht aus Angst vor der Sicherheitsprüfung einen Zwangsgedanken entwickelt: »Oh nein, ich bin an der Sicherheitskontrolle, ich darf jetzt bloß nicht den Eindruck erwecken, dass ich daran denke, das Flugzeug zu entführen!« Während die Sicherheitsbeamten all diese Passagiere als Verdächtige zurückgehalten hätten, wären die Attentäter mit ihren Ablenkungsgedanken an das Paradies möglicherweise unbehelligt durchmarschiert.

Man sieht, auch mit fortgeschrittener Brain-Reading-Technik steht noch ein weiter Weg bevor, bis am Flughafen Terrorpläne erkannt werden können. Es ist sehr schwer (und momentan noch zu schwer), eine feststehende Absicht von sehr ähnlichen Gedanken zu unterscheiden. (Wir kommen in Kapitel 19 darauf zurück.)

VORLÄUFER UNSERER ENTSCHEIDUNGEN

Eine weitere grundsätzliche Frage stellt sich in Bezug auf die Attentäter vom 11. September 2001: Wie kommen im Gehirn überhaupt Absichten wie die zustande, einen Terrorangriff durchzuführen? Das ist schwer zu beantworten, da noch nie jemand die Hirnprozesse von Attentätern kurz vor ihrer Tat untersucht hat. Außerdem ist es fast unmöglich, die unzähligen mentalen Faktoren, die einer Entscheidung zugrunde liegen, in ihrer Gesamtheit zu erfassen.

Einfacher wird es, wenn man allgemeiner fragt, was eigentlich im Gehirn passiert, bevor eine bestimmte Handlung zur Ausführung kommt. Diese Frage führt unmittelbar zu einem der berühmtesten Experimente in der Geschichte der Hirnforschung. Der US-amerikanische Hirnforscher Benjamin Libet beschäftigte sich in den 1970er- und 1980er-Jahren intensiv mit der Frage, wie Entscheidungen im Gehirn entstehen. Dazu führte er das in der Folge nach ihm benannte bahnbrechende Libet-Experiment durch. Die Grundidee dabei war, Probanden Entscheidungen fällen zu lassen und zu schauen, was in ihrem Gehirn passiert, kurz bevor sie glauben, sich zu entscheiden.

Benjamin Libets Experiment zur Willensfreiheit

Im Jahr 1983 erschien eine bahnbrechende Studie von Benjamin Libet, die für viele die Willensfreiheit fundamental infrage stellte.[4] Libet und seine Kollegen interessierten sich dafür, was im Gehirn passiert, kurz bevor man eine Entscheidung fällt. Um das Experiment möglichst überschaubar zu halten, waren die Entscheidungen einfacher Natur: Jeder Proband wurde gebeten, seine Hand zu bewegen sobald er spontan den Drang dazu verspürte. Der Beginn dieser Bewegung wurde auf einem EMG registriert, einem sogenannten Elektromyogramm, das das Feuern der Nervenzellen im Muskel misst. (Es entspricht dem Zeitpunkt T_B in der unteren Abbildung.) Zugleich sollte der Proband registrieren, wann er den Willensimpuls zu dieser Handlung verspürte. Libet wollte es ganz genau wissen und konstruierte eine spezielle Uhr. Dazu ließ er einen Lichtpunkt auf einem Bildschirm kreisen, der sich wie ein Sekundenzeiger auf einem Ziffernblatt bewegte. Im Unterschied zur normalen Uhr benötigte er jedoch für eine Umkreisung nicht 60, sondern nur 2,5 Sekunden. Der Proband berichtete damit, zu welchem Zeitpunkt seine bewusste Willensentscheidung fiel (unten als »T_W« bezeichnet). Gleichzeitig wurde die Hirnaktivität mithilfe eines EEG gemessen. Dazu befestigte Libet eine Elektrode auf der Kopfhaut seiner Probanden, etwa in der Mitte des Schädels. Dort nämlich war es den deutschen Hirnforschern Hans Kornhuber und Lüder Deecke 1965 gelungen, ein Signal aufzuzeichnen, das bereits etwa eine Sekunde vor Ausführung einer willentlich gesteuerten Handlung auftrat, wenn das Gehirn sich auf diese vorbereitete. Deshalb nannten es Kornhuber und Deecke auch »Bereitschaftspotenzial«.[5] Ihre Experimente konnten jedoch nicht zeigen, ob dieses Bereitschaftspotenzial vor der gefühlten Entscheidung der Probanden auftrat. Diese Frage wollte Libet beantworten. Er fand bei seinen Experimenten zwei Dinge heraus: Erstens ereignete sich der Willensruck der Probanden (T_W), bevor sie ihre Hand tatsächlich bewegten (T_B). Das war natürlich

Abb. 27: Benjamin Libets Experiment zur Willensfreiheit

zu erwarten, denn wir entscheiden ja in der Regel, bevor wir handeln. Umso überraschender fiel das zweite Ergebnis aus: Das Bereitschaftspotenzial im Gehirn des Probanden (T_{BP}) zeigte sich bereits ca. 300 Millisekunden, bevor sich der Proband dazu entschied, seinen Finger zu bewegen. Das Experiment zeigte also, dass sich bereits vor der bewussten Entscheidung die Hirnaktivität veränderte (der Zeitpunkt T_{BP} liegt vor T_W). Das Bereitschaftspotenzial wird häufig als Beginn einer unbewussten Vorbereitung interpretiert. Aber wie kann das Gehirn vorher wissen, dass der Proband sich gleich entscheiden wird, wenn der Proband selbst das Gefühl hat, sich noch nicht entschieden zu haben? Wichtig ist, dass die hier gemessenen Hirnsignale nur Mittelwerte über viele Durchgänge sind. Es ist damit also nichts über einzelne Entscheidungen aussagbar. Könnte eine Bewegungsentscheidung auch ohne dieses spezielle Hirnsignal zustande gekommen sein? Außerdem stellt sich, wie man hier sieht, die Frage, wie realistisch solche Entscheidungssituationen sind. Was ist zum Beispiel, wenn der Proband gar keinen Drang verspürt, sich zu bewegen? In letzter Zeit sind sogar grundlegende Zweifel an der Aussagekraft der zugrundeliegenden Bereitschaftspotenziale aufgekommen.

Libet bat Probanden, in einem von ihnen bestimmten Moment eine Hand zu bewegen, und zwar genau dann, wenn sie den Willensimpuls dazu verspürten. Gleichzeitig sollten sie sich merken, *wann* sie sich entschieden hatten. Das Spannende war: Bereits etwa eine Drittelsekunde, bevor die Probanden glaubten, sich entschieden zu haben, fand Libet ein charakteristisches Hirnsignal im EEG, das sogenannte Bereitschaftspotenzial.

Aber wie kann ein Signal für die Ausführung einer Handlung im Gehirn entstehen, wenn man sich noch gar nicht bewusst entschieden hat, die Handlung auszuführen? Das hieße doch, die Hirnaktivität wäre bereits gestartet, bevor der Proband den Handlungsimpuls verspürte. Eine reichlich paradoxe Angelegenheit, denn wenn das Gehirn vor der willentlichen Entscheidung aktiv wird, müsste es ja bereits gewusst haben, dass sich der Proband gleich entscheiden wird. Wie passt das zusammen mit dem subjektiven Eindruck des Versuchsteilnehmers, dass er sich erst später bewusst entschieden hatte? Wenn der Wille tatsächlich dieser frühen, unbewussten Hirnaktivität hinterherhinkt, kann die bewusste Entscheidung nicht der Startpunkt der Kausalkette sein, die letztlich zur Handlung führt. Libet fragte in seinem Buch mit dem bezeichnenden Titel *Mind Time* dann auch: »Können unsere bewussten Absichten wirklich die Aktivitäten der Nervenzellen beim Vollzug eines freien Willensaktes beeinflussen oder steuern?«[6]

Das Experiment barg enorme Sprengkraft, da es die tragende Rolle des Bewusstseins bei Handlungsfindungen fundamental infrage stellte. Wenn im Hirn schon entschieden ist, was wir tun werden, ehe es uns bewusst wird, hat der Wille möglicherweise gar keinen Einfluss auf unsere Entscheidungen und gaukelt uns seine Macht nur vor. Und wenn der Wille den frühen unbewussten Hirnprozessen hinterherhinkt, wie kann er dann frei sein? Der aufmerksame Leser bemerkt natürlich gleich, dass der bewusste Wille seine Wirkung zum Beispiel dadurch entfalten könnte, dass er unbewusste Handlungstendenzen kontrolliert. Außerdem gibt es in der Philosophie verschiedene Auslegungen, was unter Willensfreiheit überhaupt zu verstehen ist.[7] Viele Hirnforscher sahen in Libets Beobachtungen trotzdem einen Beleg dafür, dass ein freier Wille nicht existiert. Willensfreiheit, so ihre Schlussfolgerung, sei nicht mehr als eine Illusion, an die wir Menschen gern glauben wollen.

Denkt man diese Sicht konsequent zu Ende, müsste sie eine grundlegende Revision des Strafrechts nach sich ziehen. Wenn es nämlich überhaupt keine willentliche Handlungssteuerung gibt, kann man auch keinen Verbrecher für seine Taten zur Rechenschaft ziehen. Nicht er (also nicht sein vorsätzlicher egoistischer Wille) hat dann den Mord oder andere Missetaten zu verantworten, sondern die Verschaltungen in seinem Hirn. Letztlich also dürfte nicht der Mörder vor Gericht stehen, sondern die Biologie der neuronalen Prozesse. Wenn aber der Straftäter nichts für sein Verhalten kann, darf er auch nicht verurteilt werden. Das hätte allerdings zur Konsequenz, dass man ihn zum Schutz der Gesellschaft vor weiteren durch das Gehirn diktierten Taten auf Nimmerwiedersehen wegsperren müsste.

Allerdings wurden auch Kritikpunkte an Libet laut. War es nicht ein wenig vorschnell, mit einem derart einfachen Experiment, das die zeitlichen Abläufe bei einer Handbewegung untersucht, gleich die ganze menschliche Willensfreiheit zu verabschieden? Vielleicht gab es auch während dieser Versuche gar keine freien Willensentscheidungen, weil die Freiheit bereits durch das Experiment selbst stark eingeschränkt war. Die Probanden hatten ja kaum Handlungsmöglichkeiten, lediglich der Zeitpunkt, wann er seinen Finger bewegte, konnte vom Probanden frei gewählt werden. Es ging also in der Untersuchung nur um das Wann. Außerdem: Wenn die Versuchsteilnehmer die ganze Zeit darüber nachsinnen, ob sie gleich die Handlung ausführen wollen, ist es vielleicht gar nicht so verwunderlich, wenn sich im Hirn bereits Aktivität zeigt, auch wenn das Bewusstsein den Startschuss zur Bewegung noch gar nicht gegeben hat. Stellt man sich Situationen vor, die eine weitaus größere Herausforderung darstellen, wird das rasch klar. Wenn Sie zum ersten Mal einen Kopfsprung vom Zehnmeterbrett machen wollen, wird Ihnen sicher so einiges durch den Kopf gehen, bevor Sie sich zum Sprung überwinden können.[8]

Ein Vierteljahrhundert später bot sich uns die Gelegenheit, den Hirnmechanismen willentlicher Handlungen mithilfe der neuen Verfahren des Brain-Reading etwas genauer auf die Spur zu kommen. Mit meinem früheren Doktoranden Chun Siong Soon aus Singapur entwickelten wir damals noch in meiner Arbeitsgruppe am Max-Planck-Institut für Kognitions- und Neurowissenschaften in Leipzig eine Versuchsanordnung, die sich an die von Libet anlehnte, allerdings mit entscheidenden Verbesserungen (Abbildung 28). Zum einen konnten sich die Probanden zwischen zwei Optionen entscheiden. Sie hatten in jeder Hand einen Knopf und durften wählen, ob sie mit der rechten oder linken Hand drückten. Man mag es kaum glauben, aber in der experimentellen Kognitionsforschung kann der Schritt von einer zu zwei Bewegungsoptionen völlig neue Interpretationsspielräume eröffnen. Denn damit konnten wir nicht nur eine vorgegebene Möglichkeit (eben eine Hand zu bewegen), sondern eine wirkliche Wahlmöglichkeit untersuchen. So kamen wir dem großen Thema der Willensfreiheit mithilfe einer kleinen Variation im Experiment etwas näher. Zudem wollten wir in unserer Studie möglichst viele Details über die Hirnprozesse herausfinden, die während der Entscheidung ablaufen. Libets Pionierstudie hatte einen sehr engen Fokus, da dabei die Hirnaktivität lediglich mittels EEG an einer einzigen Stelle auf der Kopfhaut gemessen wurde. Damit blieb notwendigerweise unbeachtet, was sich derweil in anderen Hirnregionen abspielte.

Da wir die Studie im MRT durchführten, konnten wir das gesamte Gehirn abbilden. Die gemessene Aktivität ließen wir von einem Computeralgorithmus auswerten. Die Frage war, ob der Computer die Entscheidung aus den Hirnaktivitäts-

Abb. 28: Ein aktuellerer Versuch zur freien Willensentscheidung. Probanden sollten sich zu einem beliebigen, frei wählbaren Zeitpunkt dazu entscheiden, einen von zwei Knöpfen zu drücken (den einen mit der linken oder den anderen mit der rechten Hand). Um den Zeitpunkt der Entscheidung messen zu können, ließen wir auf dem Bildschirm der Probanden eine Reihe zufällig angeordneter Buchstaben ablaufen. Alle halbe Sekunde erschien ein neuer Buchstabe. Die Versuchsteilnehmer sollten sich den Buchstaben merken, den sie in dem Moment sahen, als sie ihre Entscheidung für das Drücken des rechten oder linken Knopfes fällten. Damit hatten wir alle Daten beisammen: die Hirnaktivitätsmuster der Entscheidung für den linken bzw. den rechten Knopf (hier schematisch dargestellt), den Zeitpunkt des bewussten Entschlusses und die tatsächliche Ausführung der Handlung. Aus den Mustern der Hirnsignale im präfrontalen und parietalen Kortex konnten wir den Ausgang der Entscheidung bis zu sieben Sekunden früher vorhersagen, als die Person selber glaubte, sich entschieden zu haben. Die Trefferquote war mit um die 60 Prozent zwar niedrig, aber trotzdem überzufällig; die Signale lassen jedoch keine vollständige Vorhersage der Entscheidung zu.

mustern vorhersagen konnte, noch bevor die Person selber glaubte, sich entschieden zu haben. In der Trainingsphase lernte der Computeralgorithmus erst einmal das Muster, das auftritt, wenn der Proband kurz davor ist, sich für den linken oder den rechten Knopf zu entscheiden.

Unsere Resultate waren noch überraschender als die von Libet.[9] Die Entscheidung für die Handlung fiel zwar, wie erwartet, innerhalb der letzten halben Sekunde vor der eigentlichen Bewegung (siehe Abbildung 28), doch zeigte uns die Hirnaktivität schon viel früher als in den Libet-Versuchen an, wie sich der Proband gleich entscheiden würde. Wir wussten mithilfe des Computers bis zu sieben Sekunden eher als der Proband selbst, ob er den linken oder den rechten Knopf drücken würde. Das Gehirn muss also bereits Informationen über eine Entscheidung haben, die jemand erst sieben Sekunden später zu fällen glaubt.

Sieben Sekunden sind in diesen Zusammenhängen eine Ewigkeit. Diese enorme Zeitspanne kann nicht auf die Trägheit des MRT zurückgeführt werden. Im Gegenteil, wenn wir durch das MRT-Signal sieben Sekunden vor dem Probanden über seine anstehende Entscheidung informiert werden, dann müssen die Nervenzellen noch davor aktiv gewesen sein, weil das Kernspinsignal einige Sekunden braucht, bis es sich aufgebaut hat (siehe Kapitel 5). Insofern kommen wegen der Latenzzeit des MRT zu den sieben Sekunden sogar noch einige hinzu.

Das Ergebnis war derart überraschend, dass Zweifel angebracht schienen. Konnte das überhaupt stimmen? Im Alltag gelingt es uns doch immer sehr schnell, auf Situationen zu reagieren. Sind wir mit dem Fahrrad unterwegs und ein Taxi fährt plötzlich aus einer Parklücke auf den Radweg, reagieren wir sofort. Eine Verzögerung von sieben Sekunden würde uns schlecht bekommen. In der Studie handelte es sich allerdings nicht um eine reaktive Entscheidung auf ein äußeres Ereignis, sondern um eine selbst getaktete. Die Probanden fassten ihren Entschluss, wann immer ihnen danach war. Sie mussten sich nicht beeilen und nicht auf unmittelbare Reize reagieren. Deshalb bedeuten diese Ergebnisse auch nicht, dass man im Alltag bei reaktiven Entscheidungen immer mehrere Sekunden warten müsste, wenn etwa im Straßenverkehr ein anderes Auto gefährlich in die eigene Fahrspur einschert.

Vielleicht hilft das folgende Beispiel, um dies zu verdeutlichen: Stellen Sie sich vor, Sie sitzen im Restaurant und studieren die Speisekarte. Ein ungeduldiger Kellner steht vor ihnen und erwartet die Bestellung, weil die Küche gleich schließt. Dann müssen Sie schnell reagieren. Meistens aber können Sie in einem Restaurant in aller Ruhe entscheiden, ohne Zeitdruck. In solchen Situationen geht es um jene selbst getakteten Entscheidungen, bei denen eine lange Vorhersagezeit aus der Hirnaktivität möglich ist.

Eigentlich dürfte man sich gar nicht wundern, dass bestimmte Entscheidungen über große Zeiträume hinweg vorhergesagt werden können. Wenn man Sie jetzt fragen würde, ob Sie lieber Kaffee oder Tee trinken möchten, würden Sie sich vermutlich schnell entscheiden können. Wäre Ihnen diese Frage vor einem Jahr gestellt worden, hätten Sie vermutlich damals genauso entschieden, weil Sie eines der beiden Getränke einfach lieber mögen. Es ist also in bestimmten Fällen möglich, eine Entscheidung über viele Jahre hinweg vorherzusagen, vor allem, wenn sie Gewohnheiten widerspiegelt.

Aber wie ist es möglich, eine Handlung vorherzusagen, wenn die Person glaubt, sich noch gar nicht entschieden zu haben? Um sicherzugehen, dass wir nichts übersehen hatten, spielten wir eine Reihe alternativer Erklärungen für die Ergebnisse durch. Könnte es zum Beispiel sein, dass die Pro-

172

banden sich insgeheim sieben Sekunden vorher entschieden hatten und uns austricksten? Oder teilten sie uns ihre Entscheidung aus Bequemlichkeit erst verzögert mit? Diese beiden Möglichkeiten konnten wir weitgehend ausschließen. Nehmen wir einmal an, die Probanden hätten genau in dem Moment entschieden, als das von uns gemessene frühe Hirnsignal auftrat, dann aber sieben Sekunden gewartet, bis sie ihre Entscheidung mitteilten. Aus anderen Studien ist längst bekannt, dass motorische Hirnregionen sofort aktiv werden, wenn jemand sich für eine Bewegung entscheidet und nur darauf wartet, diese auch auszuführen. Nehmen wir den Schützen beim Elfmeter: Wenn er sich vor der Ausführung des Strafstoßes entscheidet, in die linke Ecke zu schießen, hat sich sein motorischer Kortex bereits auf die Details der Bewegung vorbereitet, bevor er zum Schuss antritt. Könnte der gegnerische Torwart während des Anlaufens zum Elfmeter die Hirnsignale im motorischen Kortex seines Kontrahenten sehen, wäre es ihm möglich, zu erkennen, wohin er gleich schießen würde. In unserem Experiment gab es aber keine Aktivität in den motorischen Hirnregionen. Das bedeutete, dass sich unsere Probanden tatsächlich noch nicht bewusst entschieden hatten, welchen Knopf sie gleich drücken würden, obwohl das Gehirn bereits zu einem gewissen Umfang über den Ausgang der Entscheidungen Informationen hatte.

KOMPLEXE UND RELEVANTE ENTSCHEIDUNGEN

Aber wie aussagekräftig ist der Befund, dass unsere Handlungen von nicht bewusster Hirnaktivität vorbereitet werden, noch bevor wir uns zu entscheiden glauben? Die Versuchsbedingungen unseres Experiments waren nicht sonderlich rea-

litätsnah, denn es ging lediglich um sehr einfache Entscheidungen. Deshalb führten wir das Experiment später noch
einmal in abgewandelter Form durch und fragten, ob der
zeitliche Vorlauf auch bei komplexeren Entscheidungen auftreten würde. Wir baten unsere Versuchsteilnehmer nun, sich
nicht zwischen zwei Knöpfen, sondern zwischen zwei Denk-
tätigkeiten, genauer gesagt, zwei Rechenarten, zu entscheiden. Damit hatten wir bereits bei der Untersuchung von Absichten Erfahrungen gesammelt. Die Probanden sollten sich
entscheiden, ob sie die beiden Zahlen, die auf dem Bildschirm
erschienen, addieren oder subtrahieren wollten. Ansonsten
war das Experiment dem anderen sehr ähnlich.

Die Ergebnisse glichen jenen unserer ersten Studie zum
Libet-Experiment. Wir sahen etwa vier Sekunden, bevor den
Probanden ihre Entscheidung bewusst wurde, dass sich das
Rechenmanöver im Gehirn anbahnte. Damit war klar: Vorbe-
reitungssignale gibt es nicht nur bei Bewegungen, sondern
auch bei komplexeren Entscheidungen.

Zugegeben, im Vergleich zu unseren lebenswirklichen
Entscheidungen ist die Wahl zwischen Addieren und Subtrahieren immer noch sehr simpel. Hier knüpft auch die Kritik
am Libet-Experiment an, die vor allem von einigen Philosophen geäußert wurde: Sagen diese Experimente überhaupt
etwas über unseren freien Willen aus, wenn es nur um im
Prinzip irrelevante Optionen geht, die kaum Bedeutung und
keinerlei Konsequenzen haben? Vielleicht sähe es ganz anders
aus, wenn wir Entscheidungen untersuchen würden, bei
denen es gute Gründe gibt, die eine oder andere Option zu
wählen? Geht es etwa darum, welche Musik wir hören, welche
Partei oder gar welchen Partner wir wählen, haben unsere
Gründe, Motive und Präferenzen eine wesentlich größere
Tragweite als bei der Entscheidung zwischen linkem und
rechtem Knopf.

174

Es ist natürlich schwer, eine zentrale Lebensentscheidung im Scanner zu untersuchen. Nehmen wir an, wir wollten wissen, was im Gehirn passiert, wenn ein Schulabsolvent über seine Berufswahl nachdenkt. Sich für einen Beruf zu entscheiden ist eine selbstgetaktete Entscheidung, die sich über mehrere Monate hinziehen kann. Deshalb ist es sehr unwahrscheinlich, dass die Person im Entscheidungsmoment zufällig bei uns im Scanner liegt. Außerdem werden solche Entscheidungen in der Regel nur einmal oder zumindest sehr selten gefällt. Es kommen also gar nicht genug Daten zusammen, um dem Computer erst einmal beizubringen, wie die Hirnaktivität bei den verschiedenen Entscheidungen aussieht.

Es gibt natürlich auch andere, weniger komplexe Situationen, in denen die Entscheidung mehr Relevanz für den Probanden hat als beim Libet-Experiment. Solche Prozesse werden im Forschungsgebiet »wertebasierter Entscheidungsfindung« untersucht. Auf diesem Feld hat sich in den letzten Jahren eine rege Forschungsaktivität entwickelt, wie sich im Kapitel über Neuromarketing zeigen wird. Bei Kaufentscheidungen kann aus der Hirnaktivität über eine Stunde vorher herausgelesen werden, für welches Auto sich jemand gerne entscheiden würde.

Es stellt sich aber noch eine ganz andere wichtige Frage: Sind Entscheidungen, bei denen wir gute Gründe haben, uns für eine Option zu entscheiden, wirklich die, die besonders frei sind, wie einige kompatibilistische Philosophen gern behaupten?[10] Darüber diskutierte ich auch wiederholt mit dem Philosophen Michael Pauen, der ebenfalls die Position vertrat, eine wirklich freie Entscheidung müsse auf der Basis von Gründen und Motiven zustande kommen. Ich konnte seine Auffassung nachvollziehen, blieb aber skeptisch, ob sich eine solche Entscheidung wirklich frei anfühlen würde. Schließlich einigten wir uns darauf, eine systematische Umfrage durchzuführen. Wir erfragten bei wissenschaftlichen Laien, welche Entscheidungen sie als besonders frei beschreiben würden. Wiederum zeigte sich ein überraschendes Ergebnis: Die meisten Menschen fühlten sich gerade bei solchen simplen Entscheidungen, um die es im Libet-Experiment ging, besonders frei.

In der Befragung sollten Probanden in Gedanken zwei Situationen bewerten (Abbildung 29). Hier ist die Instruktion des ersten Szenarios, etwas vereinfacht wiedergegeben:

Sie bekommen zwei Knöpfe und sollen einen davon drücken. Wenn Sie den linken Knopf drücken, passiert nichts, wenn Sie den rechten Knopf drücken, passiert auch nichts. Würden Sie sich in Ihrer Entscheidung frei fühlen?

Die zweite Instruktion war ähnlich, aber mit einem entscheidenden Unterschied:

Sie bekommen zwei Knöpfe und sollen einen davon drücken. Wenn Sie den linken Knopf drücken, passiert nichts, wenn Sie den rechten Knopf drücken, bekommen Sie eine Million Euro. Würden Sie sich in Ihrer Entscheidung frei fühlen?

Wie würde es Ihnen gehen? Die meisten Teilnehmer unserer Umfrage beurteilten die erste Entscheidung als frei. Beim zweiten Gedankenexperiment fühlten sie sich nicht frei. Im Gegenteil, sie hatten das Gefühl, dass sie die Million nehmen *müssen* und sich gegen den inneren Zwang, das Sinnvolle zu tun, nicht wehren zu können.[11] Paradoxerweise erlebten sie es als eine Einschränkung der Freiheit, wenn sie gute Gründe für ihre Entscheidung hatten.

176

Abb. 29: *Links:* Nehmen wir an, Sie kommen an eine Weggabelung und können den linken oder den rechten Weg wählen, ohne dass mehr für den einen oder den anderen sprechen würde. Fühlen Sie sich in so einer Situation frei, den linken oder rechten Weg zu nehmen, selbst wenn es keine Gründe für Ihre Entscheidung gibt und sie sich beliebig anfühlt? Bisweilen ist hier auch von einer »Freedom of Indifference« die Rede. *Rechts:* Jetzt befinden sich auf dem rechten Pfad eine Million Euro. Sie haben vermutlich starke Gründe, den rechten Weg zu nehmen. Aber fühlen Sie sich in dieser Entscheidung wirklich frei?

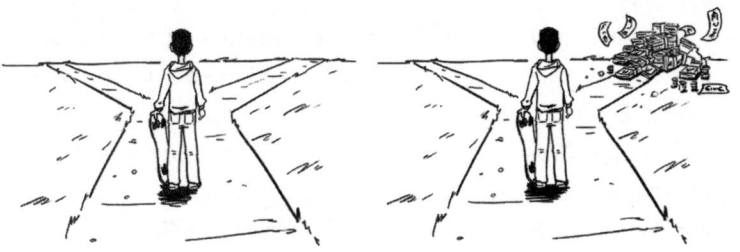

DER KAUSALTUNNEL

Es stellt sich noch eine ganze andere Frage: Wenn man eine Entscheidung aus der ihr vorangegangen Hirnaktivität vorhersagen kann, bedeutet dies dann, dass die Person gar nicht anders kann, als die entsprechende Handlung auch auszuführen? Schreiben diese frühen Hirnsignale den Probanden vor, wie sie sich zu verhalten haben? Hier lohnt es sich, noch einmal genau hinzusehen.

Unsere Experimente konnten die Entscheidungen zwar zu einem gewissen Grad vorhersagen, allerdings lag die Trefferquote nur bei etwa 60 Prozent. Könnte es sich also einfach um Zufallstreffer gehandelt haben? Wenn man zehnmal eine

Münze wirft und sie dabei sechsmal, also in 60 Prozent der Fälle, mit dem Kopf nach oben liegt, wäre das nicht sonderlich beeindruckend. Doch in unseren Experimenten sah es ein wenig anders aus, denn es gab nicht nur einen, sondern viele Hundert Durchgänge. Wenn bei 100 Würfen 60-mal Kopf erscheint oder bei 1000 Würfen 600-mal, kann es sich nicht mehr um eine zufällige Verteilung handeln. Trotzdem waren wir weit davon entfernt, die Entscheidungen perfekt vorherzusagen. Verbarg sich vielleicht in den restlichen 40 Prozent der freie Wille?

Diese Ungenauigkeiten könnten ebenso eine Folge der begrenzten Auflösung heutiger Messmethoden gewesen sein. Wenn das fMRT-Signal ohnehin nur ein sehr indirektes Maß für die neuronale Aktivität ist, könnte es sein, dass man die Entscheidungen viel besser vorhersagen könnte, wenn man wirklich alle Nervenzellen in der betreffenden Region direkt messen könnte.[12] Es könnte aber genauso sein, dass die Vorhersagemöglichkeit prinzipiell begrenzt ist, egal, wie genau man die Nervenzellen des Gehirns misst. In dem Fall ließen sich die frühen Signale vielleicht nur als Anschub deuten, der den Ausgang der Entscheidung ein wenig vorbahnt, aber nicht die endgültige Entscheidung fällt. Diese Interpretation hätte Ähnlichkeit mit der *Nudging*-Theorie des Nobelpreisträgers Richard Thaler, nach der schon kleine Änderungen in der Außenwelt genutzt werden können, um menschliche Entscheidungen zum Positiven zu beeinflussen. So essen Menschen beispielsweise weniger, wenn ihnen unbemerkt das Essen auf kleineren Tellern serviert wird. Die kleine Änderung von einem großen zu einem kleinen Teller kann dem Verhalten einen kleinen Schubs in die gewünschte Richtung geben.

Nun noch einmal zurück zum Beispiel der Attentäter vom 11. September 2001: Angenommen, man hätte das verräteri-

sche Hirnsignal für den Plan der Flugzeugentführung identifiziert. Wäre es dann wirklich vorherbestimmt gewesen,
dass die Terroristen eine Stunde später ihr Vorhaben in die
Tat umsetzen? Dazu ein Beispiel aus dem Science-Fiction-
Film *Minority Report*. Der Film beschreibt eine Zukunft, in
der hellseherisch begabte Menschen, sogenannte »Precogs«,
kommende Ereignisse im Traum vorhersagen können – insbesondere dann, wenn jemand ein Verbrechen begehen wird.
Die Hauptperson John Anderton, gespielt von Tom Cruise,
arbeitet bei einer Polizeitruppe, die bei den vorhergesagten
Verbrechen kurz vor der Ausführung eingreift und die Tat
vereitelt. In einem Fall sehen die Precogs voraus, dass ein
Ehemann seine Frau und ihren Liebhaber im Bett erwischt
und sie im Affekt töten wird. Sie greifen im letzten Moment
ein, als der Ehemann schon mit einer Schere ausgeholt hat,
um seine Frau zu erstechen. Er wird verhaftet und von der
»Vorverbrechensabteilung« der Polizei für den zukünftigen
Mord an seiner Frau angeklagt.

Aber was, wenn sich der Mann im letzten Moment doch
noch umentschieden hätte? Wenn er die Hand mit der Schere
heruntergenommen und die Handlung abgebrochen hätte?
Wäre so etwas kurz vor der Tat überhaupt noch möglich gewesen? Hier spielt die Genauigkeit die entscheidende Rolle.
Wenn wir das Verhalten wirklich hundertprozentig vorhersagen könnten, wäre dieser Ansatz zum Schutz der potenziellen Opfer sicherlich sehr geeignet. Was aber, wenn die
Vorhersage nur eine Genauigkeit von 90 (oder noch weniger)
Prozent hat? Ist ein Eingriff in die individuellen Freiheits-
rechte dann immer noch gerechtfertigt? Und kann man jemanden für eine Tat, von der man meinte, dass er sie begehen würde, die er aber dann doch nicht begangen hat,
überhaupt vorausschauend bestrafen? Dürfte man ihn überhaupt für etwas verantwortlich machen, das sich vorhersag-

179

bar, aber ohne den Einfluss seinen Willens ereignet? Wir kommen in Kapitel 19 noch einmal darauf zurück.

Es stellt sich also die zentrale Frage: Selbst wenn man Entscheidungen vorherzusagen in der Lage wäre – könnte es nicht sein, dass sie letztlich doch noch abgebrochen würden? Angenommen, man möchte die Ursache dafür ergründen, dass eine Frau namens Anna abends immer zu einer bestimmten Zeit im Schein ihrer Nachttischlampe in ihrem Bett einschläft. Man beobachtet sie und sieht, dass sie jeden Abend spät ins Bett geht und dann noch eine Stunde liest. Dazu muss sie die Nachttischlampe einschalten. Damit hätten wir alle Zutaten, die nach Kausalität aussehen. Immer wenn das Licht angeht, schläft Anna eine Stunde später ein. Wenn das Licht nicht angeht, ist Anna nicht da und schläft auch nicht in ihrem Bett ein. Wir hätten also eine nahezu perfekte Vorhersage. Und trotzdem ist das Anschalten des Lichtes nicht die Ursache für das Einschlafen. Anna könnte vermutlich auch ohne das Licht und ohne zu lesen einschlafen. Um eine Kausalität festzustellen, muss man also nicht nur den normalen Ablauf der Dinge beobachten, sondern auch den Zusammenhang zwischen den Ereignissen auf die Probe stellen. Man könnte etwa prüfen, ob man den scheinbar zwangsläufigen Zusammenhang zwischen Ursache und Wirkung irgendwie durchbrechen kann, etwa indem man sie bittet, einzuschlafen, ohne vorher das Licht angeschaltet zu haben.

Im Gehirn stellt sich eine ähnliche Frage: Wir sehen ein Hirnsignal, das Bereitschaftspotenzial, und kurz darauf fällt eine Entscheidung. Wie könnte man herausbekommen, ob dieser Zusammenhang wirklich zwangsläufig oder nur scheinbar ist? Welches Experiment gestattet es, zu testen, ob die Kausalkette zwischen den frühen Hirnsignalen und der anschließenden Entscheidung unumstößlich ist? Stellen Sie sich eine Reihe von Dominosteinen vor, die so aufgestellt sind, dass sie alle nacheinander umfallen, sobald der erste Stein umgestoßen wird. Der erste Stein wäre in dieser Analogie der Beginn der frühen Hirnsignale, die weiteren Dominosteine repräsentierten die einzelnen Schritte der Kausalkette hin zur Handlung. Fallen nun alle Dominosteine, einmal angestoßen, zwangsläufig um, oder gibt es die Möglichkeit, den Prozess noch anzuhalten? Bei Dominosteinen wäre es zum Beispiel möglich, in der Mitte einen Stein herauszunehmen, und die Kette wäre unterbrochen. Wie könnte ein Versuchsdesign dazu aussehen?

Einen Prozess, den man gar nicht mehr beeinflussen kann, wenn er einmal begonnen hat, nennt man »ballistisch«, in Anlehnung an das griechische Wort *Bállein* für »werfen, schleudern, schießen«. Die Flugbahn eines Pfeils und einer Kanonenkugel kann man nicht mehr beeinflussen, wenn sie einmal abgeschossen wurden. Wenn Sie mit einem Pfeil auf eine Zielscheibe schießen und plötzlich jemand in die Schussrichtung läuft, gibt es keine Möglichkeit mehr, den Pfeil anzuhalten, er befindet sich außerhalb Ihrer Kontrolle. Man könnte hier von einem Kausaltunnel sprechen. Sobald der Ablauf einmal losgetreten ist, gibt es keine Möglichkeit mehr, ihn aufzuhalten. Der Gegensatz hierzu sind Lenkflugkörper, die während des Fluges noch ihre Bahn anpassen können und so das Ziel zuverlässiger erreichen. Bei solcher Art von Geschossen kann man nach dem Start auch jederzeit noch verhindern, dass sie im Ziel einschlagen.

Zurück zum Beispiel des rachsüchtigen Ehemanns aus *Minority Report*: War seine Entscheidung zu der Tat eher ballistisch wie ein abgeschossener Pfeil? Lässt sich also die Handlung, einmal gestartet, nicht mehr anhalten? Oder lief sein Entscheidungsprozess eher wie bei einem Lenkflugkörper ab, in dessen Flugbahn man jederzeit noch eingreifen kann? Im Gehirn gibt es tatsächlich einige Prozesse ballistischen Charakters. Angenommen, Sie sitzen in einem vollen Restaurant und schauen Ihr Gegenüber intensiv an. Plötzlich tritt ein alter Freund an den Tisch, Sie wenden Ihren Blick von dem Gesprächspartner ab und sehen Ihren Freund an. Die Augenbewegungen, wenn der Blick von einem zu einem anderen Ort im Gesichtsfeld wandert, sind nahezu vollständig ballistisch. Sobald die Augenbewegung einmal gestartet wurde, kann man sie so gut wie nicht mehr korrigieren.

Legt also die frühe Hirnaktivität die anschließende Entscheidung endgültig und unumstößlich fest? Oder können die Probanden aus dem Kausaltunnel ausbrechen? Gemeinsam mit Matthias Schultze-Kraft und Daniel Birman entwickelte ich dazu am Bernstein Center ein Experiment, das testen sollte, ob Menschen eine einmal angestoßene Handlung abbrechen können und, wenn ja, bis zu welchem Zeitpunkt sie noch Kontrolle über ihr Verhalten haben.[13] In einem Computerspiel forderten wir die Probanden zu einem Wettkampf heraus, den wir »Gehirn-Duell« nannten. Pikanterweise sollte also die Frage der Willensfreiheit ausgerechnet im Duell Mensch gegen Maschine untersucht werden. Die Grundfrage war: Können Menschen ihre Handlung noch abbrechen, nachdem das Bereitschaftspotenzial im Gehirn einmal aktiv geworden ist? Bezogen auf die Analogie der Dominokette hieße das: Fallen wirklich alle Steine um, sobald man den ersten umgestoßen hat? Haben wir es also mit einem ballistischen Prozess zu tun? Oder können die Probanden durch ihr Eingreifen diesen Prozess noch anhalten?

Für den Versuch war es wichtig, zu erkennen, wann genau die unbewussten Vorläufer der Entscheidung im Gehirn ihre Aktivität begonnen hatten, damit die Versuchspersonen dann aufgefordert werden konnten, die bereits in Vorbereitung begriffene Handlung abzubrechen. Bei solchen Echtzeit-Experimenten ist es erforderlich, die Hirndaten der Probanden blitzschnell auszulesen – eigentlich bereits dann, wenn eine Entscheidung im Entstehen begriffen ist. Das bringt die Messtechnik und die Auswertungscomputer an die Grenzen des technisch Machbaren.

Der Versuch ähnelte ein wenig einem Duell aus dem legendären Wilden Westen. Ziel war es dort, zu feuern, bevor einen die Kugel des Gegners trifft. Da die Cowboys ihr Gegenüber nach geltendem Recht nicht einfach erschießen durften, versuchten sie, den Kontrahenten zu einer Bewegung zu veranlassen, um dann die eigene Pistole zu ziehen und sie gewissermaßen in Notwehr abzufeuern. Man selbst musste also möglichst unberechenbar bleiben, während man zugleich versuchte, das Tun seines Gegenübers vorherzusehen. Wir haben unsere Probanden in ähnlicher Weise herausgefordert, natürlich ohne Gefahr für Leib und Leben. Die Versuchspersonen saßen auf einem Stuhl und sahen entweder rotes oder grünes Licht. Gelang es ihnen, bei Grün auf einen Fußschalter zu treten, hatten sie gewonnen. War das Licht bereits wieder auf Rot gesprungen, verbuchte der Computer die Runde für sich.

Unter regulären Umständen dürfte es für die Probanden nicht schwierig sein, diese Aufgabe zu lösen. Aber unser Trick bestand darin, dass wir die sich anbahnende Bewegungsentscheidung im Hirn des Probanden per EEG in Echtzeit registrierten, um dann das Licht sofort auf Rot umzuschalten. Gerade in dem Moment, da die Person das Pedal treten wollte, sprang also das Licht plötzlich von Grün auf Rot. Die entscheidende Frage lautete nun: Konnten die Probanden ihre einmal begonnene Handlung noch abbrechen oder nicht? Das Ergebnis war faszinierend: Der Computer gewann zwar viele Duelle, aber ebenso oft gelang es den Probanden, die in ihrem Hirn bereits vorbereitete Handlung noch abzubrechen und sich umzuentscheiden.

Das Experiment bewies, dass es aus der Kausalkette, die mit dem Bereitschaftspotenzial beginnt, einen Ausweg gibt. Zwischen Bereitschaftspotenzial und Handlung besteht kein streng kausaler Zusammenhang, da nicht immer, wenn sich ein Bereitschaftspotenzial zeigt, die entsprechende Handlung auch ausgeführt wird. Im übertragenen Sinn ist also die Kettenreaktion der nacheinander umfallenden Dominosteine durch das Herausnehmen eines Steins aufzuhalten, und zwar bis zu dem sehr späten Zeitpunkt, wenn die entsprechenden Signale für die direkte Ausführung der Fußbewegung loslaufen. Das Fazit lautet: Das Bewusstsein kann sich umentscheiden und eine eingeleitete Handlung unter bestimmten Bedingungen noch abbrechen. Das klassische Libet-Experiment hat damit seine Relevanz für das Problem der Willensfreiheit verloren, denn es ist kein Beleg dafür, dass unsere Entscheidungen durch vorangehende Hirnprozesse kausal determiniert sind.

Allerdings sind unsere Experimente deswegen keineswegs dazu geeignet, dass wir doch noch zu Dualisten werden und die Kausalität der Hirnprozesse infrage stellen. Wir haben lediglich nachgewiesen, dass eine bewusste Entscheidung eine bestimmte Kausalkette anzuhalten vermag. Dieses »Veto« steht seinerseits nicht jenseits der Naturgesetzlichkeiten. Wenn der Handlungsvorgang abgebrochen wird, geschieht das, weil ein anderer Hirnprozess übernimmt. Man kann sich das wie eine Verfolgungsjagd vorstellen. Wenn die Ampel auf Rot umspringt, ist der Hirnprozess, der zum Treten des Schalters führt, bereits gezündet. Nun wird ein weiterer Hirnprozess gestartet, der die Bewegung des Fußes abbrechen soll. Insofern jagt dieser zweite neuronale Impuls dem ersten hinterher und versucht ihn einzuholen. Wenn er es schafft, führt der Proband die Handlung nicht aus; andernfalls wird er das Pedal auch bei Rot treten. Ab ca. 200 Millisekunden vor der Handlung ist der Point of no Return erreicht (siehe auch Kapitel 19). Wurde der erste Hirnprozess bis zu diesem Zeitpunkt nicht eingeholt, gibt es keine Chance mehr zum Abbruch der von ihm initiierten Handlung.

Was den Ehemann in *Minority Report* angeht, so wäre es wohl nicht gerechtfertigt, ihn des Mordes anzuklagen, nur weil er kurz vor der Durchführung seiner Tat mit einer klaren Absicht erwischt wurde. Vielleicht hätte auch er sich noch umentschieden. Ihm jedoch sicherheitshalber in die Parade zu fahren war sicherlich trotzdem eine gute Idee.

KAPITEL 15

DIESES GEHIRN LÜGT![1]

Vielleicht kann man in ferner Zukunft wirklich treffsicher kriminelle Absichten aus der Hirnaktivität vorhersagen und so Verbrechen verhindern. Wie deutlich geworden sein dürfte, befinden wir uns dabei aber zurzeit noch in der Grundlagenforschung. Andere Bereiche des Brain-Reading sind hingegen schon weiter fortgeschritten und werden heute bereits als Dienstleistungen angeboten. So gibt es Firmen, bei denen man – gegen angemessene Bezahlung – einen Lügendetektortest im Hirnscanner buchen kann, um etwa die eigene Unschuld zu beweisen. Auch werden Methoden des Brain-Reading verwendet, um Konsumprodukte so zu optimieren, dass sie unwiderstehliche Kaufimpulse beim Kunden auslösen sollen. Wieder andere Firmen entwickeln Techniken, mit deren Hilfe man per Gedankenkraft Computer steuern kann. Solche Geräte sind bereits heute käuflich zu erwerben und an die häusliche Spielkonsole anzuschließen. Aber halten diese Anwendungen wirklich, was sie versprechen?

Wir gehen davon aus, dass die Welt unserer Gedanken privat ist und niemand erfährt, woran wir gerade denken. Wir allein entscheiden darüber, welche unserer Gedanken wir mitteilen und welche (lieber) nicht. Das ist eine wichtige Grundlage für das Lügen. Wenn wir lügen, behalten wir unsere Gedanken für uns und führen darüber hinaus unser Gegenüber bewusst darüber in die Irre, was wir denken.

Allerdings haben nicht nur wir Menschen die zweifelhafte Kompetenz, zu lügen. Auch manche Tiere zeigen im harten

Überlebenskampf Verhaltensweisen, die denen des Lügens ähneln. Beutetiere stellen sich tot, um nicht gefressen zu werden, Schmetterlinge täuschen auf ihren Flügeln große Augen vor, um sich vor Raupen zu schützen, und fleischfressende Pflanzen locken mit Tautropfen, die dem Getäuschten rasch zum klebrigen Verhängnis werden.

Menschen haben in der Regel ein gespaltenes Verhältnis zur Lüge. Einerseits hält man Lügen von Partnern, Freunden oder Politikern für verwerflich. Man glaubt auch, sie könnten im Extremfall den sozialen Frieden bedrohen. Andererseits erscheinen uns in vielen Situationen Lügen geradezu ethisch erforderlich. Wenn eine Freundin fragt, wie ihr neues Paisley-Kleid aussieht, greift man – wenn nötig – rasch zu einer Notlüge und lobt ihr neues Kleidungsstück, um sie nicht traurig zu machen. In seinem Buch mit dem bezeichnenden Titel *Anleitung zum Unglücklichsein* erzählt der österreichisch-amerikanische Kommunikationswissenschaftler und Psychotherapeut Paul Watzlawick von einem jungen Paar. Als nach den Flitterwochen der Alltag begann, wollte die Ehefrau ihrem Mann eine Freude machen und besorgte ihm eine Packung Cornflakes. Er hasste Cornflakes, zwang sich aber ein Lächeln ab, um seine Frau nicht zu verletzen, und aß sie. Am nächsten Morgen wollte er seiner Frau die Aversion gegen Cornflakes beichten, doch da stand bereits eine Portion auf dem Tisch, die sie liebevoll zubereitet hatte. Nun nahm sich der Mann vor, seiner Frau die Wahrheit zu sagen, sobald die Packung leer wäre. Allerdings sorgte die Frau vor und kaufte eine Woche, bevor die Cornflakes zur Neige gingen, Nachschub. Als der Mann auch diese Packung aufgegessen hatte, war es zu spät, die Ehefrau über seine wahren Gefühle im Hinblick auf Cornflakes aufzuklären, denn dann hätte sie sich nicht ernst genommen gefühlt und ihn zu Recht gefragt, warum er ihr nicht gleich gesagt habe, dass er

Cornflakes nicht mochte. Also aß der Mann sein gesamtes Eheleben lang zum Frühstück die ungeliebten Cornflakes. Diese Episode zeigt, wie viel Ungemach bereits eine harmlose Notlüge mit sich bringen kann. Mit der Wahrheit wäre der Ehemann besser gefahren.

Offensichtlich macht es auch einen Unterschied, ob man einfach nur nicht die Wahrheit sagt oder ob man lügt. So bezieht beispielsweise die Ironie ihren Witz aus der Tatsache, dass die Unwahrheit behauptet wird. Aber einen Ironiker wird man deswegen kaum als Lügner bezeichnen. Es muss also noch etwas hinzukommen, nämlich eine bewusste, um nicht zu sagen vorsätzliche Täuschungsabsicht. Doch auch diese Definition scheint nicht vollständig zu sein, da dann der Ehemann in Watzlawicks Geschichte auch ein Lügner wäre, da er ja seine Frau bewusst über seine Cornflakes-Aversion im Unklaren ließ. Es fehlt hier noch eine entscheidende Dimension: Von einer moralisch verwerflichen Lüge kann man erst sprechen, wenn mit der Täuschung ein eigener Vorteil verbunden ist. Somit wäre der Ehemann ganz sicher kein Lügner im engeren Sinne und auch die sozial häufig praktizierten Notlügen müsste man nicht als moralisch verwerflich einstufen.

Im Englischen gibt es denn auch den Unterschied zwischen den »white lies« und den »black lies«. Die weißen Lügen benutzt man, um das Gegenüber zu schonen, die schwarzen, um es zu täuschen und einen eigenen Vorteil daraus zu ziehen. Im Film *Good Bye, Lenin!* inszeniert Alexander, ein ostdeutscher Jugendlicher, für seine todkranke regimetreue Mutter eine Scheinwelt. Er hält die Wende 1989 und das damit verbundene Ende der DDR vor ihr geheim, um sie zu schonen. Niemand würde dieses Lügengebäude als moralisch problematisch ansehen, sondern eher für einen großen Liebesbeweis halten. Solche »frommen Lügen« halten wir nicht für fragwürdig, im Gegenteil, die Gefühle eines Mitmenschen zu verletzen wäre viel problematischer.

In diesem Zusammenhang mag es radikal erscheinen, dass sich eine ganze Bewegung dem Verzicht auf die Lüge verschrieben hat. Sie nennt sich denn auch »radikale Ehrlichkeit« (*Radical honesty*[2]). Ihr oberstes Ziel besteht darin, immer die Wahrheit zu sagen und dabei keine Rücksicht auf die Gefühle der Mitmenschen zu nehmen.

Eine Welt, in der man die anderen nicht mehr mit kleinen Notlügen schonen darf, scheint vielleicht auf den ersten Blick grausam. Aber was, wenn eines Tages das Brain-Reading die Gedanken ohnehin transparent macht? Dann spätestens wäre es vorbei mit den kleinen und großen Unwahrheiten, liegt es doch in der Natur der Lüge, dass sie nur funktioniert, solange die privaten Gedanken für das Gegenüber nicht sichtbar sind. Wie würde sich der Alltag mit einer Maschine verändern, die in der Lage wäre, aus der Hirnaktivität abzulesen, wenn man lügt? Eine rote Lampe auf der Stirn würde aufleuchten, sobald man nicht aufrichtig ist. »Dein Kleid sieht super aus!« – bling, die rote Lampe geht an und die Notlüge ist entlarvt. Auch vor Gericht würde ein perfekter Lügendetektor einiges verändern. Menschen können nämlich sehr schlecht erkennen, wann sie angelogen werden. Dies gilt leider sogar für Profis, wie etwa für Psychologen, Polizisten und Richter. Mit einem perfekten Lügendetektor hätte man vor Gericht ein Problem weniger bei dem Versuch, der Gerechtigkeit zum Sieg zu verhelfen.

In der Menschheitsgeschichte wurde einiges an Aufwand betrieben, um »black lies« zu identifizieren. Den frühesten Lügendetektor soll es im alten China gegeben haben. Dort mussten Verdächtige beim Verhör ein Reiskorn unter die Zunge legen. Blieb es trocken, galt die Lüge des Delinquenten als erwiesen. Denn Lügen, so die damalige »Theorie«, trocknen den Mund aus.

Im 20. Jahrhundert bekamen Lügendetektoren schließlich einen wissenschaftlichen Hintergrund. Unter anderem auf Anregung des Psychoanalytikers C. G. Jung wurde ein Gerät entwickelt, das verschiedene Körperaktivitäten zu messen erlaubte, von deren Änderung man sich Aufschluss über das Niveau der inneren Erregung erhoffte. Atemrate, Pulsfrequenz und die elektrische Leitfähigkeit der Haut konnten parallel aufgezeichnet werden, weswegen sich der Name *Polygraf* (Vielfachschreiber) einbürgerte. Alle Werte zusammen ergaben dann eine Art Index für die Nervosität einer Person. Das ist gut nachvollziehbar, denn Atmung und Herz gehen schneller bei Erregung, und wenn man zu schwitzen beginnt, nimmt der Hautwiderstand ab.

Als ich nach der Geburt unseres ersten Sohnes in der Spielwarenabteilung eines großen Kaufhauses unterwegs war, stieß ich auf ein Lügendetektor-Set für Kinder. Ich kaufte es. Als kurz darauf meine Mitarbeiter vom Bernstein Center zu einer kleinen Party zu mir nach Hause kamen, holte ich den Lügendetektor hervor. Alle waren begierig, ihn auszuprobieren. Man musste lediglich zwei Finger der rechten Hand in Schlaufen stecken, und schon erklang ein Ton. Je geringer der Hautwiderstand wurde – etwa wenn man ins Schwitzen kam –, desto höher war die Tonfrequenz. Wir spielten eine Weile damit herum, und es schien für ein Spielzeug erstaunlich gut zu funktionieren. Sobald man ein Thema anschnitt, das dem Befragten auch nur ein wenig peinlich war (»Hast du heute frische Socken angezogen?«), ging der Ton in die Höhe. Dieser Effekt verstärkte sich noch, wenn der Betreffende sich ertappt fühlte.

Rasch führte mir dieses eigentlich harmlose Spielzeug die ethische Dimension eines solchen Lügendetektors vor Augen. Denn sofort etabliert sich ein Machtgefälle. Wird das geheime Kämmerlein der Gedanken auch nur dem Anschein nach

Abb. 30: Ein Polygraf ist ein Gerät zur Messung mehrerer Körperfunktionen, die Auskunft über den Erregungsgrad einer Person geben. So werden unter anderem Hautwiderstand als Maß der Schweißdrüsenaktivität, Blutdruck, Atemfrequenz und Herzschlagrate gemessen.

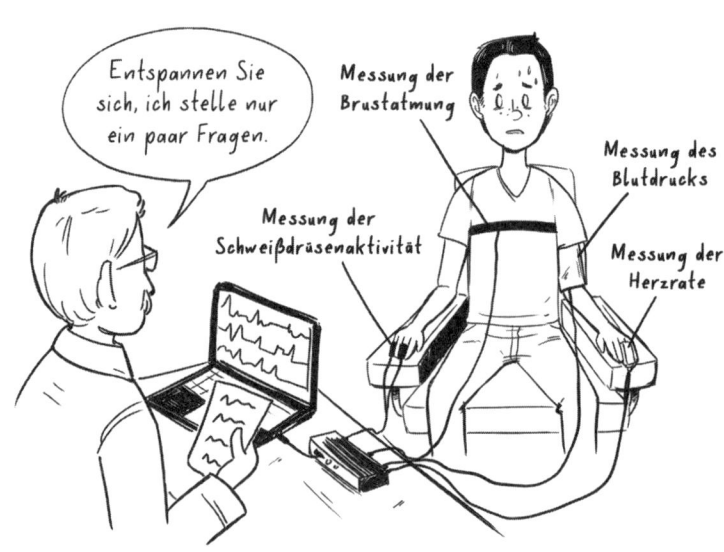

öffentlich, besteht immer die Gefahr von Bloßstellung und Beschämung. Als mir das klar wurde, beendete ich den Partygag – trotz vereinzelter Proteste der Umsitzenden.

Der Erregungspegel ist sicherlich von Mensch zu Mensch und von Situation zu Situation unterschiedlich. Daher braucht man für den professionellen Gebrauch von Lügendetektoren bei der Aufklärung von Straftaten Kriterien, um beurteilen zu können, welche Intensität der gemessenen Erregung für eine Lüge spricht. Dafür erarbeitete man drei Arten von Fragen, die während eines Tests immer wieder gestellt werden. Zum einen sind das unverfängliche und leicht zu beantwortende

Fragen wie »Scheint heute die Sonne?«. Dann gibt es die sogenannten Kontrollfragen, die emotional belastender und schon etwas kniffliger zu beantworten sind, aber noch nichts mit der eigentlichen Tat zu tun haben. Ein Beispiel dafür wäre: »Sind Sie schon einmal unter Alkoholeinfluss Auto gefahren?«. Bei der dritten Art von Fragen geht es dann um das Verbrechen selbst: »Haben Sie den Mord begangen?«. Wenn der Polygraf bei der Antwort auf diese Frage eine höhere Erregung misst als bei den Kontrollfragen zuvor, geht man davon aus, dass der Verdächtige gelogen hat.

Doch genügt das, um jemanden einer Tat zu überführen? Dafür müsste diese Methode eine Trefferquote von 100 Prozent erzielen. Dem ist jedoch nicht so, da man mit geeigneten Tricks den Polygrafen überlisten kann. Der Täter weiß oft, auf welche Fragen es ankommt und auf welche nicht. Wenn es ihm nun gelingt, die eigene Erregung bei den unverfänglichen Fragen zu steigern, fällt der Unterschied zu den eigentlich relevanten Fragen kaum mehr auf. Sollten Sie einmal in die Verlegenheit kommen, hier ein Tipp: Der Erregungspegel geht hoch, wenn man die Zehen anspannt wie ein Vogel, der sich mit seinen Krallen auf einer Stange sitzend festhält.

Doch auch ohne Täuschungsabsicht können die Ergebnisse des Lügendetektors falsch sein. Angenommen, jemand wird eines Verbrechens verdächtigt, ist aber unschuldig. Bei einem Test mit dem Lügendetektor ahnt oder weiß der Verdächtige, auf welche Fragen es ankommt. Wäre es da nicht nur zu verständlich, wenn bei den relevanten Fragen seine innere Anspannung steigt (Abbildung 30)? Denn es droht unter Umständen eine mehrjährige Gefängnisstrafe. Der Versuch, die ansteigende Erregung zu unterdrücken, könnte möglicherweise genau das Gegenteil hervorrufen. Ein folgenschwerer Justizirrtum wäre programmiert, wenn sich das Gericht auf solche Ergebnisse des Lügendetektors verlassen würde.

Um das zu verhindern, wird gern mit sogenanntem Tatwissen gearbeitet. Denn nur der Täter weiß über bestimmte Details des Verbrechens Bescheid und wird bei deren Nennung nervös. Angenommen, bei der Tat kam ein Messer mit einem grünen Griff zum Einsatz, die Behörden haben jedoch aus ermittlungstaktischen Gründen dieses Detail bisher geheim gehalten. Sieht der Täter beim Lügendetektortest nun das grüne Messer, dann erkennt er es wieder und reagiert nervös. Ein Unschuldiger hingegen würde auf das grüne Messer nicht anders reagieren als auf ein blaues, rotes oder gelbes.

Das klingt überzeugend, aber auch hier sind dem Verfahren Grenzen gesetzt. Bei Menschen etwa, die an einer antisozialen Persönlichkeitsstörung leiden (auch Psychopathie genannt), ist eine allgemeine Verflachung der Gefühlswelt zu beobachten – die Emotionen schlagen bei ihnen nicht so stark aus wie bei anderen. Täter aus dieser Personengruppe könnten kaum durch einen Lügendetektortest enttarnt werden.

Sich auf die körperliche Erregung als verräterisches Kriterium zu verlassen, hat also seine Tücken. Dieses indirekte Verfahren wird von den meisten Gerichten daher auch nicht als Beweismittel anerkannt. In Deutschland ist der Lügendetektor weder im Strafverfahren noch in der Ermittlungsphase zugelassen. In einigen wenigen Fällen konnten sich Angeklagte jedoch durch einen freiwilligen Lügendetektortest vom Tatvorwurf entlasten.

Der Polygraf misst die körperlichen Begleiterscheinungen der Nervosität und ist deshalb sehr fehleranfällig. Warum also nicht direkt bei dem Organ nachschauen, das die Lüge produziert, also beim menschlichen Gehirn? Die gedanklichen Prozesse, die am Lügen beteiligt sind, müssten sich doch in der Hirnaktivität wiederfinden lassen – zumindest prinzipiell. Um zu lügen, sind mindestens zwei komplementäre kognitive Vorgänge vonnöten: Zum einen muss die Wahrheit unterdrückt und zum anderen eine Pseudowahrheit erfunden werden. Solche Prozesse sollten sich anhand ihrer Hirnmuster erkennen lassen.

Man weiß bereits, dass Patienten mit bestimmten Hirntumoren, zum Beispiel im Mandelkern, beim Lügen in Ohnmacht fallen. Veränderungen im Gehirn können also unsere Fähigkeit, die Unwahrheit zu sagen, verschlechtern. Im Gegenzug gibt es auch Belege, dass Hirnstimulation (des präfrontalen Kortex) die Fähigkeit gesunder Probanden, überzeugend zu lügen, verbessern kann. Beides weist deutlich auf Hirnmechanismen der Lüge hin.

Einen ersten Schritt zur Untersuchung von Lügen mit den Mitteln des Brain-Reading unternahm eine Gruppe um Daniel Langleben und Christos Davatzikos von der Universität Pennsylvania.[3] Die Forscher präsentierten ihren Probanden Spielkarten. Bei bestimmten Karten sollten sie lügen. Wenn etwa eine Kreuz Acht gezeigt wurde, mussten die Probanden auf die Frage, ob sie diese Karte gerade gesehen hatten, mit Nein antworten, bei der Pik Sieben mit Ja, egal, ob das der Wahrheit entsprach oder nicht. Zugleich wurde die neuronale Aktivität per MRT gemessen und ein Computer auf die verschiedenen Muster trainiert, die auftraten, wenn die Probanden gelogen oder die Wahrheit gesagt hatten.

Die Trefferquote in dieser Studie lag mit 99 Prozent extrem hoch. Allerdings handelte es sich hier auch um Grundlagenforschung. Davatzikos, Langleben und ihr Team konnten damit zwar nachweisen, dass es prinzipiell möglich ist, Lügen in der Hirnaktivität zu identifizieren, doch die Art und Weise der im Labor untersuchten Lügen hat nichts oder nur sehr wenig mit realen Situationen zu tun. So kann man die Bedeutung der Konsequenzen für die Probanden einer Studie nicht einmal ansatzweise mit denen für einen Straftäter

Abb. 31: Die Hirnaktivitätsmuster für Lügen/Wahrheit. Probanden werden Karten gezeigt und sie werden gebeten, zu lügen oder die Wahrheit zu sagen. Im Hirnscan sieht man ein spezielles Hirnaktivitätsmuster, wenn der Proband lügt.

vergleichen. Die Probanden konnten 20 US-Dollar gewinnen, wenn es ihnen gelang, ihre Spielkarte durch Lüge geheim zu halten. Zu verlieren hatten sie nichts. In einem tatsächlichen Ermittlungsverfahren geht es um wesentlich mehr, eventuell um eine mehrjährige Gefängnisstrafe. Dementsprechend ist die emotionale Bewegtheit im Labor wesentlich geringer, als wenn man eine schwerwiegende Tat begangen hat und sich die Schlinge gewissermaßen schon um den Hals zusammenzieht. Insofern stellen diese Laborexperimente nur einen ersten Schritt dar, und es ist noch ein weiter Weg, bis solche Verfahren in Anwendungsfällen zuverlässig funktionieren.

Was man bräuchte, um die Brücke von der Grundlagenforschung zur Anwendung zu schlagen, wären reale Daten.

196

Wir müssten Menschen untersuchen können, gegen die wegen einer juristisch schwerwiegenden Straftat ermittelt wird – und zwar in genau jener Situation, in der das Urteil noch nicht gefällt ist und es keine Tendenz gibt, wie das Verfahren ausgehen wird. In dieser Phase müsste man Hirnaktivitätsmuster erheben, die sich bei verschiedenen relevanten Fragen zur Tat zeigen. Wenn sich am Ende des Prozesses die Schuld oder die Unschuld des Verdächtigen zweifelsfrei herausstellt, hätte man die idealen Trainingsdaten für einen hirnbasierten Lügendetektor. Dann könnte man mit realen Daten von einer repräsentativen Stichprobe arbeiten, weil dann tatsächlich genau jene Bevölkerungsgruppe untersucht worden wäre, die den Hang zu normabweichendem Verhalten statistisch wesentlich besser repräsentiert, als das in Laboruntersuchungen mit den weißen gebildeten *weird people* jemals der Fall sein kann. Die ganz überwiegende Mehrheit von ihnen wird sich in Bildungsgrad, sozialem Herkunftsmilieu und gesetzestreuem Verhalten erheblich von realen Straftätern unterscheiden. In den USA sorgt allein die Hautfarbe für eklatante Unterschiede. Pro 100 000 Schwarze sitzen 1500 im Gefängnis, während es von 100 000 Weißen nur ca. 270 sind. Dabei spielt eine große Rolle, dass Straftaten von Schwarzen eher verfolgt und schwerer geahndet werden. Würde man einem Computer also nun antrainieren, anhand der Hautfarbe vorherzusagen, ob jemand ein Verbrechen begehen wird, würde er ungerechterweise zu der Einschätzung kommen, bei einem Schwarzen sei die Wahrscheinlichkeit höher. Man sieht an diesem Beispiel: Wir müssen sehr darauf achten, dass eine Prädiktion wirklich fair ist.

Eigentlich müsste man für die Erarbeitung der Grundlagen eines Lügendetektors, der die neuronalen Erregungsmuster als Kriterien nimmt, den geläufigen Weg der Forschung umkehren. In diesem Fall dürfte man nicht – wie ansonsten gängige wissenschaftliche Praxis – die reale Situation idealtypisch für die Bedingungen im Labor übersetzen, sondern müsste umgekehrt den Hirnscanner genau dort zur Anwendung bringen, wo Strafverfolgung und Straftäter aufeinandertreffen. Das ist allerdings schwierig, nicht zuletzt wegen des unhandlichen Untersuchungsinstruments. Aber der Neurowissenschaftler Kent Kiehl von der University of New Mexico in den USA hat sich darauf spezialisiert, genau dies möglich zu machen. Er ließ einen MRT in einen Lastwagen einbauen und fährt damit zu den Gefängnissen, um direkt vor Ort Untersuchungen durchzuführen. Sein eigentliches Forschungsthema ist die Hirnaktivität bei Psychopathie, aber es gibt keinen technischen Grund, weshalb sein mobiler Hirnscanner nicht auch als Lügendetektor zum Einsatz kommen könnte. In Deutschland wären dafür jedoch gewaltige Hürden zu überwinden. Denn vorher müssten diverse Seiten zustimmen, so etwa die Ethikkommission, der Justizvollzug und natürlich zuallererst die Betroffenen selbst. Denn aus ethischen Gründen darf prinzipiell keine Forschung ohne Einwilligung des Probanden stattfinden – davon sind Gefängnisinsassen selbstverständlich nicht ausgenommen.

TAT(ORT)-
WISSENSTEST

Ist Lügendetektion als Methode überhaupt der richtige Ansatz für die Wahrheitsfindung? Der Vorteil eines Lügendetektors besteht darin, dass er alle denkbaren Fragen in denselben Code aus »Ja« und »Nein« übersetzt. Wir müssen also nicht erst ein eigenes Gerät bauen, um festzustellen, ob jemand am Tatort war, und ein weiteres, um festzustellen, ob jemand unter Alkoholeinfluss Auto gefahren ist. Die ganze Komplexität der Welt lässt sich auf einfache Ja-Nein-Fragen herunterbrechen.

In diesem Vorteil liegt jedoch zugleich der Nachteil. Denn es geht bei Kriminalfällen nicht primär darum, herauszufinden, ob eine Person die Wahrheit sagt oder nicht, denn Wahrheit und Lüge hängen ja auch von der subjektiven Perspektive des Probanden ab. So könnte sich ein Proband, etwa aufgrund eines Hirntraumas, das einen Gedächtnisverlust auslöst, durchaus täuschen und nur glauben, dass er lügt, obwohl er in Wirklichkeit die Wahrheit sagt. Vor allem will man erfahren, was tatsächlich passiert ist. Es wäre also in jedem Fall zielführender, aus der Hirnaktivität direkt den Tatvorgang in Erfahrung zu bringen. Das sollte im Prinzip auch möglich sein. Dazu müsste man an die entsprechenden Informationen im Gehirn herankommen, die einem eine objektive Aussage über das Geschehene unabhängig vom Erregungsniveau oder von dem Täuschungswillen des Beschuldigten erlauben würden. Im Idealfall könnte man durch eine geschickte Analyse der Hirnmuster die Erinnerung an die Tat direkt auslesen und erfahren, was sich wirklich abgespielt hat. Könnte man so möglicherweise auch an Wissen herankommen, das sogar dem Delinquenten selbst verborgen ist? Etwa wenn er sich selbst über den Hergang belügt oder wenn er bestimmte Details vergessen oder verdrängt hat?

Das Brain-Reading könnte hier einen ganz neuen Horizont aufspannen. Wie wäre es, wenn man dem Verdächtigen einfach nur Filmsequenzen vom Tatort vorspielen müsste und an seiner Hirnreaktion sehen könnte, ob er dort gewesen ist oder nicht? Dann hätte man ein Indiz für sein Vergehen. Wenn man an das Beispiel der Attentäter vom 11. September 2001 zurückdenkt, wäre es vorstellbar, ihnen Bilder von terroristischen Trainingscamps zu zeigen. Wenn sie dort eine Ausbildung absolviert hätten, könnte man das aus ihrer neuronalen Aktivität auslesen, indem man feststellt, dass deren Gehirn diese Bilder wiedererkennt.

Wir haben in der Tat Experimente durchgeführt, um zu untersuchen, ob man das Wiedererkennen eines Ortes aus der Hirnaktivität auslesen kann. Zuerst wählten wir acht vom Bernstein Center aus gut erreichbare Orte auf dem Campus der Berliner Charité, darunter verschiedene Labore und Büros mit markanten Details. Die Hälfte dieser Orte konnten die Probanden aufsuchen und sich umsehen, die anderen nicht. Im Scanner zeigten wir den Versuchsteilnehmern dann Aufnahmen aller acht Lokalitäten und untersuchten, ob wir mithilfe der Brain-Reading-Methoden erkennen konnten, an welchen Orten sie gewesen waren und an welchen nicht. Die Probanden mussten bei diesen Versuchen weder lügen noch die Wahrheit sagen. Sie brauchten sich überhaupt nicht zu äußern, sondern sich nur in die MRT-Röhre zu legen und die Aufnahmen der jeweiligen Orte anzuschauen, während wir ihr Hirnaktivitätsmuster aufzeichneten. Die Trefferquote lag bei knapp 70 Prozent. Das ist genug, um einen prinzipiell gangbaren Weg aufzuzeigen, aber viel zu wenig, um in der Praxis Anwendung zu finden.

Bei diesem Versuch gab es übrigens ungeahnte Komplikationen. In der Pilotphase hatten wir noch vorgehabt, das Experiment in Privatwohnungen der beteiligten Wissenschaftler stattfinden zu lassen. Die Probanden sollten in einige dieser Wohnungen geführt und dann darauf getestet werden, ob man aus der Hirnaktivität erkennen konnte, in welcher Wohnung sie gewesen waren. Dafür sollten alle Mitarbeiter Fotos und Videosequenzen ihrer eigenen Wohnung mitbringen. Es stellte sich aber heraus, dass viele bereits große Probleme hatten, ihre eigenen vier Wände zweifelfrei zu identifizieren. Denn die hippen Berliner Altbauwohnungen sahen sich alle sehr ähnlich: Holzboden, Stuckdecke, gespachtelte Wände und sogar die Bücherregale eines bekannten skandinavischen Möbelhauses machten sie leicht verwechselbar. Könnte man nicht auch einen Tatort im wirklichen Leben verwechseln, wenn er einem anderen Ort ähnlich ist? Der Lügendetektor wie auch der Tatwissenstest bleiben also wohl auf absehbare Zeit eine Labordemonstration.

KAPITEL 16

NEUROMARKETING:
DES KAISERS NEUE KLEIDER

Wenn man mithilfe von Hirnscannern tatsächlich Gedanken auslesen könnte, wäre es dann nicht auch möglich, damit reich zu werden? Man könnte Bluffs beim Pokerspielen entlarven, die Geheimzahl einer Scheckkarte auslesen oder das zukünftige Verhalten eines Aktienhändlers vorhersagen. Das sind natürlich alles keine reellen Einsatzgebiete, denn in der Regel hat man beim Pokern oder am Aktienmarkt keinen tonnenschweren Hirnscanner dabei. Aber es gibt in der Tat eine Anwendung des Brain-Reading, bei der man eine Goldgräberstimmung beobachten konnte. Bereits in den frühen 2000er-Jahren kamen einige Forscher auf die Idee, Konsumprodukte mithilfe von Hirnscannern so zu optimieren, dass ein potenzieller Käufer gar nicht anders kann, als zuzugreifen. Das sogenannte Neuromarketing war geboren.

Unter diesem schicken Label tummeln sich sehr verschiedene Verfahren. Viele davon haben mit Neuronen und Gehirnen erstaunlich wenig zu tun. Man könnte den Eindruck gewinnen, manche Anbieter seien nur auf den trendigen Neurozug aufgesprungen, um vor allem sich selbst besser zu vermarkten. Wenn Sie auf die Webseite eines x-beliebigen Neuromarketing-Anbieters gehen, werden Sie beispielsweise Angebote zur Messung von Augenbewegungen finden. Diese Methode dient dazu, festzustellen, worauf Kunden beim Anschauen von Werbebroschüren oder Webseiten achten. Zu wissen, wo ein potenzieller Kunde hinsieht, kann sicher sehr hilfreich sein. Denn wenn man für ein bestimmtes Produkt versucht, Aufmerksamkeit zu wecken – etwa mit niedlichen Erdmännchen –, der Kunde dann aber das Produkt selbst gar nicht anschaut, dann verfehlt die Werbung den gewünschten Effekt. Aber ist das wirklich Neuromarketing? Natürlich brauchen wir unsere Nervenzellen, um die Augen zu bewegen, aber Augenbewegungen sind keine Hirnprozesse, und deshalb sollte man ihre Messung auch nicht als Neuromarketing bezeichnen. Das Gehirn bleibt in diesem Fall eine Blackbox.

Auch in einschlägigen Büchern zum Neuromarketing findet man allerlei Ansätze und Theorien, die sich eher allgemein auf das menschliche Verhalten beziehen, aber kaum etwas über das Gehirn aussagen. Es wird viel über unterschwellige Wahrnehmung, Gefühle, Belohnungen oder Gewohnheiten geschrieben. Das sind wichtige Faktoren, die beim Kauf von Produkten eine Rolle spielen, aber in den seltensten Fällen arbeitet das »Neuromarketing« hier mit konkreten Messungen der Hirnaktivität. Eher werden altbekannte psychologische Theorien unter dem Deckmantel einer Theorie des Gehirns neu verpackt.

Unter dem Label findet man auch Versuche, Kunden anhand allgemeiner neurowissenschaftlicher Theorien in Typen einzuordnen und jeweils mit spezifischer Werbung anzusprechen. Dieser Ansatz wird im deutschsprachigen Raum oft verwirrenderweise synonym für Neuromarketing verwendet. Dabei hat er mit den konkreten Hirnprozessen von Kunden kaum etwas zu tun. Zu solchen Neurotypen gehören (nach einem in der Praxis verbreiteten Ansatz) der Harmoniser, der sich an Familienwerten orientiert; der Hedonist, der vor allem auf die Erfüllung seiner eigenen Bedürfnisse schaut; oder der Abenteurer, der risikofreudig ist und eine geringe Impulskontrolle hat.[1] Sicher, Menschen unterscheiden sich in ihrer Persönlichkeit, allerdings sind solche Neurotypen mit wissenschaftlichen Daten, nicht immer überzeugend unterfüttert und ihre Verbindung zu Hirnprozessen ist kaum belegt. Um den Neurotypus eines potenziellen Kunden zu messen, verwendet man denn auch nicht die Hirnaktivität, sondern einfache Fragebögen. Konventionelle Marketingpsychologie kommt also oft im schillernden Gewand der Hirnforschung daher.

Unter Neuromarketing im eigentlichen Sinne versteht man zwei verschiedene Ansätze: zum einen wissenschaftliche Forschung zu den grundlegenden Hirnmechanismen bei Kaufentscheidungen, wie sie vielfach in der sogenannten Neuroökonomie durchgeführt wird. Solche Experimente finden in der Regel mit Hirnscannern statt und haben zu vielen wichtigen Erkenntnissen über Kaufentscheidungen geführt. Diese sind allerdings eher allgemeiner Natur und nicht direkt auf die Vermarktung konkreter Produkte übertragbar. Diesem Anspruch kommt der zweite Ansatz von Neuromarketing schon näher, bei dem Hirnantworten potenzieller Kunden auf konkrete Produkte gemessen werden, um die Produktgestaltung oder die begleitende Werbung zu verbessern.

Aber wie funktioniert das genau? Schon früh hatten Neuromarketer[2] eine so simple wie bestechende Idee: Irgendwo im Gehirn müsse es eine Art »Kaufknopf« geben, der darüber entscheide, ob ein Kunde zugreift oder nicht. Wenn man ein Produkt so optimieren könnte, dass es diesen Kaufknopf optimal stimuliere, werde der Kunde ein geradezu unwiderstehliches Verlangen danach verspüren und es kaufen. Der Kaufknopf müsse in enger Beziehung mit dem sogenannten Belohnungssystem des menschlichen Gehirns stehen, und wenn man es schaffe, mit einem Produkt ein Glücksgefühl in Aussicht zu stellen, sei reißender Absatz garantiert.

Das Belohnungssystem des menschlichen Gehirns ist eine entwicklungsgeschichtlich alte Struktur, die man in sehr ähnlicher Form auch bei anderen Tieren findet. Seine Definition ist nicht einheitlich, aber im Kern sind drei Hirnregionen beteiligt.

Eine zentrale Rolle spielen Nervenzellen erstens im sogenannten ventralen tegmentalen Areal, kurz VTA, im Mittelhirn. Diese Struktur besitzt eine Eigenschaft, die sie unter den übrigen Hirnregionen geradezu adelt: Die Nervenzellen dort produzieren den Botenstoff Dopamin und leiten ihn über lange Nervenfasern an verschiedene Hirnareale weiter. Dopamin wird im Volksmund oft als »Glückshormon« bezeichnet. Mittlerweile kann man bereits in der Zeitung lesen, was alles zu einer Dopaminausschüttung führt: der Genuss eines leckeren Essens, ein Like im sozialen Netzwerk, mit Freunden lachen, einen Sonnenuntergang genießen oder Zeit mit der Familie verbringen.

Ausgeschüttet wird dieses Dopamin unter anderem in zwei weiteren Strukturen des Belohnungssystems, dem Nucleus accumbens und dem orbitofrontalen Kortex, kurz OFC. Letzterer spielte bereits beim Auslesen von Freude eine Rolle (siehe Kapitel 11). Der OFC liegt direkt hinter der Stirn, oberhalb der Augenhöhle. Im orbitofrontalen Kortex laufen Informationen aus mehreren Sinnessystemen zusammen – etwa dem Sehsinn, dem Gehör, dem Tast-, Geschmacks- und Geruchssinn. Deswegen können bestimmte Bilder, Musikstücke, Berührungen, Gaumenfreuden und Duftnoten als angenehm empfunden werden. Sobald der orbitofrontale Kortex gestört ist, haben die Betroffenen Schwierigkeiten, ihr Verhalten an Belohnungen auszurichten, etwa bei Glücksspielen.

Der orbifrontale Kortex und der *Nucleus accumbens* sind auch für die Erwartung von Belohnungen zuständig. Wenn man eine Flasche entkorkt und den guten Rotwein noch eine halbe Stunde atmen lässt, sind die Zellen hier bereits aktiv, obwohl man noch keinen Tropfen getrunken hat. Dies beschert uns Menschen die Möglichkeit, Vorfreude zu empfin-

Abb. 32: Ein Schnitt entlang der Mittellinie des menschlichen Gehirns zeigt eine vereinfachte Ansicht der Belohnungsnetzwerke (links im Bild wäre die Stirn, rechts im Bild der Hinterkopf). In einer Region des Mittelhirns (im ventralen tegmentalen Areal, VTA) sind Zellen, die den Neurotransmitter Dopamin herstellen. Das Dopamin wird dann in verschiedenen Regionen ausgeschüttet, vor allem im Frontallappen und im Nucleus accumbens der Basalganglien. Diese Regionen werden häufig vereinfacht als »Belohnungssystem« bezeichnet, auch wenn sie zusätzlich bei anderen Funktionen beteiligt sind. Ein anderes Dopaminnetzwerk, das von der Substantia Nigra ausgeht, ist vor allem an motorischen Funktionen beteiligt.

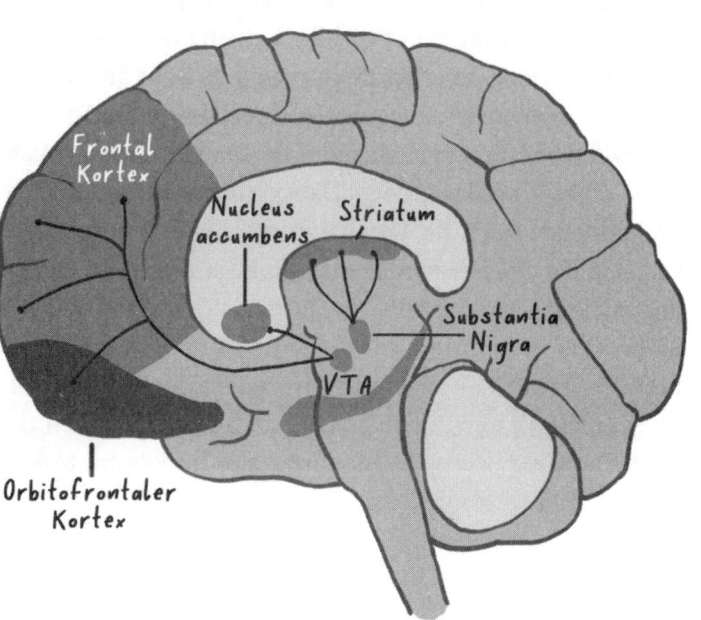

den, die im Volksmund nicht von ungefähr als die schönste Freude gilt.

Die Regionen des Belohnungssystems spielen auch eine zentrale Rolle bei der Wirkung von Kokain und Heroin. Das Verlangen nach diesen Drogen, wenn man sie einmal ausprobiert hat, ist geradezu unwiderstehlich, weil sie die Hirnaktivität in den Belohnungszentren besonders stark anregen. Wenn es nun dem Neuromarketing gelänge, ein Konsumprodukt zu entwerfen, das genau diese Belohnungsstrukturen aktiviert, wäre der Kunde der Ware gleichsam wehrlos ausgeliefert. Nir Eyal lässt mit einem seiner Buchtitel auch keinen Zweifel an der Absicht: *Hooked. Wie Sie Produkte erschaffen, die süchtig machen.* Es geht darin unter anderem um die Frage, wie Unternehmen »die Gehirne der Nutzer kontrollieren«.[3] Eine freie Kaufentscheidung sieht anders aus.

Die Vorgehensweise beim Neuromarketing sieht folgendermaßen aus: Einem Probanden werden verschiedene Varianten eines Produkts gezeigt. Dabei erhebt man mithilfe der funktionellen MRT die Aktivität in den Belohnungsnetzwerken. Auf diese Weise wird jene Produktvariante ermittelt, die die stärkste Hirnantwort im Belohnungssystem auslöst. Somit weiß man, auf welche Gestaltung und Platzierung des Produkts das Belohnungssystem besonders gut anspricht und der Kunde mit einem entsprechend starken Verlangen reagiert. Die Geschichte hat allerdings gleich mehrere Haken.

Erster Haken:
Dopamin ist kein Glückshormon

Dopamin ist zwar an der Verarbeitung von Belohnungen im Gehirn beteiligt, aber es ist umstritten, ob es direkt für das Glücksgefühl verantwortlich ist oder ob dafür noch weitere

Prozesse erforderlich sind. Zwar gilt der genaue Mechanismus, der für die Entstehung von Glücksgefühlen verantwortlich ist, in der Hirnforschung noch nicht als vollständig entschlüsselt, aber einige gehen derzeit davon aus, dass körpereigene Opiate von größerer Bedeutung sind als das Dopamin. Der Botenstoff fungiert im Gehirn sowieso eher als »Mädchen für alles«. So spielt er auch eine zentrale Rolle in der Motorik. Parkinson-Patienten etwa, die unter Dopaminmangel (in den Basalganglien aufgrund einer Unterfunktion in der sogenannten Substantia nigra, der Schwarzen Substanz) leiden, haben Schwierigkeiten, sich spontan zu bewegen. Die »Initialzündung« einer Bewegung fällt ihnen schwer. Will man Glücksgefühle messen, genügt die Dopaminausschüttung vermutlich nicht. Dafür braucht man andere neuronale Marker.

Zweiter Haken:
Komplexität und Verbesserungsvorschläge

Angenommen, es lägen mehrere Entwürfe für die Verpackung eines Produktes vor und im Hirnscanner hätte man festgestellt, dass sie allesamt das Belohnungssystem nur mäßig aktivieren – was macht man dann mit dieser Information? Hier zeigt sich eine weitere Schwachstelle des Neuromarketings: das sogenannte *Postdesign*-Problem. Man kann erst im Nachhinein, wenn der Entwurf fertig ist, untersuchen, wie stark das Belohnungssystem anspringt. Die Hirnreaktion gibt allerdings keine Auskunft darüber, wie das Produkt verändert werden müsste, um erfolgversprechender zu werden. Würde der Kunde besser auf eine Käseverpackung mit Kuhwiesenmotiv reagieren, wenn darauf auch ein paar niedliche Murmeltiere zu sehen wären? Beim bisherigen Neuromarketing muss man jedes einzelne Muster erst entwerfen und dann im

Scanner testen, man bekommt aber keine Hinweise vom Kunden, was ihm besonders gut oder schlecht gefällt. Das wäre mithilfe der herkömmlichen Marktforschung viel leichter zu bewerkstelligen: Man braucht die Testpersonen lediglich zu fragen, wie ihnen bestimmte Aspekte des Produkts gefallen und was man ihrer Ansicht nach besser machen könnte. Möchte man im Alltag erfahren, ob jemand lieber Kaffee oder Tee trinkt, bietet es sich auch eher an, ihn einfach zu fragen, anstatt ihn in eine MRT-Röhre zu schieben.

Die Reduktion auf den Belohnungswert erfasst die Komplexität der Gefühlswelt des Käufers beileibe nicht. Mit vergleichsweise einfachen Verfahren hingegen kann man viel über den Produkteindruck herausbekommen. Seit Jahrzehnten bittet man Testpersonen darum, verschiedene Eigenschaften von Produkten zu bewerten. Die Befragten können zum Beispiel in ausführlichen Fragebögen ankreuzen, ob sie beispielsweise eine Zahnpasta sauber oder schmutzig, frisch oder abgestanden, hochwertig oder minderwertig, konservativ oder innovativ finden. Außerdem werden sie gefragt, ob sie dieses Produkt kaufen würden und welche Verbesserungen sie sich vorstellen können. Wie soll man das mithilfe von Hirnaktivitätsmustern besser beziehungsweise überhaupt herausbekommen? Warum sollte man sich die Mühe machen, die Hirnaktivität zu messen, wo doch eingeführte Methoden bereits gute Ergebnisse bei der Einschätzung von Kaufverhalten liefern?

Ein möglicher Grund wäre natürlich, dass ein Kunde nicht zugeben möchte, wie gut oder schlecht ihm ein Produkt gefällt. So mag ein Proband, der für die Teilnahme an einer Marketingstudie bezahlt wird, vielleicht aus reiner Höflichkeit nicht sagen, wie fürchterlich er die Entwürfe eigentlich findet. In solchen Ausnahmefällen verschwimmt dann jedoch auch die Grenze zwischen Neuromarketing und Lügendetektion.

Dritter Haken:
Belohnung oder Aufmerksamkeit?

Allein schon die Grundannahme, dass es im Belohnungs-system des Gehirns eine Art Kaufknopf gibt, fußt auf einem logischen Fehlschluss. Wenn man etwas als belohnend emp-findet, wird das Belohnungssystem aktiviert. Daraus zieht man gerne folgenden Umkehrschluss: Ein Käufer empfindet ein Produkt als belohnend, wenn sein Belohnungssytem durch das Produkt aktiviert wird. Diese Logik scheint bestechend, ist aber falsch, wie folgendes Beispiel klarmacht: Wenn es regnet, wird die Straße nass. Also hat es, wenn die Straße nass ist, auch geregnet. Das mag zwar in vielen Fällen stimmen, aller-dings könnte die Straße auch nass sein, weil ein Reinigungs-fahrzeug die Straße besprengt hat. Es handelt sich hier um einen falschen Umkehrschluss, und der liegt auch beim akti-vierten Belohnungssystem vor. Denn für dessen Aktivierung gibt es verschiedene mögliche Erklärungen. So wird etwa der Nucleus accumbens auch dann besonders aktiv, wenn man sich stark anstrengt oder etwas sehr Ungewöhnliches sieht, das die Aufmerksamkeit auf sich zieht. »Belohnungssystem« ist deshalb ohnehin eine irreführende Bezeichnung.

Wenn man also eine aufwendige Neuromarketing-Studie zu einem neuen Auto-Design durchführt und sich bei der Pro-duktentwicklung von der Aktivität in den Belohnungsnetzwer-ken der Testpersonen leiten lässt, könnte am Ende des Prozes-ses ein völlig marktuntaugliches Gefährt stehen, das allein durch seinen hohen Aufmerksamkeitswert, nicht aber durch seinen Belohnungswert alle anderen Produktvarianten ausge-stochen hat. Anstelle eines verbesserten, elegant geformten, leistungsstarken Oberklassewagens könnte nach der Pro-duktentwicklung dann ein reines Ulkauto herauskommen (Abbildung 33).

Hier ist der falsche Umkehrschluss rasch zu durchschauen, doch es gibt auch kniffligere Fälle. Im Jahr 2008 publizierte der dänische Werbeexperte Martin Lindstrom ein sehr einflussreiches Buch: *Buyology. Warum wir kaufen, was wir kaufen.* Darin findet sich neben der üblichen Mischung aus psychologischen Werbetechniken auch ein Bericht über »die größte bisher durchgeführte Neuromarketing-Studie«,[4] in der es um die Platzierung von Warnhinweisen auf Zigarettenschachteln ging. Für die Studie hatte das Forscherteam seinen Probanden im Kernspintomografen Bilder von Zigarettenschachteln gezeigt; manche trugen einen Warnhinweis, andere nicht. Das Belohnungssystem der Betrachter sprach dabei stärker auf die Schachteln mit als auf die ohne Warnhinweis an. Die Studie zog aus den Ergebnissen die Schlussfolgerung, dass die Warnhinweise ihre Wirkung komplett verfehlten, da gerade die Packungen, die eigentlich die Gefahren des Rauchens verdeutlichen sollten, offenbar mehr Belohnung versprachen als die herkömmlichen.

Mit diesem Befund wurde ich in der legendären amerikanischen Nachrichtensendung *60 Minutes* von CBS konfrontiert. Ich setzte der Moderatorin auseinander, dass die Schlussfolgerung, die in Lindstroms Neuromarketing-Studie gezogen wurde, irreführend sei, denn sie entstand wiederum aus einem falschen Umkehrschluss. Vermutlich waren die Zigarettenschachteln mit der Warnung vor den möglichen Schäden des Rauchens einfach nur auffälliger als die Packungen ohne Warnhinweis, sodass die durch die ungewöhnlichen Reize erhöhte Aufmerksamkeit der Probanden das Belohnungssystem aktivierte. Aus Verhaltensstudien ist bekannt, dass Warnhinweise Raucher in der Tat dazu veranlassen, den Zigarettenkonsum zu reduzieren.[5]

Der falsche Umkehrschluss hält sich hartnäckig, gerade in der populärwissenschaftlichen Darstellung von Neuro-

Abb. 33: Solche »Wienermobile« sind zwar sehr auffällig, aber sie dürften wohl nur bei den wenigsten Menschen ein Kaufverlangen auslösen.

marketing. So führte Martin Lindstrom ein paar Jahre später eine Studie zur Wirkung von Mobiltelefonen durch.[6] Er präsentierte Probanden im MRT Töne ihres iPhones und fand heraus, dass der Klang der Telefone den Inselkortex anregt. Dieses Ergebnis interpretierte er als Ausdruck der Liebe zu den Geräten. Doch der Inselkortex ist ebenfalls an negativen Gefühlen (wie etwa Ekel) beteiligt, sodass die Probanden möglicherweise einfach nur von den Tönen des Smartphones genervt waren.

Vierter Haken:
Impulskontrolle

Selbst wenn man aus der Hirnaktivität feststellen könnte, wie begeistert ein potenzieller Kunde tatsächlich von einem Produkt ist, wüsste man immer noch nicht, ob daraus tatsächlich eine Kaufentscheidung resultieren würde. Denn nicht jeder emotionale Impuls führt auch zu einer Handlung. Unser Alltag lehrt uns bereits, dass wir den belohnenden Reizen nicht hilflos ausgeliefert sind, ansonsten wäre jeder

Einkaufswagen überwiegend mit Süßigkeiten, Alkohol und Zigaretten gefüllt, denn solche sogenannten natürlichen Belohnungen regen die entsprechenden Hirnregionen unter allen im Supermarkt erhältlichen Waren am stärksten an. Es muss also eine Instanz geben, die unsere Impulse kontrolliert und damit bewirken kann, dass wir nicht jeder Belohnung nachgehen und wie die Ratten in einem berühmten Experiment enden, das James Olds und Peter Milner vom California Institute of Technology in den 1950er-Jahren durchführten.[7] Die beiden Forscher hatten ihren Versuchstieren Elektroden in verschiedene Regionen des Belohnungssystems implantiert. Über einen Hebel konnten die Ratten den Stromkreis schließen und so eine Belohnung in ihrem Hirn auslösen. Innerhalb weniger Minuten lernten sie den Mechanismus zu bedienen und schienen alles um sich herum zu vergessen. Sie drückten im Dauerfeuer stundenlang die Taste, bis zur absoluten Erschöpfung. Auch als die Forscher den Ratten Nahrung anboten, scherten sie sich nicht darum und wählten weiterhin nur den Glückshebel. Selbst Elektroschocks nahmen sie in Kauf, um an den Belohnungshebel zu kommen. Den Versuchsratten war es anscheinend nicht mehr möglich, ihr impulsives Verlangen nach immer mehr Belohnung zu unterdrücken. Die im Gehirn angelegte Impulskontrolle war machtlos gegen die direkte Stimulation der Belohnungsnetzwerke.

Wenn ein Produkt die Aktivität im Belohnungssystem eines potenziellen Käufers anregt, ist dies allerdings noch nicht mit der Stimulation der Belohnungszentren in den Rattenversuchen von Olds und Milner gleichzusetzen. Denn damit sich aus einer erwarteten Belohnung tatsächlich eine Kaufhandlung entwickelt, müssen mehrere Hürden überwunden werden. Nehmen wir an, Sie hätten Hunger und ein Stück Sahnetorte hätte für Sie einen hohen Belohnungs-

Abb. 34: Vereinfachtes Modell der Impulskontrolle im Gehirn. Wenn wir Hunger haben und ein leckeres Stück Torte vor uns sehen, löst dies eine positive Bewertung im sogenannten ventromedialen Präfrontalkortex (vmPFC) aus. Dies erzeugt einen Handlungsimpuls, den Kuchen zu kaufen und zu verspeisen. Es gibt jedoch die Möglichkeit, dass dieser Impuls auf der Basis übergeordneter Handlungsziele (etwa jenes, sein Gewicht niedrig zu halten) durch einen Eingriff des sogenannten dorsolateralen Präfrontalkortex (dlPFC) überstimmt wird.

wert. Nun kommen Sie an einer gut sortierten Konditorei mit großen Schaufenstern vorbei. Zentral in der Auslage steht eine Sahnetorte, ein paar Stücke sind einladend aufgeschnitten. Sofort entsteht in ihrem ventromedialen Präfrontalkortex ein Belohnungswert. Werden Sie sich aber deshalb den Kuchen wirklich kaufen? Das können wir natürlich nicht sagen – wir wissen aber zumindest, dass dabei noch eine andere Hirninstanz mitzureden hat, nämlich der dorsolaterale präfrontale Kortex. Er wirkt hier als Kontrollinstanz (siehe Abbildung 34). Diese Hirnregion kann quasi die Kausalkette aufhalten. Tut sie es, kommt es nicht zur Kaufhandlung, und Sie gehen ohne das Stück Sahnetorte weiter.

Um diese Mechanismen genauer zu verstehen, habe ich am Bernstein Center zusammen mit meinem früheren Mitarbeiter Martin Weygandt und anderen Kollegen aus der Chartié die Selbstkontrolle übergewichtiger Patienten untersucht, die gerade auf Diät waren.[8] Sobald den Probanden Bilder besonders gehaltvoller Lebensmittel präsentiert wurden, zeigten die Belohnungsnetzwerke ihres Hirns eine starke Reaktion. Allerdings führte das nicht unbedingt zu einer Handlung. Wir konnten bei den Probanden, die mit ihrer Diät besonders erfolgreich waren, zugleich auch eine hohe Aktivität im dorsolateralen präfrontalen Kortex (dlPFC) sehen. Diese Instanz ermöglichte anscheinend die Unterdrückung der Essimpulse.

Offensichtlich haben wir es hier mit einem Wettstreit zwischen zwei verschiedenen Hirnsystemen zu tun. Ein System, der ventromediale präfrontale Kortex (vmPFC), bewertet die Außenwelt permanent darauf hin, wie belohnend bestimmte Handlungsoptionen sein könnten, und löst Handlungsimpulse aus. Von dieser Hirnregion werden also, um im bekannten Bild zu bleiben, ständig Ketten von Dominosteinen angestoßen. Das andere System, der dorsolaterale präfrontale Kortex (dlPFC), kann diese Impulse kontrollieren und berücksichtigt dabei die langfristigen Folgen unserer Handlungen. Gegebenenfalls werden von hier aus die Dominosteinketten aufgehalten, die von den Impulsen angestoßen wurden.

Deswegen reicht es beim Neuromarketing eben nicht

allein aus, den Belohnungswert von Produkten aus der Hirnaktivität auszulesen. Die sogenannten exekutiven Funktionen, die aus dem Impuls eine Kaufhandlung werden lassen, müssten ebenfalls erfasst werden. Solche Prozesse konnten mit der fMRT zwar prinzipiell nachgewiesen werden, allerdings ist noch nicht klar, ob die Ergebnisse auch aussagekräftig genug für konkrete Anwendungssituationen sind.

Fünfter Haken:
Realität oder Labor?

Stellen Sie sich vor, Sie erledigen gerade ihren Wochenendeinkauf und stehen in der Obstabteilung eines gehobenen Supermarktes. Eingefangen in eine perfekte Wohlfühlatmosphäre aus bunten Farben, warmem Kunstlicht und leiser Musik sehen Sie einen Tisch mit knackigen grünen Äpfeln. Sie fassen sie an, riechen an ihnen, bekommen Appetit und greifen zu. Jetzt im Vergleich dazu die Situation im MRT: Sie kommen in ein Labor in einem Krankenhaus, müssen sich umziehen, sich mit dem Rücken auf den unbequemen Scannertisch legen, sind von grellem Kunstlicht umgeben, tragen Ohrstöpsel gegen die unangenehmen technischen Geräusche und dürfen sich nicht einmal bewegen, geschweige denn die gezeigten Produkte anfassen oder an ihnen riechen. Es wäre nur zu verständlich, wenn Ihre Kaufentscheidungen im MRT, sofern Sie in dieser Situation überhaupt ans Kaufen denken, spürbar anders ausfielen als in der animierenden Atmosphäre des Supermarktes.

Eine Lösung für dieses Problem wäre natürlich, jenem Ort, an dem Kaufentscheidungen gefällt werden – man nennt ihn *Point of Sale* –, möglichst nahezukommen. Natürlich ist es ausgeschlossen, mit einem 15 Tonnen schweren Kernspin-

tomografen auf dem Kopf durch den Supermarkt zu flanie-
ren. Das EEG eignet sich hier viel eher für solche mobilen
Anwendungssituationen. In den letzten Jahren sind EEG-
Kappen entwickelt worden, die man wie eine Haube aufsetzen kann. Sie kommen ohne Kontaktgel aus, was den Trage-
komfort erheblich erhöht. Für die Auswertung der Hirnströme
führen Kabel zu einem kleinen Taschencomputer, den man
einfach am Gürtel befestigen kann.

Solche mobilen EEG-Geräte werden zurzeit intensiv wei-
terentwickelt. Für den Einsatz in alltäglichen Situationen
stellen sich erhöhte Anforderungen. Jede Körperbewegung,
jede Grimasse und jedes Kopfnicken kann Störungen in der
Messung hervorrufen, die das Kaufentscheidungssignal dann
möglicherweise überdecken. Denn alle Bewegungen werden
ja ihrerseits vom Gehirn gesteuert und erzeugen selber EEG-
Signale. Auch die Kopfmuskeln senden Impulse, die den
elektrischen Signalen des Gehirns ähneln. Außerdem wippt
die EEG-Kappe beim Gehen ein bisschen mit und erzeugt
dadurch weitere Störungen. Trotzdem waren gerade auf diesem Gebiet in den letzten Jahren erstaunliche Fortschritte zu
verzeichnen, wie sich später im Kapitel über die Gehirn-
Computer-Schnittstellen zeigen wird.[9]

Es gibt jedoch einige andere Beispiele im Bereich des Neuromarketings, die eine Übertragung vom Labor auf die Real-
welt erlauben, wie Untersuchungen des amerikanischen
Hirnforscher Brian Knutson mit zwei Kollegen[10] im Jahr 2017
zeigten. Probanden wurden gebeten, im Scanner Investmententscheidungen zu treffen, und zwar für reale Projekte, für
die auf der Onlineplattform Kickstarter nach einer Finanzie-
rung gesucht wurde. Auf Basis der Hirnaktivität im Nucleus
accumbens konnte in der Studie recht exakt vorhergesagt
werden, welche Projekte auf der Plattform tatsächlich Erfolg
hatten. Interessanterweise war die Vorhersage anhand der

gemessenen Hirnaktivität sogar noch genauer als jene auf der Basis der Investmententscheidungen der Probanden selbst. Um es paradox zu formulieren: Die Gehirne der Probanden wussten es anscheinend besser als diese selbst.

Diese Experimente könnten ein Indiz dafür sein, dass der Hirnscanner unter bestimmten Bedingungen mehr Informationen bereitstellt als die Beobachtung des Verhaltens. Allerdings war die Trefferquote für alle Verfahren so niedrig (maximal 67 Prozent), dass sie für konkrete Anwendungszwecke nicht ausreichen würde.

Schlummernde Vorlieben?

Ein besonders spannender Aspekt von Kaufentscheidungen, den man mit den Mitteln der Neurowissenschaft untersuchen kann, ist die Rolle unbewusster Verarbeitungsprozesse bei Vorlieben für Produkte. Bereits beim Thema unterschwellige Reize ist klar geworden, dass in unserem Hirn Dinge geschehen, die nicht ins Bewusstsein aufsteigen. Deshalb war es interessant zu erfahren, ob man mit den Methoden des Brain-Reading auch unbewusste Produktpräferenzen in der Hirnaktivität sehen kann.

Im Jahr 2009 nahm sich meine damalige Mitarbeiterin Anita Tusche am Bernstein Center dieser Frage intensiv an und förderte Beeindruckendes zutage. Dazu war ein trickreiches Versuchsdesign nötig, da wir ja die bewusste Aufmerksamkeit der Probanden gezielt umgehen mussten. Zunächst ging es darum, feststellen, ob es überhaupt möglich war, bewusste Vorlieben der Probanden für bestimmte Waren aus der Hirnaktivität auszulesen. Wir suchten nach einer Produktgruppe mit hohem Begeisterungspotenzial und entsprechenden Probanden. Die Wahl war naheliegend und rasch getroffen, wenn auch etwas klischeehaft: Autos und Männer. Wir zeigten den Probanden nun Bilder verschiedener Modelle und ließen sie beurteilen, wie sehr sie das jeweilige Auto mochten. Währenddessen maßen wir mithilfe der Kernspintomografie die Hirnaktivität der Probanden und trainierten den Computer darauf, aus den neuronalen Mustern die bevorzugten Autos herauszulesen. Dabei erwiesen sich zwei Areale als besonders aussagekräftig: zum einen der ventromediale präfrontale Kortex (Abbildung 35), der auch bei Belohnungen stark reagiert; zum anderen zeigte mit der Insula jene Hirnregion eine erhöhte Aktivität, die bei der Verarbeitung von Gefühlen eine wichtige Rolle spielt. Traditionell galt die Insula als Ort des Ekels, heute wissen wir, dass dieses Areal auch bei anderen Gefühlen wie Ärger, Trauer und Furcht, aber auch bei Freude aktiv wird. Vielleicht codierte der Inselkortex in unserer Studie vor allem die negativen Assoziationen mit den Autos.

Die Trefferquote, mit der man erkennen konnte, welches Auto jemand bevorzugte, lag mit 75 Prozent deutlich über Zufall, war allerdings genauso deutlich von einer perfekten Vorhersage entfernt.

Nun konnten wir den entscheidenden Schritt gehen und fragen, was geschehen würde, wenn die Autos nicht bewusst wahrgenommen werden würden. Dazu mussten die Versuchsteilnehmer von den Autos abgelenkt werden. Wir zeigten deshalb einer anderen Probandengruppe in der Mitte des Bildschirms ein kleines, an einer Seite offenes Quadrat. Die Probanden mussten genau auf das Quadrat schauen, um zu erkennen, ob es nach links oder nach rechts geöffnet war. Während sie ihre ganze Aufmerksamkeit auf diese Aufgabe richteten, blendeten wir im Hintergrund Bilder verschiedener Autos ein.

Abb. 35: In einer Studie untersuchten wir, welche Reaktionen unbeachtete Bilder von Autos in den Gehirnen von Autofans auslösten. Um die Probanden von den Bildern abzulenken, wurden sie gebeten, ein kleines Quadrat in der Mitte des Bildschirms zu betrachten und zu sagen, ob es nach links oder nach rechts geöffnet war (rechts stark vergrößert dargestellt). Obwohl die Probanden die so gezeigten Autos hinterher nicht wiedererkannten, konnten wir aus ihrer Hirnaktivität erkennen, welche Autos sie gerne kaufen würden.

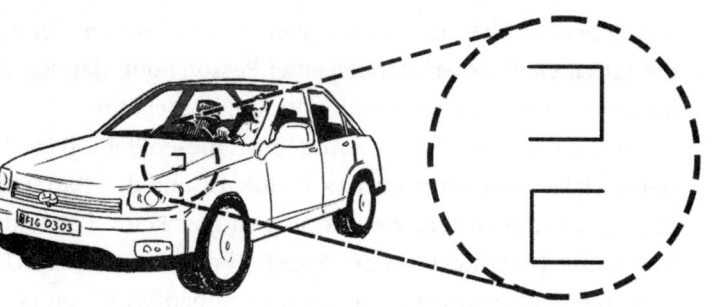

Es funktionierte. Die Probanden waren so stark mit der Lösung der gestellten Aufgabe beschäftigt, dass die Bilder der Autos ihrer bewussten Aufmerksamkeit entgingen. Das ließ sich einfach überprüfen, indem wir ihnen nach dem Experiment sowohl Bilder der gezeigten Autos als auch anderer, zufällig ausgewählter Modelle präsentierten und sie fragten, welche Bilder sie wiedererkannten. Sie konnten die zuvor gezeigten Autos nicht von den anderen unterscheiden.

Während sich die Probanden auf ihre Aufgabe mit dem Quadrat konzentrierten, maßen wir die Hirnaktivität und trainierten den Computer, aus den Hirnantworten darauf zu schließen, welche der gezeigten Autos die Probanden mochten und welche nicht. Das Ergebnis war erstaunlich: Wir konnten die Vorlieben der Versuchsteilnehmer für bestimmte

Autos aus ihren Hirnaktivitätsmustern auslesen, obwohl sie die Bilder der entsprechenden Fahrzeuge gar nicht bewusst registriert hatten. Doch damit nicht genug. Die Trefferquote bezüglich der Auto-Vorlieben lag genauso hoch wie im ersten Teil des Experiments, in dem die andere Gruppe der Probanden ihre gesamte Aufmerksamkeit auf die einzelnen Modelle gerichtet hatte. Dieses Ergebnis überraschte uns selbst ein wenig, bedeutete es doch, dass wir die Vorlieben für verschiedene Produkte auch auslesen können, wenn die Probanden gar nicht aktiv über jene nachdenken. Es ist also nicht einmal die gerichtete Aufmerksamkeit einer Person nötig, damit sich ihr Hirn mit einem bestimmten Produkt beschäftigt.[11]

In einer weiteren Studie konnten wir diesen Befund bestätigen. Dabei widmeten wir uns Politikern und den Parteien, denen sie angehörten. Zwar sind Politiker keine Produkte und somit (zumindest in der Regel ...) auch nicht käuflich, aber die Mechanismen der unterschwelligen Vorlieben sind in diesem Bereich sehr gut zu untersuchen, da diese Personengruppe recht prominent ist und es starke, aber individuell sehr unterschiedliche Präferenzen gibt. Den Probanden wurden im MRT Bilder von Politikern aus zwei verschiedenen großen Volksparteien gezeigt. Um der Vermischung der Vorliebe für Person und Partei vorzubauen, wählten wir Politiker aus, die von Anhängern beider Parteien gleichermaßen gemocht wurden. Tatsächlich konnten wir bis zu einem gewissen Grad aus der Hirnaktivität sowohl die bevorzugten Politiker als auch die präferierte Partei auslesen. Auch hier waren die Trefferquoten für Routineanwendungen zu niedrig, trotzdem zeigten beide Studien deutlich, dass es prinzipiell möglich ist, auch unbewusst ablaufende Prozesse bei Kauf- beziehungsweise Wahlentscheidungen aus der Hirnaktivität auszulesen.

Bedeutet dies nun, dass man für das Neuromarketing

sogar unbewusste Präferenzen nutzen könnte? Nicht unbedingt, denn in unserer Studie waren die Probanden lediglich abgelenkt, aber sich ihrer Präferenzen durchaus bewusst, wie wir auf Nachfrage feststellen konnten. Allerdings gibt es einige Beispiele, wo Menschen in Entscheidungssituationen schlecht darin sind, die wahren Gründe für ihre Handlungen zu benennen. So ist etwa bei Aktienkäufen gezeigt worden, dass die wahren Motive, die zum Kauf führen, und die von den Käufern angegebenen Gründe oft auseinanderfallen. Das wäre möglicherweise ein Ansatzpunkt für das Neuromarketing, der über die klassischen verhaltensbasierten Verfahren hinausgeht und tatsächlich einen neuen Beitrag liefern könnte.

Aber hier stoßen wir auch womöglich an eine andere Grenze: Ist es überhaupt moralisch vertretbar, unbewusste Präferenzen aus dem Gehirn einer Person auszulesen? Das geheime Kämmerlein unserer Gedanken scheint uns so fundamental privat und schützenswert, dass man sich fragen muss, ob es ethisch zulässig wäre, zum Zweck der kommerziellen oder politischen Manipulation dort einzudringen. Wir werden uns mit solchen ethischen Fragen weiter unten noch eingehender beschäftigen.

Alles in allem bietet die Toolbox des Neuromarketings auf dem aktuellen Stand wenig, was über klassische Marketingtechniken hinausgeht. Vielleicht fußt der Hype um das Neuromarketing auch auf einem Denkfehler: Hinter vielen Anwendungen, die heute auf neurowissenschaftlicher Basis entwickelt werden, steckt die Hoffnung, dass man die Grenzen klassischer psychologischer Ansätze überwinden könnte. Denn die Psychologie bietet zwar viele Theorien, tut sich jedoch oft mit konkreten Vorhersagen schwer. Mit der Neurowissenschaft scheint die Hoffnung auf ein umfassendes, gleichsam technisches Verständnis der Hirnmechanismen verbunden zu sein, das erlaubt, komplexe geistige Vorgänge prinzipiell zu begreifen und Verhalten vorauszusagen. Wer so gesehen also die neuronale »Mechanik« unseres Kaufverhaltens versteht, wäre in der Lage, präzise vorherzusagen, welche Produkte besonders verkäuflich sein werden – so die Vorstellung.

Hier liegt der Kern des Denkfehlers: Zu wissen, welche Hirnregionen durch ein Produkt aktiviert werden, führt noch längst nicht zu der gewünschten mechanistischen Vorhersagbarkeit. Diese Hoffnung ist ebenso vergeblich wie der Versuch, das Verhalten eines Computers aus den jeweils aktiven Bauteilen vorherzusagen. Zudem birgt die komplexe Vernetzung von Hirnprozessen möglicherweise auch prinzipielle Grenzen der Vorhersagbarkeit. Diese Unschärfe ist geradezu ein Merkmal komplexer Systeme – auch Prozesse innerhalb eines Ökosystems können immer nur annähernd vorhergesagt werden. Das wird gerade dann deutlich, wenn Eingriffe zu völlig unerwarteten Konsequenzen führen. Eine Feinkontrolle der neuronalen Prozesse im Gehirn ist wahrscheinlich ebenso eine Illusion, hervorgerufen von einem vereinfachenden mechanistischen Denken, das unser Gehirn letztlich als eine Maschine ansieht, hochkompliziert, aber im Grunde verstehbar wie ein Uhrwerk.

Privatwirtschaftliche Anbieter, die sich mit Neuromarketing-Verfahren am Markt etablieren wollen, werden hier anderer Auffassung sein. Doch die heute zur Verfügung stehenden Techniken der Hirnforschung sind im Anwendungsbereich noch viel zu holzschnittartig, um in absehbarer Zeit unter realistischen Bedingungen seriös Kaufentscheidungen aus der neuronalen Aktivität auszulesen. Solange unsere Messtechniken keine feineren Auflösungen erlauben, werden wir nur basale Prinzipien neuronaler Prozesse im menschlichen Gehirn verstehen können.

Das spiegelt sich in den Trefferquoten der Experimente wider, die nur selten über 90 Prozent und oft weit darunter liegen. Für eine sinnvolle, individuelle Anwendung taugt das beim Neuromarketing ebenso wenig wie beim Lügendetektor. Hier zeigt sich erneut ein tiefer Graben zwischen Grundlagenforschung und Praxis.

Diese fundamentale Schwierigkeit sollte man jedoch wiederum nicht als Beleg für einen Dualismus zwischen Geist und Gehirn verstehen. Prinzipiell ist es ja durchaus nachvollziehbar, auf welche Weise jemand zu einer Kaufentscheidung kommt. Sie entsteht durch eine Kaskade neuronaler Ereignisse, an deren Ende Geld und Ware die Besitzer wechseln. Diese Prozesse unterstehen den Gesetzen der Biologie und folgen kausalen Prinzipien. Aber aufgrund der bereits ein paar Mal angesprochenen Komplexität (die sich in 86 Milliarden Neuronen spiegelt, welche sich überdies in immer wieder dynamisch wechselnden Netzwerken organisieren) sowie wegen unserer begrenzten technischen Möglichkeiten können wir diese Prozesse heute noch nicht bis ins Detail hinein verfolgen.

Das Wetter ist ein gutes Beispiel, um das Problem noch einmal vor Augen zu führen. Beim Wetter handelt es sich ebenfalls um einen natürlichen Prozess, den wir auf Grundlage physikalischer Gesetze beschreiben können. Die Details allerdings sind nur schwer bis gar nicht vorherzusagen. Wo sich welche Wolken am Himmel zeigen, wann es in einem bestimmten Seitental regnen und wie stark der Wind dort blasen wird, lässt sich mit den heutigen Methoden oft nicht genau bestimmen. Auch bei der Wettervorhersage gibt es (wie beim Brain-Reading) ein Datenproblem, da die Dichte an Messstationen und die Auflösung von Satellitenkarten begrenzt sind. Trotzdem wird man deswegen nicht das naturwissenschaftliche Erklärungsmodell verabschieden und dazu übergehen, den Wind, die Wolken und den Regen als schicksalhafte Phänomene zu deuten.

Nicht anders verhält es sich bei der Hirnforschung. Nur weil wir die Prozesse im Hirn nicht mit der Präzision beschreiben können, die eine Anwendung im Bereich Lügendetektion oder Neuromarketing in einem seriösen Sinne ermöglicht, heißt das nicht, dass wir die zugrunde liegenden Vorgänge nicht prinzipiell verstehen.

Für erfolgversprechendes Neuromarketing bräuchte man allerdings genau das: eine exakte Vorhersage im Detail. Die Feuertaufe für ein wirklich funktionierendes Marketingverfahren bestünde in der Vorhersage, wie das Gehirn auf ein Produkt reagieren würde, das noch nicht einmal erdacht ist. Wie das auf Basis neurowissenschaftlicher Methoden geleistet werden könnte, ist derzeit unklar.

KAPITEL 17

MIT DER KRAFT
DER GEDANKEN

Im Frühsommer 2017 wurde die Weltöffentlichkeit hellhörig. Die damalige Facebook-Managerin Regina Dugan kündigte an, Mark Zuckerbergs Unternehmen werde sich künftig auch dem Gedankenlesen zuwenden. Das hochgesteckte Ziel: Texte und Befehle ohne den Umweg über eine Tastatur direkt aus dem Gehirn zu verfassen. Dann könnte man eine Textnachricht aufsetzen oder Likes verteilen, ohne das Smartphone aus der Tasche zu holen – allein mit Gedankenkraft.

Der Tenor hiesiger Schlagzeilen war eindeutig: »Facebook will Gedanken lesen«[1] (*Die Zeit*), »Das weltgrößte Online-Netzwerk möchte zukünftig menschliche Überlegungen direkt in Text verwandeln«[2] (*Computerbild*). Auch ethische Bedenken wurden laut: Wie ist es um den Datenschutz bestellt, wenn Facebook nun auch noch Zugang zu den Hirndaten – und mithin möglicherweise zu den Gedanken – von Nutzern bekommt?[3]

EINE SCHNITTSTELLE
ZU DEN GEDANKEN

Was Facebook hier vorschwebt, ist ein ganz anderer Einsatz des Brain-Reading, als er in diesem Buch bisher verhandelt wurde. Anders als beim Neuromarketing oder der Lügendetektion sollen hier Gedanken aus der Hirnaktivität gelesen werden, um technische Geräte zu steuern. Ein Gerät, das so etwas möglich macht, nennt man in der Fachwelt ein *Brain-Computer-Interface*, kurz BCI.

Solche Gehirn-Computer-Schnittstellen kennt man aus vielen Science-Fiction-Filmen. In *Matrix* zum Beispiel steckt Neo einen Stecker in seinen Hinterkopf und verbindet so sein Gehirn mit der virtuellen Welt. Das ist zurzeit natürlich noch Science-Fiction, denn eine solche Vorrichtung würde eine komplette Verkopplung des Gehirns mit einem Computer erfordern. Mit diesem müsste alles, was im Gehirn gespeichert ist – Bilder, Töne, Berührungen, Gerüche und vieles mehr –, synchronisiert werden.

Wäre das Gehirn so einfach aufgebaut wie in der Vorstellung von Descartes, wäre das vielleicht möglich. Aber tatsächlich müssten wir gegebenenfalls sehr viele Regionen des Gehirns mit Schnittstellen versehen.

Facebooks Ideen für eine Umsetzung sind im Vergleich dazu sehr einfach: Unsere Gedanken sollen in Befehle für Textnachrichten verwandelt werden. Das Unternehmen wartet sogar schon mit genauen Vorstellungen von der Schreibgeschwindigkeit seiner BCIs auf: 100 Wörter pro Minute sollen von der neuen Technologie aus der Hirnaktivität ausgelesen und verschriftlicht werden. Das wäre das doppelte Tempo dessen, was eine frisch ausgebildete Schreibkraft mit dem Zehn-Finger-System tippen kann. Das Gerät soll erkennen, welches von 1000 möglichen Wörtern eine Person gedacht hat, und dabei eine Fehlerquote von unter 17 Prozent erreichen.

Nach den Verlautbarungen aus dem Silicon Valley wollen die Tüftler von Facebook im Geheimlabor »Building 8« direkt am Sprachzentrum des Gehirns ansetzen. Das hätte einen Vorteil: Damit behielte ein Nutzer die Kontrolle darüber, wel-

228

che Gedanken an die Schnittstelle übermittelt werden und welche nicht. Denn nur solche Gedanken, die jemand innerlich aussprechen würde, wären zugänglich, alle anderen blieben der Technik verborgen.

Die langfristige Vision von Facebook ist eine nichtinvasive Maschine, das heißt, in Schädel und Gehirn soll operativ nicht eingegriffen werden. Das würde die Akzeptanz in der Öffentlichkeit sicherlich deutlich erhöhen. Umgesetzt werden soll das System in Form einer stilvollen Brille, die die Gehirnschnittstelle zugleich noch mit Inhalten einer virtuellen Realität speisen kann.

Wie das praktisch aussieht? Stellen Sie sich vor, Sie treffen im Flur einen Bekannten, dessen Name Ihnen nicht einfällt. Sie denken still vor sich hin »Wie heißt der noch gleich?«, Facebooks Gerät erkennt die Frage, sucht per Gesichtserkennung nach dem Namen und blendet ihn in Ihrer Brille ein. Die Peinlichkeit, den Namen Ihres Bekannten nicht parat zu haben, bleibt Ihnen (und ihm) somit erspart.

Aber wie würde man so ein System realisieren? Das MRT ist allein aufgrund seines Gewichtes für diesen Zweck nicht tauglich. Man müsste andere, leichtere und mobilere Techniken verwenden, wie etwa das EEG (siehe Kapitel 5), bei welchem Elektroden auf der Kopfhaut platziert werden, um die elektrische Aktivität des Gehirns zu messen. Es gibt, wie gesagt, bereits kommerziell verfügbare, mobile EEG-Systeme, die sehr leicht anzulegen und im Alltag leicht zu tragen sind – etwa beim Einkaufen. Allerdings sind EEG-basierte Gehirn-Computer-Schnittstellen weit davon entfernt, beliebige Gedanken und Sprachbefehle aus der Hirnaktivität auszulesen. Denn die verschiedenen Wörter und Bedeutungen, die wir denken können, unterscheiden sich im EEG nicht hinreichend, um mit guten Trefferquoten ausgelesen zu werden. Stattdessen arbeitet man bei Gehirn-Computer-Schnittstellen mit einem Trick: Idealerweise würde man versuchen, die Gedanken einer Person auszulesen, ohne auf ihre Unterstützung angewiesen zu sein. Wenn aber die relevanten Gedanken nicht genau genug erhoben werden können, bittet man stattdessen die Person, ihre Wünsche in sehr gut lesbare Signale umzuformulieren. Körperbewegungen lassen sich im EEG zum Beispiel präzise auslesen. Wenn man beispielsweise die linke oder rechte Hand bewegt, misst das EEG charakteristische Felder, die für beide Körperseiten unterschiedlich sind. Mithilfe eines geeigneten Computerprogramms kann man diese spezifischen Felder erkennen und so allein anhand des EEG feststellen, wenn jemand kurz davor ist, sich zu bewegen. Das funktioniert sogar, wenn sich jemand eine Bewegung nur vorstellt.

Die Idee bei den BCIs besteht nun darin, dass man Gedanken und Befehle nicht direkt aus der Hirnaktivität ausliest, sondern die Vorstellung von Bewegungen zur Ansteuerung eines technischen Gerätes nutzt. Will man beispielsweise mit der Kraft der Gedanken einen Cursor auf einem Bildschirm steuern, muss er in zwei Richtungen, nämlich horizontal (x-Achse) und vertikal (y-Achse), zu bewegen sein. Mithilfe eines BCI ist es möglich, die Werte auf der x-Achse zu verändern, indem man sich vorstellt, die linke Hand zu bewegen. Die y-Achse wird dementsprechend über den Gedanken an die Bewegung der rechten Hand gesteuert. Der Computer erkennt diese motorischen Signale, liest sie aus und bewegt damit den Cursor so, als würde er von einer mit der Hand bedienten Computer-Maus dirigiert. Nach einer Trainingsphase sind mit dieser Methode gute Erfolge zu erzielen.

Doch es muss noch einmal in aller Deutlichkeit festgehalten werden: Das BCI lernt dabei nicht beliebige Gedanken (wie etwa den Wunsch, eine Textnachricht zu verfassen). Vielmehr braucht es die Unterstützung durch den Nutzer, der

Abb. 36: Derzeit können EEG-Schreibmaschinen die Gedanken noch nicht direkt auslesen. Man muss die gewünschten Wörter erst in bestimmte Bewegungsfolgen übersetzen, die man sich dann vorstellt.

durch seine motorischen Vorstellungen, die rechte oder linke Hand zu bewegen, den Befehl buchstabiert. Es ist also eine enge Kooperation zwischen Mensch und Maschine erforderlich. Der Mensch muss Signale erzeugen, die der Computer aus dem EEG auslesen kann (Abbildung 36).

Mit BCI-Techniken werden seit Jahren viele solcher sogenannten Speller, also Buchstabierhilfen, realisiert. Die Probanden stellen sich vor, wie sie bestimmte Bewegungen ausführen. Das auf diese Weise erzeugte EEG-Signal steuert eine Buchstabenauswahl an. Ähnlich wie bei der Eingabe der

231

Adresse in das Navigationssystem im Auto werden die gewünschten Buchstaben einzeln ausgewählt und auf diese Weise zu Wörtern zusammengesetzt. Erste Versuche dazu gab es bereits in den 1960er-Jahren, durchgeführt vom Physiker Edmond Dewan, der ein wahres Multitalent war und über so diverse Themen wie EEG, REM-Schlaf, Turbulenz und Kugelblitze gearbeitet hat. Er brachte Probanden bei, eine bestimmte Schwingung ihrer Hirnaktivität, das Alpha-Signal ihres EEG, zu steuern, und wandelte die Stärke dieses Signals in den Morsecode um.[4] Eine kurze Alphawelle stand für einen Punkt, eine lange für einen Strich. Dabei wurden gute Trefferquoten erreicht, obwohl damals die Datenanalyse in Echtzeit noch nicht möglich war.

In den letzten Jahren sind auf diese Weise nicht nur Buchstabierhilfen entwickelt worden. Die Signale können auch dazu verwendet werden, behinderten Menschen zu ermöglichen, ihre Rollstühle zu steuern. Auch die Bedienung der Hebelarme beim Flippern ist damit in Echtzeit möglich. Das EEG hat hier im Vergleich zum MRT einen weiteren großen Vorteil: Es ist nicht nur mobil und leicht, sondern es ermöglicht die Echtzeitsteuerung von Geräten.

SPIELEN MIT DER KRAFT
DER GEDANKEN

Die Gaming-Industrie zeigt sich ebenfalls an BCIs interessiert; sie will Menschen direkt und ohne den Umweg über Joystick oder Controller eine Spielekonsole steuern lassen. Man verspricht sich davon eine ganz neue Generation von Spielen.

Solche Systeme werden bereits kommerziell angeboten, und es gibt dafür auch mobile, einfach anzuwendende EEG-

Kappen zu kaufen. Allerdings gerät beim Gaming sogar das schnelle EEG-Signal an seine Grenzen. Mithilfe herkömmlicher Controller und Joysticks lassen sich Spiele oft rascher und genauer steuern als mit dem EEG, da das menschliche Bewegungssystem zeitlich hoch präzise arbeitet. Wenn etwa ein Geiger die eng getakteten Passagen von Paganinis *Capriccio* Nr. 24 spielt, dann hat er pro Note nur etwa eine Sechzehntelsekunde Zeit. Für jede Note muss das Griffbrett zum richtigen Zeitpunkt für den Bruchteil einer Sekunde sehr genau getroffen werden. Da die nächste Note woanders auf dem Griffbrett liegt, müssen die Finger innerhalb dieser Sechzehntelsekunde umgesetzt werden. Gut trainierte Computerspieler kommen mit ihren Game-Controllern auf ähnlich rasante Bewegungssequenzen. Solche blitzschnellen Abfolgen sind derzeit mit dem EEG nicht erreichbar.

Eine dem Gaming verwandte Anwendung von BCIs findet man im Bereich Biofeedback, bei dem Menschen lernen, ihre eigenen Hirnsignale zu steuern. Bereits in den 1970er-Jahren gab es Versuche, das EEG für die Intensivierung von Entspannungszuständen zu nutzen. Da die Alphawellen vor allem im Entspannungszustand auftreten, entstand die Hoffnung, man könne lernen, sich zu entspannen, indem man den Ausschlag dieser Wellen erhöht (siehe Kapitel 5). Dazu wurde die Stärke des Alphasignals im EEG gemessen und dem Probanden kontinuierlich angezeigt. Der Proband sollte dann selbst nach Methoden suchen, wie er die Aktivität seiner Alphawellen steigern konnte.

Diese Biofeedback-Experimente waren durchaus erfolgreich. Zum Schluss des EEG-basierten Entspannungstrainings waren die Alphawellen und damit die Entspannung höher als zu Beginn des Versuchs. Allerdings gab es einen kleinen Wermutstropfen. Zwar war die Intensität der Alphawellen größer als zu Beginn. Noch höher als am Ende des

Experiments war jedoch das Niveau der Alphawellen in der Ruhephase, bevor der Versuch startete. Man kann sich also in der Tat mithilfe von Gehirn-Computer-Schnittstellen entspannen, aber noch zielführender könnte es sein, sich gar nicht zu sehr auf die Entspannung zu konzentrieren, sondern einfach ohne BCI ruhig dazusitzen.[5]

DIE ILLUSION
DER KONTROLLE

Natürlich gibt es auf dem BCI-Markt auch viele Unternehmen, die allein aus der Faszination für neue technische Möglichkeiten Gewinn schlagen wollen, egal, welcher Nutzen damit verbunden ist. Bereits im Jahr 2010 fragte der *Spiegel*-Redakteur Hilmar Schmundt bei mir an, ob wir ein Spiel testen könnten, das damit warb, Hirnwellen zur Steuerung zu verwenden. Ich stimmte zu. Schmundt brachte einen Hochglanzkarton mit der Aufschrift *MindFlex* zu mir ins Labor. Darin lagen ein auf verschiedene Arten aufbaubarer Parcours, ein blauer Ball und ein Stirnband, mit dem das EEG gemessen werden sollte. Der Ball wird in dem Spiel von einem Gebläse in der Luft gehalten; je stärker es pustet, desto höher fliegt der Ball. Die Stärke des Luftstroms – und damit die Höhe des Balls – sollte nun durch Gedankenkraft beeinflusst werden.

Laut Hersteller misst das Gerät mit dem EEG-Stirnband die Konzentration des Spielers; je höher diese ausfällt, desto höher steigt der Ball. Wenn man sich entspannt, sinkt der Ball wieder herunter. Der geübte Spieler kann der Spielanleitung zufolge schließlich allein durch seine Gedankenkraft einen schwierigen Parcours bewältigen, bei dem der Ball durch mehrere enge Ringe manövriert werden muss, die in unterschiedlichen Höhen in einem drehbaren Kreis montiert sind. Möchte man den Ball durch einen Ring bringen, muss jener erst die richtige Höhe erreichen, anschließend kann man dann den Kreisparcours mit der Hand ein Stück weiterdrehen. Um die Aufgabe zu lösen, koordiniert man also zwei Steuerungen: Man steuert die Schwebehöhe des Balls mit »Gedankenkraft« und den Rest per Hand.

Bei uns am Institut setzte ein regelrechter Konkurrenzkampf unter den Mitarbeitern ein. Jeder wollte den Ball am besten beherrschen und so seine geistige Fitness unter Beweis stellen. Aber bald schon fiel uns auf, dass die Kurven der Konzentration und die des Balles nicht so recht zusammenpassen wollten. Das verstärkte unsere Skepsis, die von Anfang an vorhanden war, weil BCIs eigentlich sehr gute Signale benötigen, die man nur mit professionellen Geräten und sorgfältig geklebten EEG-Elektroden erhält. Dieses Gerät hingegen verwendete einfach einen Metallstift, der auf die Stirn drückte, sowie zwei Klammern, die an die Ohren geklemmt wurden. Ein EEG-Signal auf dem Stand der Technik konnte man damit sicher nicht messen.

Ich erzählte diese Geschichte eines Abends dem britischen Installationskünstler und Improvisationstalent Carlo Crovato, der gerade zu Besuch war. Er suchte in meiner Wohnung ein paar Utensilien zusammen und entwickelte eine Vorrichtung, um *MindFlex* auf die Probe zu stellen. Er nahm den Kopf einer Plastikpuppe, die ansonsten als Kopfhörerständer diente, und setzte ihr das EEG-Stirnband auf, mit dem angeblich die Hirnströme für die Steuerung des Spiels abgegriffen wurden. Um die Leitfähigkeit der Kopfhaut nachzubilden, nahmen wir ein feuchtes Geschirrtuch. Wir schalteten ein. Das Gerät protestierte nicht, sondern führte wie bei menschlichen Spielern eine kurze Kalibrierung durch und legte los. Der Ball hob ab, stieg und beschrieb eine ähnliche Verlaufskurve wie bei uns Menschen. Damit war der Beweis erbracht: Die Bewegungen des Balls hatten mit Hirnströmen nichts zu tun. Vielleicht steuerte ein Zufallsgenerator die Kugel, jedenfalls nicht die Hirnaktivität.

Wer möchte, kann sich das Video zu unserem Experiment auf YouTube anschauen.[6] Im Kommentarbereich des Films äußern sich immer wieder Kritiker, die unseren Ergebnissen nicht trauen und alle möglichen Theorien aufstellen, wie wir den Ball zum Schweben gebracht hätten. Darunter auch folgende: Wir hätten einfach zwei *MindFlex*-Geräte verwendet und den Ball mit dem anderen – vor dem Zuschauer verborgenen – Kopfband zum Schweben gebracht.

Solche Tricks verbietet unser wissenschaftliches Ethos natürlich. Trotzdem ließ uns die Frage nicht los, warum so viele Menschen daran glauben wollen, dass *MindFlex* doch – entgegen aller Evidenz – funktioniert. Es gibt mehrere Vermutungen: Der Ventilator, der den Ball in die Höhe bewegte, wurde umso lauter, je höher der Ball flog, da er ja einen starken Luftstrom erzeugen musste. Vielleicht hatten die Anwender die Lautstärke mit ihrer Konzentration verwechselt? Man konnte tatsächlich auch mit einem vom Zufall gesteuerten Gebläse den Parcours absolvieren. Wenn man den Ball in einen Torring einlochen wollte, brauchte man einfach nur zu warten, bis der Ball zufällig die richtige Höhe erreichte und in diesem Moment mit der anderen Hand den Parcours weiterzudrehen. Der Erfolg beim Einlochen könnte einige Zeitgenossen dazu verleiten, diesen fälschlicherweise dem EEG zuzuschreiben und zu denken: »Ich habe den Ball durch den Ring bugsiert, also muss das EEG-Gerät ja funktionieren!«

Vielleicht sollte man von solchen Spielen nicht zu viel erwarten und sie nicht allzu ernst nehmen. Mit professionellen EEG-Geräten hätte die Gedankensteuerung des Balls auf

236

Abb. 37: Die Grundidee von *MindFlex* (hier vereinfacht ohne Tore gezeigt) ist, dass ein Mensch mithilfe eines EEG-Bandes am Kopf durch seine Konzentration die Flughöhe eines Balls steuern kann. Es stellt sich jedoch die Frage, ob das Gerät wirklich so zuverlässig funktioniert, da auch der Kopf einer Plastikpuppe den Ball schweben lassen kann.

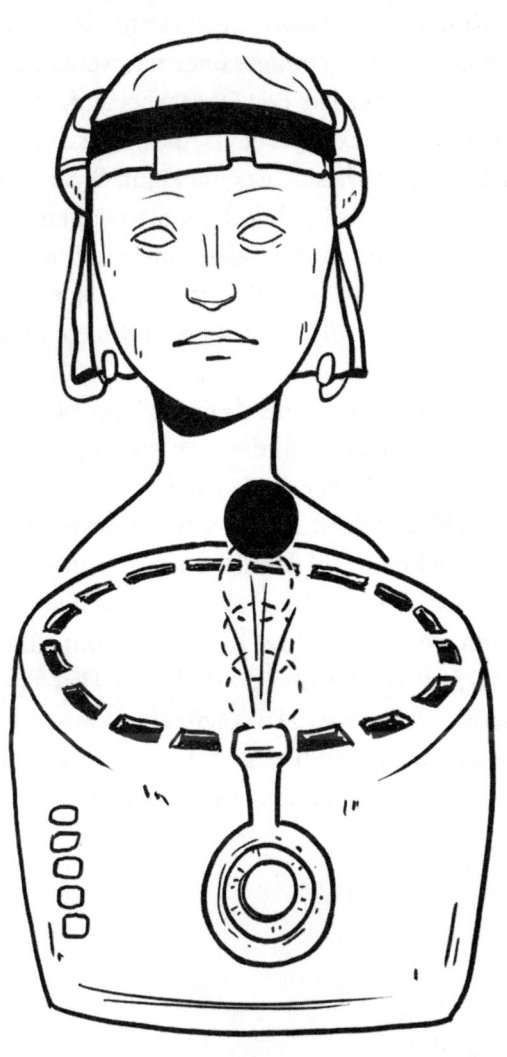

jeden Fall gut funktioniert, aber dann wäre das Spiel einige Hundert Mal teurer gewesen und zu Weihnachten sicher nicht auf so vielen Gabentischen gelandet.

Unser Test mit *MindFlex* erfolgte bereits Ende 2009. Seitdem ist die Entwicklung von EEGs und BCIs weiter vorangeschritten. Heute gibt es für wenig Geld gute Systeme auch zur privaten Nutzung zu kaufen. Zwar reichen sie von der Leistungsfähigkeit nicht an professionelle Anwendungen heran, aber sie erlauben trotzdem den Einsatz bei einfachen Spielen. So hat das Start-up NextMind ein kleines, optisch ansprechendes EEG-System entwickelt, das man einfach am Hinterkopf anlegen kann. In den Produktdemonstrationen sieht man, wie Nutzer damit ihren Fernseher lauter und leiser stellen, das Programm wechseln und Videospiele spielen. Im Vergleich zu den frühen EEG-Systemen ist das ein großer Fortschritt.

Allerdings hat die Sache einen Haken: Man muss die Stelle direkt anschauen, auf die man klicken (oder im Spiel schießen) möchte. Für gesunde Nutzer macht das natürlich kaum einen Unterschied, da Menschen ohnehin den Bereich in den Blick nehmen, auf den sie sich konzentrieren. Zudem stellt sich hier eine grundsätzliche Frage nach dem Sinn von BCIs. Denn wenn man mit seinen Augen ohnehin ein Ziel fixiert, wäre es viel leichter, anstelle der Hirnaktivität die Augenposition zu messen. Dies gelingt mit wesentlich höherer Präzision, und auch hier gibt es bereits für wenig Geld zuverlässig funktionierende Geräte zu kaufen.

GEDANKENKRAFT
ODER MUSKELKRAFT?

Man muss also fragen, ob bzw. wann es überhaupt sinnvoll ist, Computer über Hirnsignale zu steuern. In den Medien finden sich immer wieder Sensationsmeldungen über Apparate, die angeblich mit Gedankenkraft Computer steuern. Wenn man allerdings genau hinschaut, stellt man oft fest, dass gar nicht mit Hirnsignalen gearbeitet wird. Es kann offensichtlich selbst die Redakteure renommierter Wissenschaftszeitschriften verwirren, wenn in den Medien etwa ein Gerät mit dem Namen *AlterEgo* beschrieben wird, das man »nur mit den Gedanken« steuern könne und »Signale, die vom Gehirn gesendet werden« aufzeichne (siehe Abbildung 38)[7]. Ein nüchterner Blick auf das am Media Lab des Massachusetts Institute of Technology (MIT) entwickelte Gerät genügt allerdings, um zu erkennen, dass es mit der Messung von Hirnaktivität wenig zu tun hat. Denn das Headset greift die Signale gar nicht dort ab, wo das Gehirn sitzt, sondern setzt an Mund und Kiefer an.

AlterEgo verbindet den Computer also nicht mit dem Hirn, sondern mit den Muskeln, die unsere Sprache artikulieren. In der Abbildung ist kein *Brain-Computer-Interface*, sondern ein *Muscle-Computer-Interface*, kurz MuCI, zu sehen. Diese Art der Schnittstelle arbeitet mit der Elektromyografie, kurz EMG. Dabei werden über Elektroden die elektrischen Signale der Muskelzellen gemessen.[8] Das Headset, das von Arnav Kapur am MIT entworfen wurde, registriert die Erregungsveränderungen in der Mundmuskulatur während des stummen Sprechens. Nach entsprechendem Training der Auswertungsalgorithmen ist diese Schnittstelle in der Lage, aus den Signalen der Muskulatur verschiedene Befehle zu decodieren. Der Träger kann mithilfe dieses Headsets nun tatsächlich den Fernseher ohne Fernbedienung umschalten. Er muss ledig-

Abb. 38: Das *AlterEgo*-Headset vom MIT. Eine spannende Schnittstelle zwischen Gedankenwelt und Computer. Allerdings wird sie über unterschwellige oder stumme Sprache gesteuert, nicht über Hirnsignale.

lich so tun, als würde er den Befehl dazu aussprechen. Auch den geeigneten nächsten Zug in einer Schachpartie könnte er auf diese Weise im Internet recherchieren und sich dann von seinem Headset ins Ohr flüstern lassen. Das MIT gibt die Trefferquote von *AlterEgo* mit 92 Prozent an. Das ist zweifellos eine beeindruckende technische Leistung. Für unser Buch bietet diese Erfindung allerdings keine neuen Einsichten, denn für Neurowissenschaftler geht es darum, Gedanken direkt aus den Mustern der Hirnaktivität auszulesen, nicht aus den Muskelzellen, die von ihnen befehligt werden. Sobald die Signale den Kopf verlassen, können sie kaum noch etwas zum Verständnis des Gehirns beitragen.

Für praktische Anwendungen können Schnittstellen wie

AlterEgo trotzdem sinnvoll sein. Warum soll man sich mit den hochkomplexen und schwer zu messenden Details der Hirnaktivität herumplagen, wenn die Muskeln klare, gut auslesbare Botschaften geben? Warum sich von niedrigen Trefferquoten in die Verzweiflung treiben lassen, wenn die Messung der Muskeln eine fast perfekte Genauigkeit verspricht? Nicht nur unter diesem Gesichtspunkt stellen sich mit Muskelaktivität arbeitende Interfaces wie *AlterEgo* als intelligente Lösung dar.

Systeme, die auf stumm gesprochener Sprache basieren, haben einen weiteren Vorteil: Das stumme Aussprechen ist ein klarer Marker dafür, dass ein Gedanke wirklich an den Computer übermittelt werden soll. Eine Gehirn-Computer-Schnittstelle, selbst wenn sie alle Gedanken messen könnte, müsste zusätzlich noch ermitteln, welche davon für die Steuerung relevant sind. Denkt eine Person nur an Kaffee, oder will sie, dass die Kaffeemaschine angeschaltet und ein Espresso zubereitet wird? Um ungewollte Aktionen zu verhindern, benötigt man einen Marker, der den tatsächlichen Befehl ankündigt, so wie man es mittlerweile von elektronischen Assistenten wie Siri, Google oder Alexa her kennt. Erst wenn man »Hallo, Siri« oder »Okay, Google« gesagt hat, wird die Software aktiv, und man kann seinen Wunsch eingeben. Das Chaos, das entstünde, wenn jeder unserer heimlichen Gedanken als Befehl gälte, wäre kaum auszudenken. Ein Marker ist für eine praktische Anwendung unablässig, und dafür bietet sich die stumme Sprache an, weil man durch sie – wie bei den elektronischen Assistenten auch – gut kenntlich machen kann, was als Befehl gemeint ist und was nicht.

Das Beispiel des 2018 verstorbenen britischen Physikers Stephen Hawking zeigt, wie sinnvoll und robust Muskelsteuerung im Vergleich zur Hirnsteuerung sein kann. Hawking litt unter einer schleichend voranschreitenden Erkrankung seiner motorischen Nervenzellen, die ihm nach und nach die Kontrolle über fast alle Bewegungen nahm. Zum Schluss konnte er nur noch über ein Gerät kommunizieren, das wie die oben beschriebenen Buchstabiergeräte funktionierte. Jeder Buchstabe musste einzeln ausgewählt werden. Das Schreiben von Wörtern und Sätzen dauerte sehr lange – faszinierend, dass Hawking trotzdem Bücher verfasst und Vorträge gehalten hat. Bei den Vorträgen sprach er nicht selbst, sondern er nutzte seine Schnittstelle, um vorbereitete Textpassagen von einem Computer vorlesen zu lassen. Er steuerte seinen Computer über das Anspannen eines einzigen noch zu kontrahierenden Wangenmuskels. Diese Bewegung wurde von einer Infrarotkamera an seiner Brille registriert.

Hawking probierte zwar auch Gehirn-Computer-Schnittstellen aus, zog aber die MuCI vor, weil sie besser funktionierte und ihn weniger ermüdete.[9] Generell gilt also: Wenn man noch Kontrolle über einen Muskel hat, sollte man den Computer lieber über diesen Muskel steuern, da dies viel einfacher und zuverlässiger umzusetzen ist als über ein EEG.

Allerdings gibt es Fälle, bei denen die Verwendung von Muskelaktivität nicht möglich ist. Stephen Hawking konnte seinen Wangenmuskel noch bewegen, aber bei bestimmten Erkrankungen kommt es zu einer Extremform motorischer Defizite, sodass Patienten schließlich gar keinen Muskel mehr kontrollieren können. Solche Patienten sind völlig der Möglichkeit beraubt, mit der Außenwelt zu kommunizieren. Man spricht vom *Locked-in-Syndrom*, wenn ein noch bewusster und denkender Geist in einem Körper ohne Bewegungs- und Kommunikationsmöglichkeit eingeschlossen ist. In dem erfolgreichen, auch verfilmten Roman *Schmetterling und Taucherglocke* beschreibt der Franzose Jean-Dominique Bauby, wie er selbst nach einem Schlaganfall zum (fast vollständigen) Locked-in-Patienten wurde: Es fühlt sich an, als sei man in einer Taucherglocke eingesperrt, während der Geist noch völlig aktiv ist. Gerade für solche Patienten wäre es natürlich wünschenswert, wenn man ihnen über Gehirn-Computer-Schnittstellen ermöglichen könnte, mit der Außenwelt zu kommunizieren. Es gibt in der Tat Ansätze zur Realisierung, allerdings muss man hier einen Schritt weitergehen: Man braucht Geräte, die direkten Zugang zu den Signalen im Gehirn haben. Wir müssten also die körperliche Hülle und die Schädeldecke dafür öffnen. Mit diesem Einbruch ins Gehirn beschäftigt sich das nächste Kapitel.

KAPITEL 18

EINBRUCH INS GEHIRN

Es dürfte deutlich geworden sein, dass wir mit unseren Hirnforschungsmethoden derzeit noch an eine harte Grenze stoßen. Hirnscanner und EEG-Kappen erlauben zwar einen Einblick von außen ins Gehirn, aber die Auflösung ist sehr begrenzt. Wesentlich effizienter könnte man mit Hirnsignalen arbeiten, die innerhalb des Schädels gemessen werden.

Aber wie kommt man an sie heran? Selbst bei Versuchen mit Tieren wird oft diskutiert, ob es ethisch vertretbar sei, deren Hirnaktivität invasiv zu messen, und selbst dort wäre es derzeit technisch unmöglich, 86 Milliarden Nervenzellen gleichzeitig abzuleiten. Bei gesunden Probanden verbietet es sich ohnehin, den Schädel zu öffnen und Elektroden zu implantieren. Gelegentlich aber ergibt sich, wie bereits an früherer Stelle gesagt, trotzdem die Möglichkeit, die Hirnaktivität bei Menschen direkt zu messen, dann nämlich, wenn im Rahmen einer medizinischen Diagnostik oder Behandlung das Gehirn freigelegt werden muss – das ist etwa bei bestimmten Epilepsiepatienten der Fall, bei denen kleine Vernarbungen des Hirngewebes Anfälle verursachen, die rein medikamentös nicht zu unterdrücken sind. Das vernarbte Gewebe wird dann durch eine Hirn-OP entfernt. Im Vorfeld werden zu diagnostischen Zwecken Elektroden direkt ins Gehirn eingeführt, um die Vernarbungen zu lokalisieren. Dazu wird eine Matte mit vielen Elektroden auf die offene Hirnoberfläche gelegt. Die Schädeldecke wird danach wieder geschlossen. Sobald ein neuerlicher Anfall ausgelöst wird, kann man anhand der Elektroden den Ursprungsherd – die Vernarbung – identifizieren.

Da diese Patienten tagelang in der Klinik ausharren müssen, um bei ihrem nächsten Anfall unter Beobachtung zu sein, kann man sie einladen, unterdessen an den wenig belastenden Versuchen teilzunehmen. Wenn sie einwilligen, lässt man sie beispielsweise verschiedene Sätze sprechen und zeichnet dabei ihre Hirnaktivität auf. Für die Patienten ist das nicht belastend, denn von den Messungen selbst bekommen sie kaum etwas mit. Auf diese Weise erhält man direkte Daten der Hirnaktivität. Natürlich spielt aus ethischen Gründen bei der Platzierung der Elektrodenmatte nur eine Rolle, was für die medizinische Behandlung des Patienten notwendig ist, und nicht, was der Hirnforschung nützen würde.

Bei der invasiven Messung der Hirnaktivität bekommt man Daten mit wesentlich besserer Qualität als beim EEG. Viele Studien haben bereits gezeigt, dass sich aus solchen sogenannten *Electrocorticography*-Daten, kurz ECoG, bestimmte Gedanken gut auslesen lassen. Ein Team um Edward Chang von der University of California in San Francisco entwickelte 2019 eine Technik, um mittels ECoG gesprochene Sprache aus der Hirnaktivität zu decodieren.[1] Auch hier waren die Versuchspersonen Epilepsiepatienten. Die Probanden wurden gebeten, Hunderte von Sätzen zu sprechen.

Derweil suchten die Hirnforscher nach neuronalen Mustern, die mit den jeweiligen Wörtern einhergingen. Sie konzentrierten sich dabei besonders auf die motorischen Zentren im Gehirn, von wo aus die an der Lautbildung beteiligten Muskeln im Mund- und Kehlkopfbereich befehligt werden. Mithilfe der analysierten Muster versuchten sie dann, die entsprechenden Laute synthetisch zu erzeugen und auf diese Weise zu rekonstruieren, was die Probanden sagen wollten. Die Übereinstimmung zwischen rekonstruierter und gesprochener Sprache lag im Höchstfall sogar bei über 90 Prozent.

Das klingt überzeugend, relativiert sich allerdings, sobald man sich genauer anschaut, wie das gute Ergebnis zustande kam. Die Kollegen aus San Francisco hatten ihre Sprachrekonstruktionen, die sie aus der Hirnaktivität der Probanden gewonnen hatten, anderen (gesunden) Testpersonen vorgespielt. Allerdings fragten sie dabei nicht einfach, was dort ihrer Meinung nach gesagt wurde, sondern gaben ihnen verschiedene Wörter oder Sätze vor, und die Probanden sollten auswählen, was so ähnlich klang wie die vom Computer synthetisierten Aussagen. Diese mussten die Probanden also gar nicht richtig verstehen.

Ein Beispiel: Wenn die Probanden nur Kauderwelsch zu hören glauben, etwa »B l ... b ... t ... B ... k ... t«, dann wüssten Sie sicher nicht, was gesagt wurde. Gäbe man Ihnen aber folgende Optionen zur Auswahl – »Blaukraut ist Blaukraut« oder »Fischers Fritz fischt frische Fische« –, würden Sie wohl richtig raten. Die mittels ECoG rekonstruierten Äußerungen sind zwar nicht überwältigend,[2] doch im Vergleich zu EEG-basierten Rekonstruktionen immer noch um Längen besser.

Solche Studien zeigen, dass es prinzipiell möglich ist, Sprache aus Hirnsignalen zu erkennen. Doch diese invasiven Techniken bilden natürlich keine Grundlage für die Entwicklung von BCI-Brillen, wie sie von Facebook vorgeschlagen wurden. Wohl nur wenige wären bereit, sich die Schädeldecke öffnen und Elektroden auf ihrer Großhirnrinde befestigen zu lassen, nur damit sie in hoher Geschwindigkeit Texte direkt aus ihrem Kopf an ein elektronisches Gerät übertragen können. Zumal es in jedem Smartphone bereits heute recht passabel arbeitende Diktierfunktionen gibt. Man kann die Wörter und Sätze einfach aussprechen und bekommt im Nu von

Apple, Google oder Amazon den Text auf dem Bildschirm präsentiert.

Natürlich hätte eine direkt mit Gedankenkraft arbeitende BCI-Technik auch Vorteile. Sie würde zum Beispiel selbst in einem lauten Raum mit vielen Störgeräuschen funktionieren. Aber dieser Vorteil würde keine Hirnoperationen bei einem gesunden Nutzer rechtfertigen.

Für klinische Anwendungen sind solche und ähnliche Techniken indes sehr spannend. So arbeitet ein Konsortium namens BrainGate an Hirnimplantaten für Querschnittsgelähmte.[3] Dafür wurden spezielle Elektrodengitter entwickelt – viel kleiner als jene, die bei Epilepsiepatienten implantiert werden. Bisher hat man nur an wenigen Patienten Versuche durchgeführt, aber die Ergebnisse sind vielversprechend. Die gelähmten Patienten können dank dieser Technik künstliche Prothesen direkt mit ihrer Gedankenkraft steuern: Sie müssen einfach nur an die Bewegung denken, die sie ausführen wollen. Das funktioniert, weil die Elektroden direkt in den motorischen Kortex implantiert werden, also dort, von wo auch bei Gesunden die neuronalen Kommandos zur Körperbewegung erteilt werden.

Gedanken wie »Bitte die Kaffeemaschine starten!« können solche Implantate allerdings nicht erkennen. Dafür müsste fast das gesamte Gehirn mit Elektroden abgedeckt werden, was beim aktuellen Stand der Messtechnik nicht möglich ist.

Gleichwohl wird von einigen Vorreitern in diese Richtung geforscht. So will der Tech-Milliardär und Tesla-Gründer Elon Musk eine Technik namens *Neural Lace* entwickeln – eine Art Geflecht, das sich über das ganze Gehirn legen soll. Musk will auch invasiv vorgehen. Das heißt, nicht Elektroden auf der Kopfhaut, sondern Messungen direkt im Hirn sollen die Gedanken eines Menschen auslesen.

Derzeit hört sich das eher nach Science-Fiction an, und

Musk macht auch tatsächlich bisweilen den Eindruck, als würde die Fantasie mit ihm durchgehen. Ihm schwebt ein symbiotischer Mensch-Maschine-Organismus vor, ein Cyborg, bei dem eine Schicht künstlicher Intelligenz über dem Gehirn liegt, »die ebenso gut mit dir als Person zusammenarbeiten wird wie die Großhirnrinde und das limbische System«.[4] Damit soll der Mensch kognitiv aufgerüstet werden, um zu verhindern, dass ihn die künstliche Intelligenz überholt. Was das im Detail bedeutet und wie die Arbeitsteilung zwischen Gehirn und KI-Schicht funktionieren soll, ist jedoch nicht recht klar.

Mit einer ersten Vorstufe hat Musk aber bereits Erfahrungen gesammelt. Er entwickelte kleine biegsame Mini-Elektroden, die von einem nähmaschinenartigen Roboter wie Fäden in das Hirngewebe eingenäht werden. Bei einer Präsentation wurde die Technik erst einmal an Schweinen demonstriert, an denen äußerlich zunächst nichts auffällig war. Ein Schwein hatte jedoch ein Implantat, mit dem man die Aktivität der Nervenzellen messen und so nachverfolgen konnte, wie es mit der Schnauze die Umgebung erkundete. Diese Technik ist interessant, aber leider deckt sie nur einen kleinen Bereich der Hirnoberfläche ab. Für das Steuergerät muss ein münzengroßes Loch in die Schädeldecke gebohrt werden. Es ist technisch kaum denkbar, dass man damit die ganze Hirnoberfläche, geschweige denn das gesamte Gehirn bis in die Tiefe hinein vermessen kann.

In gar nicht allzu ferner Zukunft soll – nach Musks Vision – eine andere Technik zum Einsatz kommen: Nanoteilchen, die in die Blutbahn injiziert werden und ins Gehirn wandern. Dort würden sie eine Schnittstelle schaffen, die sich der Form der Großhirnrinde geschmeidig anpasst. Dieses Neural Lace soll die weiträumige Aktivität der Neurone messen und nach außen an einen Computer weiterleiten.

Das klingt nach einer spannenden, aber auch etwas kruden Idee. Denn aus wissenschaftlicher Sicht steht dem Plan, über die Blutgefäße einen Stoff ins Gehirn einzuführen, ein wichtiges Argument entgegen: Zwischen den Blutgefäßen und den Nervenzellen steht eine schwer zu überwindende Mauer, die Blut-Hirn-Schranke. Diese Barriere ist nur selektiv durchlässig. Sie kontrolliert sehr präzise den Stoffaustausch im Zentralnervensystem und verwehrt Stoffen, die dem Gehirn schädlich werden könnten, den Zutritt.

Diese zelluläre Firewall hat auch Nachteile; sie erschwert die Behandlung verschiedener neurologischer Krankheiten, weil auch helfende Medikamente an ihrer Überwindung scheitern. So ein Nanopartikel müsste also ein wahrer Wunderstoff sein, wenn es die Blut-Hirn-Schranke passieren und eine stabile, dauerhafte Schnittstelle bilden soll.

Schaut man sich die Mikroanatomie des Hirns an, stößt man rasch auf weitere mögliche Probleme: Hochauflösende Aufnahmen des Hirngewebes mit dem Elektronenmikroskop zeigen deutlich, wie dicht die Nervenzellen gepackt sind. Da gibt es kaum Platz für ein Netz aus körperfremden Partikeln, nicht einmal dann, wenn man sich mit Nanotechniken in der Größenordnung von millionstel Millimetern bewegt.

Ohnehin wird hier der zweite Schritt gedanklich vor dem ersten getan. Denn bevor man einen wie auch immer gearteten Stoff mit den Neuronen zusammenarbeiten lassen kann, müsste man erst einmal wissen, wie das Gehirn überhaupt Informationen codiert. Man müsste die »Sprache« des Gehirns verstehen, und wie schwer das ist, haben wir bereits gesehen – wir sind noch sehr weit entfernt davon. Weiterhin ungeklärt ist, wie eine solche Schicht künstlicher Intelligenz im Hirn mit Energie versorgt werden kann (auch wenn daran bereits geforscht wird). Ein Batteriebetrieb verbietet sich schon aufgrund der Platzproblematik und der Lebensdauer.

Vielleicht wäre eine Energieversorgung über Ultraschall möglich, da diese Wellen so dosiert werden können, dass sie das umliegende Gewebe nicht schädigen. Allerdings würde das einen recht massiven Eingriff in die natürlichen Abläufe des menschlichen Gehirns bedeuten.

Und selbst wenn es erste Ansätze zur Lösung all dieser Probleme geben sollte, bleibt immer noch zu fragen, ob sich wirklich gesunde Probanden finden, die ihr Hirn derart manipulieren lassen würden. So ungewiss der Nutzen eines solchen Eingriffs scheint, so klar sind die dabei zu erwartenden Risiken. Solch eine Vielzahl an Nanopartikeln, auch neuronaler Staub (*Neural dust*) genannt, könnte aufgrund sowohl ihrer Struktur als auch des Materials gefährliche Nebenwirkungen im Körpergewebe haben. Obwohl – oder gerade weil – die Nanopartikel so klein sind, können sie die Körperzellen auf verschiedene Weise irritieren. Wenn Nanomaterial einmal ins Gehirn gelangt ist, steigt dort zum Beispiel das Risiko von Schlaganfällen, wie Wissenschaftler aus Harvard, Cambridge, Stanford, Berkeley und Chicago in einem umfassenden Bericht zu den biophysikalischen Effekten von Kleinstmaterialien im Hirngewebe berichtet haben.[5]

Allein schon aus ethischen Gründen verbieten sich Forschungen am Menschen mit ungeklärten Risiken, ebenso wie Versuche, die ein nur vage umrissenes Ziel haben. So sind einige Verlautbarungen von Elon Musk zum Gedankenlesen wohl eher der Science Fiction zuzuordnen. Allerdings könnte man auch argumentieren, dass Musk die Entwicklung der Technik nur konsequent weiterdenkt. Denn schon heute sind wir ja mit Computern aller Art verbunden. Das Smartphone ermöglicht sogar einen direkten haptischen Kontakt zur elektronischen Welt und bindet uns in Nachrichten- und Konsumportale sowie soziale Netzwerke ein. Der Guru des elektronischen Zeitalters und Begründer der modernen Medientheorie, Herbert Marshall McLuhan, orakelte bereits 1967, dass »die elektrische Schaltungstechnik eine Erweiterung des Zentralnervensystems«[6] mit sich bringen werde. Genau diese Prognose scheint sich im digitalen Zeitalter zu bewahrheiten. So gesehen wäre es eigentlich nur ein kleiner und konsequenter Schritt hin zu Techniken, die den Menschen zu einem Cyborg machen.

Trotzdem tut sich an dieser Stelle eine prinzipielle Grenze auf: Wenn eine zukünftige neuronale Schnittstelle eine direkte Zusammenarbeit mit den Neuronen im Hirn praktiziert, würde das die biologische Integrität des Menschen aufheben. Denn die Informationsverarbeitung im Hirn würden dann nicht mehr die Neurone allein leisten – die Gedanken, Handlungen, Planungen und Absichten des Menschen wären nicht mehr ausschließlich Ergebnisse selbst gesteuerter, rein biologischer Prozesse. Das würde einen Bruch in der Kontinuität der menschlichen Evolution bedeuten, eine Singularität. Würden diese Visionen wahr werden, könnte die Menschheit über ihre aktuellen kognitiven Grenzen hinausgehen. Man nennt solche Vorstellungen deshalb auch »transhumanistisch«: Der Mensch wächst über die Begrenzung seiner eigenen Art hinaus – mit möglicherweise unabsehbaren Folgen.

Elon Musk ist mit seinen Ideen beileibe nicht allein. Ein weiterer prominenter Vertreter und Vorreiter der Vorstellung von nanotechnologischen Schnittstellen im Gehirn ist Ray Kurzweil, der vor seinem Interesse für das Gehirn bereits eine Reihe erfolgreicher Erfindungen vorzuweisen hatte. Der Spross einer 1939 vor den Nazis aus Österreich nach New York geflohenen jüdischen Familie entwarf nach einem Studium der Computerwissenschaft am MIT ein Gerät zum automatischen Lesen gedruckter Zeichen, das er später zu einer Vorlesemaschine für Blinde weiterentwickelte. Berühmt wurde Kurzweil in den 1980er-Jahren, als er nach einem Treffen mit Stevie Wonder eine neue Generation von Musiksynthesizern entwickelte, die derart authentische Klänge produzierten, dass sie von der Musik echter Instrumente kaum mehr zu unterscheiden waren.

Kurzweil denkt die Transhumanität als Möglichkeit sowohl der Intelligenzsteigerung als auch der Unsterblichkeit. Der Weg, den Tod zu überwinden, führt ihm zufolge über drei Brücken: Zuerst muss der Mensch seinen Stoffwechsel mithilfe von Nahrungszusätzen und einem aktiven Lebensstil optimieren. Kurzweil selbst nimmt zu diesem Zweck mehr als 200 Pillen täglich ein und besitzt eine eigene Firma, die diese Mittel herstellt. Der 1948 geborene Zukunftsforscher hegt die Hoffnung, auf diese Weise Phase zwei zu erreichen, in der Genetik Hand in Hand mit Biotechnologie den menschlichen Körper von altersbedingten Krankheiten heilen und fit machen soll für die dritte Brücke. Hier kommen dann Nanoroboter zum Einsatz, die komplexe biologische Reparaturvorgänge ausführen und unzuverlässige Teile – vor allem ineffiziente Organe – ersetzen können.

Zugleich sagt Kurzweil die weitere exponentielle Beschleunigung technischer Entwicklungen voraus, die dann im Jahr 2045 zur Singularität führen soll. Das ist für ihn der Punkt, an dem die künstliche Intelligenz die menschliche in allen Bereichen übertrifft. Der Mensch kann dann ein Back-up seiner Persönlichkeit vornehmen, indem er sie mithilfe von Schnittstellen aus dem Gehirn herunterlädt. Er lebt nun digital weiter, verschmilzt mit der künstlichen Intelligenz und wird auf diese Weise unsterblich.

Ein Neurowissenschaftler hegt spätestens an dieser Stelle arge Zweifel. Es ist derzeit völlig unklar, was eine Persönlichkeit ausmacht und wie sie im Gehirn realisiert ist, geschweige denn, wie man sie aus dem Gehirn herunterladen könnte. Für das von Kurzweil angestrebte Back-up des Geistes würde es beileibe nicht genügen, die aktuellen Gedanken einer Person, also unsere Wahrnehmungsbilder und Gefühle, auf den Computer zu übertragen. Um wirklich die Persönlichkeit zu erfassen, bräuchte man auch alle Lebenserinnerungen und all das Wissen, das sich im Hirn im Laufe der Lebensjahre angesammelt hat. Aber all dies aus dem Gehirn auszulesen würde sogar mit Elon Musks futuristischem Neural Lace schwierig werden.

Selbst wenn man die Aktivität aller 86 Milliarden Nervenzellen im menschlichen Gehirn kontinuierlich messen und auf einen Computer übertragen könnte, wäre man noch weit davon entfernt, die Persönlichkeit und die Erinnerungen einer Person auszulesen. Denn nach heutigem Stand sind die Lernerfahrungen einer Person in der Stärke der synaptischen Übertragungen abgespeichert, von denen in Kapitel 5 bereits die Rede war. Dabei darf man sich die Synapsen, deren Aufgabe es ist, Informationen von einer Nervenzelle an die nächste weiterzuleiten, nicht wie feste Drähte vorstellen, die ein Endgerät mit einer Steckdose in Kontakt bringen. Je intensiver die Verbindung zwischen zwei Nervenzellen ist, desto stärker wird auch das sogenannte synaptische Gewicht. Das wäre in etwa so, als würde ein Telefonkabel dicker, je mehr es verwendet wird. Um das gesamte im Hirn gespeicherte Wissen auslesen zu können, bräuchte man also Informationen über die Stärke jeder einzelnen Synapse. Im Prinzip könnte man zwar durch eine strukturelle Untersuchung mit dem Elektronenmikroskop die Verknüpfungsstärke einer Synapse messen, aber das Gewebe würde so eine Prozedur nicht überleben, denn im Innern eines Elektronenmikroskops befinden sich ein Vakuum und ein sehr starker Elektronenstrahl, der das Gewebe beschießt, wodurch es auf über 100 Grad aufgeheizt wird. Außerdem müsste das Gewebe in viele kleine

Schnitte zerlegt werden. Der Aufwand wäre also bereits für eine einzige Zelle extrem hoch; angesichts der großen Anzahl von Nervenzellen und der tausendfach höheren Zahl von Synapsen ist dies schlicht nicht zu bewältigen.

In nächster Zeit wird es also wohl keinen neuronalen Nanostaub geben, der eine enge Kopplung weiträumiger Hirnaktivität an externe Computer ermöglicht. Und selbst wenn, sollte man sich zuerst die Frage stellen: Wollen wir unser innerstes Seelenleben wirklich einem Computer offenlegen – und damit jedem, der auf das Gerät Zugriff hat?

Damit ist es an der Zeit, die ethischen Fragen zu diskutieren, die sich mit den Techniken zum Auslesen der Gedanken stellen.

KAPITEL 19

GEDANKENVERBRECHEN

Wie bereits im ersten Kapitel geschildert, glauben die meisten Menschen, es gäbe einen mentalen Raum, in dem wir vor jederlei Zugriff sicher sind. Wir können dort alle möglichen Gedanken hegen, egal, wie gefährlich oder verwerflich sie manchmal vielleicht sein mögen. Solange wir sie für uns behalten und sie nicht zu illegalen Handlungen führen, wird uns kein Richter dafür verurteilen.

Genau diese mentale Privatsphäre ist aber beim Brain-Reading in Gefahr. Der Rechtsphilosoph Reinhard Merkel sprach mir gegenüber in diesem Zusammenhang sogar einmal vom »mentalen Hausfriedensbruch«. Sicher, derzeit sind die Anwendungsmöglichkeiten, Gedanken aus der Hirnaktivität auszulesen, noch begrenzt. Aber wenn das in Zukunft doch zuverlässiger möglich sein wird, verlieren die Menschen die Kontrolle darüber, welche ihrer privatesten Wünsche, Hoffnungen und Geheimnisse sie preisgeben wollen. In einem berühmten Volkslied heißt es: »Die Gedanken sind frei, wer kann sie erraten« und »kein Mensch kann sie wissen«. Damit wäre es dann wohl vorbei.

In der heutigen Zeit, in der die sozialen Medien allgegenwärtig sind, könnte man dieses Problem natürlich herunterspielen. Wenn Menschen ohnehin schon alles Mögliche über sich auf Facebook und Co. preisgeben und ein einziger Like so viel über eine Person verrät, wozu sollte man sich dann die Mühe machen, ins Gehirn zu schauen? Doch dafür könnte es durchaus Gründe geben. Wenn man in einem totalitären

Staat lebt und den Eindruck erwecken möchte, regimetreu zu sein, wird man die Webseite des Präsidenten liken und die Seiten von Dissidenten meiden. Ob dies aber etwas über die tatsächlichen Präferenzen aussagt, ist nicht klar. Wenn man nun die Möglichkeit hätte, Gedanken direkt auszulesen, könnte man auch verborgene und geheime (zum Beispiel politische) Einstellungen erkennen.

Uns gelang es in einer in Kapitel 16 erwähnten Studie bereits, politische Einstellungen aus der Hirnaktivität auslesen. Diese Erkenntnis könnte in einer Diktatur zu einem Todesurteil führen, wenn dabei eine kritische Einstellung zur Staatsführung aufgedeckt wird. Gerade die Erfahrungen mit dem Nationalsozialismus warnen uns in Deutschland vor der Bestrafung von Gedankenverbrechen. In der Bundesrepublik kann niemand für eine kriminelle Einstellung bestraft werden, solange diese nicht zu einer strafbaren Handlung führt.

An dieser Stelle noch einmal ein Sprung zurück zum Beispiel des betrogenen Ehegatten aus dem Film *Minority Report* aus Kapitel 14: Er hatte seine Frau im Bett mit einem Liebhaber erwischt, wollte sie mit einer Schere erstechen, holte aus – und in dem Moment griffen die Polizisten ein. Ab welchem Zeitpunkt hätte man ihn bestrafen können? Wenn er noch gar nicht zur Tat angesetzt, aber sich fest dazu entschlossen hatte? Sicher nicht, denn in dem Fall würde es sich noch um ein Gedankenverbrechen handeln.

Ab wann wird das Verhalten des Ehemannes strafbar (Abbildung 39)?

A   Noch *bevor er überhaupt erfährt*, dass seine Frau fremdgeht, aber in seinem Gehirn schon angelegt ist, dass er dafür anfällig ist, auf diese Informationen mit einem Mord zu reagieren?

B Wenn er erfahren hat, dass seine Frau fremdgeht, und darüber *nachdenkt*, eventuell seine Frau zu töten?

C Wenn er sich endgültig und *verbindlich entschließt*, seine Frau zu töten?

D Wenn er *die Tat vorbereitet* und dazu die Schere ins Schlafzimmer legt, um sie später für den Mord griffbereit zu haben?

E Wenn er *zur Tat ansetzt*, dazu ins Schlafzimmer geht, die Schere in die Hand nimmt und die feste Absicht hat, die Tat zu begehen?

F Wenn er die Tat *unumkehrbar in Gang gesetzt* hat, weil er ausgeholt hat, die Schere niedersaust und der Point of no Return überschritten ist, an dem die Tat noch hätte abgebrochen werden können?

G Wenn die *Tat durchgeführt* ist und seine Frau erstochen wurde?

Angenommen, man könnte zum Zeitpunkt **A** – also bevor der Mann weiß, dass seine Frau fremdgeht – bereits perfekt und zuverlässig vorhersagen, dass er die Tat begehen wird: Sollte das strafbar sein? Das erscheint natürlich etwas unfair, da er ja selber noch gar nichts davon weiß, dass er sich zu einem konkreten Verbrechen entschließen wird. Subjektiv gesehen, also aus seiner eigenen Perspektive, ist er völlig unschuldig. Wenn man so eine mentale Anfälligkeit für Straftaten bereits als Gedankenverbrechen ansieht, würde es sich ja nur um »unbewusste Gedanken« handeln.

Wenn man genau hinsieht, ist es aber auch in unserem deutschen Rechtssystem in bestimmten Fällen möglich, Menschen für Taten einzusperren, an die sie noch nicht einmal gedacht haben. Ein Beispiel sind Wiederholungstäter, von denen eine erhebliche Gefährdung ausgeht. Paragraf 66 im Strafgesetzbuch spricht davon, dass eine Person aufgrund

eines »Hanges zu erheblichen Straftaten [...], durch welche die Opfer seelisch oder körperlich schwer geschädigt werden [...], für die Allgemeinheit gefährlich« sein kann. In diesem Fall kann diese Person zu Sicherungsverwahrung verurteilt werden, und zwar ohne, dass sie konkret eine neue Straftat auch nur geplant hat. Der Gesetzgeber stützt sich hierbei auf psychiatrische und statistische Prognosen und

Abb. 39: Verschiedene Phasen im Vorlauf einer »Straftat«: Hier nehmen wir ein etwas weniger patriarchal-gewalttätiges Beispiel als den Mord des Ehemanns an seiner Ehefrau aus *Minority Report*. In diesem Fall will ein Junge die heimische Keksdose ausplündern. Am Anfang steht eine Anfälligkeit, etwa durch eine zu laxe Erziehung oder einen zu langen Keksentzug. Während dieser Phase denkt der Täter nicht über die mögliche Handlung nach, sondern hat nur eine gewisse Vulnerabilität, zum Täter zu werden, wenn sich die Gelegenheit bietet. In einer konkreten Situation beginnt die Person, bewusst über eine mögliche Tat nachzudenken, und entschließt sich dann, die Tat zu begehen. Zu diesem Zeitpunkt existieren alle Vorgänge bloß im Reich der Gedanken, es hat noch keine konkrete Handlung stattgefunden. Danach beginnt der Täter, die Tat vorzubereiten, und setzt schließlich zur Tat an. Irgendwann kommt der Punkt ohne Wiederkehr (*Point of no return*), ab dem es unmöglich ist, die einmal begonnene Handlung abzubrechen. Am Ende ist die Tat erfolgreich durchgeführt. Ab welchem Zeitpunkt sollte so eine Tat »strafbar« sein? Wenn der Entschluss gefallen ist, die Tat aber nur als Gedanke vorliegt? Oder wenn die Tat nicht mehr umkehrbar ist?

fordert keine hundertprozentige Vorhersagegenauigkeit, welches Verbrechen wann genau eintreten wird.

Was ist mit dem Zeitpunkt **B**, wenn der Gatte schon mit dem Gedanken spielt? Sollte man dies als Gedankenverbrechen einstufen und den Gatten dafür bestrafen? Wenn zur Zeit des Nationalsozialismus bekannt geworden wäre, dass man auch nur darüber nachdachte, Adolf Hitler zu ermorden, wäre man wohl hingerichtet worden (wie vermutlich auch dann, wenn man diesen Gedanken im privaten Tagebuch formuliert gefunden hätte). Auch hier hätte es sich um ein reines Gedankenverbrechen gehandelt.

Wenn zum Zeitpunkt **C** der Gatte den festen Entschluss gefasst hat, steht weitgehend fest, dass es zur Tat kommen wird, wenn nicht noch jemand eingreift. Hier wäre vermutlich der Punkt erreicht, an dem man darüber nachdenken könnte, den Ehemann zu bestrafen, denn er hat seine Entscheidung gefällt. Ist es also ein Verbrechen, sich zu einer Straftat zu entschließen? Nein, sagt unser Strafgesetzbuch. Erstaunlicherweise kann man in unserem Rechtssystem sogar noch viel weitergehen, ohne eine Strafe zu riskieren. Die Tatvorbereitung kann sogar schon das Reich der Gedanken verlassen haben und in konkrete Handlungen münden. Selbst eine offensichtliche Vorbereitungshandlung, wie das Verstecken einer Schere zum tödlichen Gebrauch (Zeitpunkt **D**), reicht als Grund für eine Verurteilung nicht aus. Erst wenn man nach dem Entschluss wirklich zur Tat *angesetzt* hat, also wenn der betrogene Ehemann ins Schlafzimmer geht, um die Schere zu holen und den Mord zu begehen, kann eine Bestrafung für einen versuchten Mord erfolgen. Hier ist ein Punkt weit jenseits des reinen Gedankenverbrechens erreicht.

Ergo: Selbst wenn man mit den Mitteln des Brain-Reading einen Tatentschluss zum Zeitpunkt **C** mit hundertprozentiger Sicherheit auslesen könnte, würde das nach heutiger Gesetzeslage nicht für eine Verurteilung reichen. Das heißt wiederum: Unser Rechtssystem ist von der Bestrafung der Gedankenverbrechen weit entfernt. Eine Ausnahme bilden schwere staatsgefährdende Taten (etwa in § 307 StGB), bei denen man sich bereits in der Vorbereitungsphase strafbar macht. Terroristen, deren Anschlagspläne mithilfe einer Gedankenlesetechnik beim Sicherheitscheck am Flughafen entdeckt würden, könnten aus dem Verkehr gezogen werden.

Selbst wenn also im deutschen Rechtssystem Gedankenverbrechen im engeren Sinne nicht strafbar sind, zeigen Gesellschaften doch seit jeher ein großes Interesse daran, an die Gedanken potenzieller Straftäter zu gelangen. Menschen sind in der Vergangenheit immer wieder für falsche Gedanken bestraft worden, und Staaten haben viele – zum Teil sehr fragwürdige – Versuche unternommen, die Gedanken von möglichen Tätern gegen deren Willen in Erfahrung zu bringen – und das nicht nur in Diktaturen oder beim fiktiven Big Brother aus George Orwells Roman *1984*. In Japan gab es in der ersten Hälfte des 20. Jahrhunderts ein »Gesetz zur Aufrechterhaltung der öffentlichen Sicherheit«, nach dem bereits eine feindliche Einstellung zum Staat unter Strafe stand. Zur Aufdeckung und Verfolgung existierte eine eigene Gedankenpolizei (Shisō Keisatsu). Vermutlich wäre der japanischen Regierung eine neurowissenschaftliche Brain-Reading-Technik damals sehr willkommen gewesen.

Auch einige autoritäre Regimes der Gegenwart hätten sicherlich großes Interesse daran, verborgene Absichten zu erfahren. Dass kann man nicht zuletzt daran erkennen, mit welchem Eifer sie im Internet persönliche Daten ihrer Bürger sammeln. In unserem Rechtssystem sind derzeit kriminelle Absichten, die mit Brain-Reading-Verfahren ausgelesen wurden, in den allermeisten Fällen nicht strafbar.

KAPITEL 20

WAS SOLLTE MAN DÜRFEN?

Es gibt viele Möglichkeiten, aus der Hirnaktivität eines Menschen etwas über seine Gedanken, Erinnerungen, Gefühle, Produktpräferenzen oder politischen Einstellungen in Erfahrung zu bringen. Sicher sind die Ergebnisse des Brain-Reading derzeit von begrenzter Aussagekraft und für die meisten Anwendungen ist die Technik noch nicht reif. Trotzdem stellt sich für die Zukunft die Frage: Was sollte man sich vom Brain-Reading überhaupt wünschen?

In der Geschichte der Menschheit hat man sich immer wieder schrecklicher Methoden bedient, um in das geheime Kämmerlein der Gedankenwelt einzudringen. Spätestens seit der Antike wird körperliche Folter verwendet, um Menschen dazu zu zwingen, ihre Geheimnisse preiszugeben. Noch in jüngster Zeit verletzte das US-Militär grundlegende Menschenrechte und wendete Foltertechniken wie Waterboarding an, um aus Gefangenen Informationen herauszupressen. Das löste einen internationalen Skandal aus. Auch in Deutschland entbrannte eine heftige Diskussion, als im Jahr 2002 der stellvertretende Frankfurter Polizeipräsident Wolfgang Daschner dem der Entführung Verdächtigen Magnus Gäfgen Folter androhte, falls er nicht den Aufenthaltsort des entführten Kindes Jakob von Metzler verraten würde. Daschner wusste, dass selbst die Androhung widerrechtlich war, aber er hielt diese Gesetzesübertretung für angemessen, um das Leben eines Kindes zu retten. Auch hier ging es darum, den in den Gedanken des Entführers verborgenen Aufenthaltsort gegen dessen Willen in Erfahrung zu bringen. Was, wenn damals bereits neurowissenschaftliche Brain-Reading-Techniken zur Verfügung gestanden hätten?

Es wird immer wieder versucht werden, in die Gedankenwelt von Personen einzudringen. Dies muss nicht unbedingt mit Gewalt geschehen. Im 20. Jahrhundert wurde intensiv nach »Wahrheitsdrogen« geforscht, etwa mit Scopolamin. Es gab zahlreiche Anwendungen dieser Mittel, nicht nur von Geheimdiensten, sondern auch bei Gerichtsprozessen. Bis heute wird großer Aufwand betrieben, um an die verborgenen Gedanken von Verdächtigen und Tätern zu gelangen, und bisweilen wird auch wieder über den Einsatz von Wahrheitsdrogen nachgedacht.[1]

Ein weiteres Beispiel für die Versuche, in die mentale Privatsphäre einzudringen, sind Lügendetektoren. In den USA waren in den 1970er-Jahren Polygrafen weit verbreitet. Mehrere Firmen hatten Lügendetektoren zur Marktreife gebracht und verzeichneten rasenden Absatz. Sobald es in Unternehmen, wie etwa einem Supermarkt, zu Unregelmäßigkeiten in der Abrechnung kam oder Waren verschwanden, konnte es passieren, dass der Arbeitgeber seine Angestellten mithilfe des Polygrafen überprüfte. Wer die Untersuchung ablehnte, machte sich verdächtig. Diesem Vorgehen wurde schließlich 1988 durch ein Gesetz, den »Employee Polygraph Protection Act«, ein Ende bereitet. Lügendetektortests waren von da an in den USA für Firmen verboten. Allerdings blieben ausdrücklich mehrere Ausnahmen gestattet. Bei bestimmten US-Regierungsbehörden, wie etwa dem FBI und der CIA, ist der Lügendetektortest bis heute erlaubt und findet auch – trotz profunder Kritik an der Technik – häufig Verwendung. Es gibt dort sogar eine eigene, spezialisierte Bundeseinrichtung, das National Center for Credibility Assessment (NCCA) in Fort Jackson, South Carolina.

Allerdings muss man gar nicht zum Lügendetektor greifen, um eine Person der Lüge zu überführen. Anfang Januar 2014 trudelte bei mir eine ungewöhnliche Anfrage aus der Schweiz ein. Ein Mitarbeiter des Schweizer Radio- und Fernsehsenders SRF bat mich um eine Stellungnahme zu einer öffentlichen Debatte. Eine Versicherung in der Schweiz, die für Invaliditätsrenten zuständig ist, hatte EEGs eingesetzt, um die Zuverlässigkeit ihrer Rentenbescheide zu verbessern. Es ging um Fälle, bei denen Versicherte aufgrund einer psychischen Erkrankung, zum Beispiel einer Depression, nicht mehr erwerbsfähig waren und eine regelmäßige Rentenzahlung beantragten. Eine monatliche Invaliditätsrente auszuzahlen stellt für eine Versicherung eine große finanzielle Belastung dar, sodass sie einen Missbrauch natürlich möglichst ausschließen will, nicht zuletzt auch im Interesse der anderen Versicherten.

Bei der besagten Versicherung lagen in 60 Prozent der neuen Rentenfälle psychische Erkrankungen zugrunde. Sie suchte nach möglichst zuverlässigen Beurteilungskriterien und bezog EEG-Messungen in ihre Entscheidungen mit ein. Diese fungierten hier angeblich nur als »Zünglein an der Waage« und ersetzten nicht die umfassende psychiatrische und neurologische Untersuchung. Ich gab dem SRF meine Einschätzung dieser Handhabung und fuhr bald darauf zu einer Konferenz einer Rückversicherungsgesellschaft in Zürich, wo ich meine Position wiederholte: Die Zeit für solche hirnbasierten Verfahren war (und ist) aus technischer Sicht noch nicht reif. Zum Glück beendete der wissenschaftliche und öffentliche Druck bald diese unseriöse Praxis; die Versicherung verzichtete fortan darauf, Hirnmessungen in ihre Entscheidungen mit einzubeziehen.

Gleichwohl zeigt dieser Fall, wie groß das ökonomische und strafrechtliche Interesse an einer objektiven Vermessung des menschlichen Geistes zur Überprüfung des Wahrheitsgehalts von Aussagen ist. Auch ein eventuell möglicher neuronaler Schmerzdetektor (siehe Kapitel 11) könnte für Versicherungen interessant sein, beispielsweise dann, wenn man mit objektiven Verfahren feststellen möchte, ob ein Anspruch auf Entschädigung besteht, weil ein Unfallopfer chronische Schmerzen geltend macht. Hier stellt sich natürlich eine fundamentale Frage: Wem will man Glauben schenken, wenn ein Patient sagt, er habe Schmerzen, aber der Computer dafür keine Anzeichen im Gehirn findet? Liegt dann der Computer falsch und muss neu trainiert werden? Oder könnte es bisweilen auch Gründe geben, dem Patienten nicht zu glauben, etwa wenn eine hohe Rentenzahlung auf dem Spiel steht? Solche heiklen Fragen zeigen, wie wichtig es ist, die Verfahren möglichst hundertprozentig zuverlässig zu machen, bevor man überhaupt daran denken kann, sie einzusetzen.

Zurzeit sind solche Verfahren in Deutschland nicht zulässig. Gleichwohl aber entwickelt sich die Brain-Reading-Technologie weiter, sodass eine sehr düstere Zukunft vorstellbar wäre, in der die Gedanken einer Person auch gegen ihren Willen durchsucht werden können. Für die Verbrechensbekämpfung stünde dann ein Instrument zur Verfügung, das eine nahezu objektive Wahrheitsfindung ermöglichen würde. Gäbe es dann noch gute Argumente dafür, eine solche Technologie nicht anzuwenden?

Doch noch ist es nicht so weit, noch stellt uns die entsprechende Technik nicht vor vollendete Tatsachen. Insofern haben wir noch einen Spielraum, um darüber ins Gespräch zu kommen, ob wir das wirklich wollen. Dabei müssen ethische, juristische und neurowissenschaftliche Positionen Gehör finden und schließlich eine rechtlich verbindliche Form erarbeitet werden, die klare Regelungen für die Verwendung von Brain-Reading-Techniken schafft.

KOLLATERAL-
INFORMATIONEN

Die User sozialer Netzwerke beliefern die digitalen Medien freiwillig mit privaten Daten. Die Posts, die wir auf Facebook senden, oder die genetischen Informationen, die wir Genanalysefirmen wie 23andMe bereitwillig aushändigen, können ebenfalls zu ethisch fragwürdigen Zwecken verwendet werden – auch ohne dass wir etwas davon mitbekommen. Wenn Facebook Nutzerprofile verkauft oder 23andMe genetische Daten mit Erkrankungswahrscheinlichkeiten einzelner Personen auf ihren Computerservern speichert, gibt es reichlich Material für einen möglichen Missbrauch.

Ein besonderes Problem stellen hier »Kollateralinformationen« dar. Das sind private Informationen, die man unbeabsichtigt preisgibt. Sieht man auf Facebook eine Kneipe mit einer Regenbogenfahne und verteilt spontan einen Like, glaubt man vielleicht, man habe nur seine Sympathie für die Kneipe kundgetan, aber Facebook kann mithilfe von Mustererkennung möglicherweise daraus die sexuelle Orientierung des Nutzers erfahren. Oder man gibt 23andMe seine Gendaten mit einer Speichelprobe, bezahlt und erhält eine Genanalyse und Liste mit Wahrscheinlichkeiten, bestimmte Krankheiten zu bekommen. Finden solche Daten den Weg zu einer privaten Krankenversicherung, wird diese womöglich einen Vertrag wegen zu hohen Krankheitsrisikos verweigern.

Ähnlich verhält es sich mit Hirndaten. Vor allem aus den strukturellen MRT-Bildern, die etwas über die Anatomie des Gehirns verraten, können vielfältige Erkrankungen ausgelesen werden. Am Bernstein Center haben wir zum Beispiel daran gearbeitet, aus solchen Daten vorherzusagen, ob eine Person an Multipler Sklerose oder an Alzheimer-Demenz erkranken wird. Prinzipiell könnte man also ein MRT aus unseren Brain-Reading-Studien verwenden, um daraus eine Erkrankungswahrscheinlichkeit zu berechnen. An universitären Forschungseinrichtungen wie der Charité ist die Verwendung der Daten eng beschränkt auf die Nutzung, die vom Probanden selbst bewilligt wurde. Dies wird auch strikt überwacht. Man kann keine Analysen durchführen, denen der Proband nicht – zumindest prinzipiell – zugestimmt hat. Aber wer garantiert, dass eine kommerzielle Firma, bei der man an einem Neuromarketingexperiment teilnimmt, nicht die MRT-Daten der Probanden nach Krankheiten durchforscht und dann die Daten verkauft?

Es bedarf also dringend rechtlicher Regulierungen zur Nutzung von Brain-Reading-Techniken und der daraus hervorgehenden Daten. Allerdings ist vorher die grundsätzlichere Frage zu stellen, welche Techniken wir überhaupt zulassen wollen, oder zugespitzt: Was wollen wir überhaupt dürfen? Schließlich gibt es Brain-Reading-Verfahren, die Patienten wichtige Hilfestellung leisten, wie etwa Gehirn-Computer-Schnittstellen, mit denen gelähmte Menschen ihre Gliedmaßen wieder bewegen oder Briefe mittels Gedankenkraft schreiben können. Hier ist das Eindringen in die Gedankenwelt nicht nur toleriert, sondern sogar ausdrücklich erwünscht. Zumindest so lange, wie die Gehirn-Computer-Schnittstelle nicht missbräuchlich dazu verwendet wird, vertrauliche Informationen gegen das Interesse des Patienten auszulesen. Es gab bereits erste Versuche, über sogenannte Side Channel Attacks private und geheime Daten aus BCIs auszulesen, wie etwa die PIN der Bankkarte. Die Trefferquoten waren zwar nicht sehr hoch, aber zumindest wird klar, dass hier potenziell eine Gefahrenquelle steckt.[2] Die Einwilligung des Patienten oder des Probanden zur Nutzung seiner Hirndaten für einen klar definierten Zweck

270

ist sicher das zentrale Kriterium. Es muss absolut sicherge-
stellt werden, dass kein Missbrauch möglich ist. Hier sollte
man nicht die Fehler wiederholen, die bei den Social Media
gemacht wurden, und im Vorfeld dafür sorgen, dass jede
Verwendung von Daten verboten ist, der nicht ausdrücklich
zugestimmt wurde. Missbrauch müsste dementsprechend
empfindlich sanktioniert werden. Die Strafe für Firmen, die
unerlaubt Lügendetektortests an ihren Mitarbeitern durchführen, liegt in den USA derzeit bei etwa 21 000 Dollar. Eine
wirksame Abschreckung durch den Gesetzgeber sieht sicherlich anders aus.

EPILOG

DEM HYPE
ENTGEGENWIRKEN

Es scheint nicht nur geboten, in ethischer Hinsicht auf mögliche Gefahren des Brain-Reading hinzuweisen, sondern ebenso, realistisch einzuschätzen, was genau in Zukunft technisch möglich sein wird und was nicht. Neben den Chancen sollten immer auch die Grenzen des neurowissenschaftlichen Gedankenlesens kommuniziert werden. Über die Grenzen eines Forschungsgebietes nachzudenken ist nicht pessimistisch und selbstquälerisch, sondern praktisch und heilsam. Denn die Grenzen zeigen einem, was die interessantesten Forschungsfragen für die nächsten Projekte sind. Welche Grenzen, an die wir beim Brain-Reading heute stoßen, sind möglicherweise noch überwindbar? Und wo tun sich prinzipielle Grenzen auf? Obwohl Hirnforscher in den öffentlichen Medien über die Möglichkeiten und Grenzen des Brain-Reading ausführlich informieren, passiert es immer wieder, dass von der Presse völlig übertriebene Erwartungen verbreitet werden. »Diese Maschine kann Ihre Gedanken lesen«, liest oder hört man ein um das andere Mal. Solche Zuspitzungen liegen in der Natur der journalistischen Sache. Die Leser mögen pointierte Geschichten offensichtlich viel lieber als Relativierungen.

Warum haben Menschen überhaupt die Neigung, neurowissenschaftliche Anwendungsmöglichkeiten zu überschätzen? Zum einen ist gezeigt worden, dass wir die Tendenz haben, psychologischen Aussagen eher zu glauben, wenn sie

Abb. 40: Die *Technology Readiness Levels* (TRL) der NASA beschreiben, wie anwendungsnah eine Technologie bereits ist. Am Anfang (TRL 1) steht die Grundlagenforschung im Labor, die die Grundprinzipien einer Technik klärt. Wenn man einen funktionierenden Prototypen zur Demonstration im Kollegenkreis vorstellt, steht man in der Mitte der Skala. Erst wenn man ein funktionsfähiges Serienprodukt hat, das zuverlässig seine Aufgabe erfüllt, ist man oben auf der Skala angekommen (TRL 9). Das Brain-Reading befindet sich derzeit eher auf den unteren Stufen dieser Skala. Es ist also noch viel Arbeit erforderlich, bis konkrete, zuverlässige Anwendungen möglich sind. Es bleibt ein wichtiger Balanceakt der Forschung, einerseits den Enwicklungsstand realistisch und ohne Hype zu kommunizieren und zugleich rechtzeitig auf ethisch problematische Entwicklungen hinzuweisen.

durch neurowissenschaftliche Bezüge und Bilder vom Gehirn unterfüttert und vermeintlich objektiviert werden – selbst dann, wenn dadurch keine weitergehenden Informationen geliefert werden. So wird bisweilen von einer »verführerischen Anziehungskraft« neurowissenschaftlicher Erklärungen gesprochen.[1]

Zum anderen fällt es den meisten Laien sicher schwer, die Tragweite wissenschaftlicher Forschungsergebnisse richtig einzuschätzen. Nehmen wir ein Beispiel aus der Medizin. Wenn gezeigt wurde, dass ein Medikament bei einer Ratte das Wachstum eines Tumors verlangsamen konnte, entstehen rasch Schlagzeilen wie: »Neues Krebsmedikament – Patienten können hoffen«, auch wenn es noch völlig unklar ist, ob der Tumor bei der Ratte tatsächlich endgültig beseitigt ist, ob das Medikament bei Menschen wirkt, ob es schwerwiegende Nebenwirkungen hat und so weiter.

In der Medizin hat sich deshalb in den 2000er-Jahren die sogenannte translationale Forschung etabliert. Dieser Zweig spezialisiert sich ausdrücklich darauf, Erkenntnisse aus der Grundlagenforschung (engl. *Bench*) auf die Patientenversorgung (engl. *Bedside*) zu übertragen. Die Mühen dieser Übertragung (oder Translation) werden häufig von Laien unterschätzt. Es sind gerade bei Medikamenten aufwendige und mehrstufige klinische Prüfungen notwendig. So ein Prozess kann bis zu zehn Jahre dauern. Auf jeder Stufe kann die Entwicklung scheitern, wenn etwa eine schwerwiegende Nebenwirkung auftritt.

Ähnliche Probleme gibt es auch in der Raumfahrtforschung. Auch in diesem Bereich werden in Laboren neue Technologien entwickelt, die fundamental neue Einsatzgebiete erschließen könnten. So wurden ausführliche Konzepte dazu entwickelt, wie moderne superstabile Kohlenstoffnanoröhren verwendet werden könnten, um einen Aufzug in das Weltall zu bauen.[2] Hier ist ebenfalls die Übertragung von der Grundlagenforschung in die Anwendung meistens ein sehr mühevoller Prozess. Es gibt Schätzungen der NASA, nach denen 90 Prozent der Kosten für die Entwicklung einer neuen

Anwendung erst ab dem Zeitpunkt entstehen, ab dem bereits ein Prototyp existiert und in konkreten Einsatzbereichen getestet wird.[3] Die Hauptlast der Entwicklung liegt offenbar in der konkreten Anpassung an die Anwendungssituationen. Auch in der Neurowissenschaft sollten wir uns also nicht darüber hinwegtäuschen, dass die Entwicklung sensitiver, robuster und zuverlässiger Verfahren sehr lange dauern kann.

Um die Einschätzung des Reifegrades von Technologien besser einschätzen zu können, hat die NASA bereits in den 1960er-Jahren die sogenannten *Technology Readiness Levels* (Technologiebereitschaftstufen) eingeführt.[4] Ziel war es, ein Schema zu haben, das jeder innovativen Technik eine von neun möglichen Stufen zuweist, die ihren Reifegrad darstellt. Existiert eine Technologie erst als Idee in der Grundlagenforschung, ist der Reifegrad sehr niedrig (TRL 1). Wird sie bereits als Anwendung bei einer Mission verwendet, ist der Reifegrad entsprechend hoch (TRL 9). Dieses grundlegende Schema hilft, auch in der Neurotechnologie die Kluft zu verstehen zwischen den Laborbefunden zum Brain-Reading und seinen Anwendungen im Alltag, über die so oft spekuliert wird.

Die meisten Anwendungen wie etwa die Lügendetektion, das Neuromarketing oder das Erkennen von psychischen Erkrankungen sind erst auf den untersten Reifestufen anzusiedeln. Es handelt sich hierbei um Labordemonstrationen, und es wird sicherlich noch ein gewaltiger Einsatz von Ideen, Manpower, Zeit und Geld nötig sein, bis man wirklich zuverlässige Anwendungen zur Marktreife bringen kann. Hirnstimulatoren hingegen sind heute bereits in der neurologischen Praxis verfügbar. Bei Parkinson-Patienten werden routinemäßig Stimulatoren implantiert, die die Bewegungsabläufe der Betroffenen verbessern. In diesem Bereich ist bereits TRL 9 erreicht.

Es ist auch durchaus zu erwarten, dass wir in den nächsten

Jahren große Fortschritte in der Neuroprothetik sehen werden, sodass etwa Patienten nach Rückenmarksverletzungen wieder Kontrolle über ihre Extremitäten erlangen könnten. Diese Techniken sind noch nicht marktreif, aber es gibt bereits konkrete klinische Untersuchungen an betroffenen Patienten, mit einigem Erfolg. Dort liegt der TRL etwa bei 5 bis 6.

Eine universelle Hirnschnittstelle, wie sie Elon Musk und Ray Kurzweil vorschwebt, die beliebige Gedanken auslesen kann, ist noch in so weiter Ferne, dass sie nicht einmal TRL 1 erreicht hat. Sie ist zurzeit reine Fiktion. Denn dazu wäre nicht nur eine lokale Messung der Hirnaktivität nötig, sondern zugleich eine vielschichtige Erfassung der Hirnprozesse, die derzeit noch ganz und gar unmöglich ist.

Aber könnte sie nicht doch eines Tages möglich werden? Dann spätestens sind wir Forscher gefordert. Es ist an uns, die Bevölkerung über realistische Möglichkeiten, Grenzen, Unklarheiten, Gefahren und ethische Bedenken dieser Technik zu informieren – auch auf die Gefahr hin, dass die Gesellschaft der Wissenschaft Grenzen auferlegt, um den mentalen Hausfriedenbruch zu verhindern. Denn an dem Tag, an dem ein universelles Gedankenlesegerät verfügbar wäre, würde sich für die Menschheit einiges ändern.

ANMERKUNGEN

KAPITEL I

1 www.fr.de/wissen/liebe-wohnt-11483093.html
2 www.fr.de/frankfurt/glaeserne-gehirn-11450892.html
3 Die Frage, ob man nur das Gehirn oder auch den Rest des Körpers benötigt, um die Gedankenwelt zu erklären, wird in der Forschung immer noch heiß diskutiert. Wir werden uns hier zunächst vor allem mit dem Gehirn beschäftigen und den restlichen Körper erst einmal ausklammern, da bisher niemand direkt Gedanken im Rest des Körpers nachgewiesen hat. Wir sind gespannt, ob die Forschung in näherer Zukunft mehr über das Zusammenspiel von Gehirn und Körper beim Denken hervorbringen wird, um damit unser »Bauchgefühl« und unser »Herzklopfen« besser zu verstehen.
4 J.W. von Goethe: *Goethes poetische Werke*, Fünfter Band, *Die großen Dramen*, Augsburg 1998, S. 297.
5 Präziser gesagt, erfasst die Skala Überzeugungen hinsichtlich »Dualismus und Nicht-Reduktionismus«. Auf diesen Unterschied gehen wir hier nicht weiter ein.
6 Diese Zuweisung ist natürlich stark vereinfacht, da es verschiedene Positionen gibt, die mit einer Erklärung des Geistes durch Hirnprozesse vereinbar sind. Auch gibt es viele verschiedene, sich wechselseitig ausschließende monistische Theorien. So steht dem neurowissenschaftlichen Monismus der Idealismus gegenüber, der allein die Existenz der Gedankenwelt postuliert und somit letztlich auch ein Monismus ist.

KAPITEL 2

1 Platon: *Die großen Dialoge*, Köln 2013, S. 60.
2 Ebd., S. 61.
3 Ebd., S. 61.
4 Die christlichen Vorstellungen vom Nachleben sind sehr komplex und haben sich im Laufe der frühen Jahre des Christentums stark verändert (vgl. B. Ehrman: *Heaven and Hell*, New York 2020).

5 Natürlich gab es auch vor Descartes Wissenschaftler, die sich diese Frage gestellt haben. Allerdings hat vor allem Descartes bis in die Neuzeit hinein erheblichen Einfluss auf das abendländische Denken gehabt. Einen detaillierten Überblick über andere historische Positionen zum Verhältnis von Leib und Seele bietet z. B. J. Kim: *Philosophy of Mind*. New York 2011.

6 R. Descartes: *Über den Menschen*, Heidelberg 1969 (1662), S. 44.

7 H. Lesch, W. Vossenkuhl: *Die großen Denker. Philosophie im Dialog*, München 2012, S. 397.

8 Descartes' »dualistisch-interaktionistische« Sichtweise der Zirbeldrüse ist nicht immer so konsistent, wie sie in manchen Lehrbüchern dargestellt wird. An einigen Stellen argumentiert er etwa, die Seele stehe mit dem gesamten Körper in Verbindung, selbst wenn die Zirbeldrüse stets die wichtigste Rolle im Austausch spiele. Über Descartes' schillerndes Verständnis von Seele und Gehirn schreibt deshalb auch die *Stanford Encyclopedia of Philosophy*: »Descartes' Philosophie des Geistes spiegelt alle Theorien wider, die vor ihm aufgestellt wurden, und nimmt alle Theorien vorweg, die nach ihm entwickelt wurden: Sie ist ein vielseitiger Diamant, der alle Theorien zum Verhältnis von Geist und Körper widerspiegelt, die je vorgeschlagen oder reflektiert worden sind.« (plato.stanford.edu/entries/pineal-gland)

9 R. Descartes: *Abhandlung über die Methode des richtigen Vernunftgebrauchs und der wissenschaftlichen Wahrheitsforschung*, Leipzig 1966 (1637).

10 Siehe J. Müller: *Handbuch der Physiologie des Menschen*, Koblenz 1838, S. 731: »Descartes' Hypothese, dass der Sitz der Seele in der Zirbel sei, ist längst vergessen und aufgegeben.«

KAPITEL 3

1 Antonio Damasio: *Descartes' Irrtum*, München 1995.

2 Ein strikt auf Lokalisation basierender Ansatz wird heute nicht mehr vertreten. Zwar sind die einzelnen Regionen spezialisiert, aber sie können ihre Leistungen nur im Zusammenspiel mit anderen Bereichen des Gehirnes erbringen.

3 Stanley Finger: *Origins of Neuroscience*, Oxford 1994, S. 85.

4 L. J. Harris, J. B. Almerigi: »Probing the human brain with stimulating electrodes: The story of Roberts Bartholow's (1874) experiment on Mary Rafferty«, *Brain and Cognition*, 70, 2009, S. 92–115.

5 Siehe jedoch folgenden Artikel für eine Kartierung des Sehsystems mithilfe kortikaler Stimulation: H.W. Lee, S. B. Hong,
D. U. Seo, W. S. Tae, S. C. Hong:»Mapping of functional organi-
zation in human visual cortex electrical cortical stimulation«,
Neurology, 54, 2000, S.849–854.

6 G. Holmes:»Disturbances of Vision by Cerebral Lesions«, *British
Journal of Ophthalmology*, 2(7), 1918, S.353–384.

7 G. T. Fechner: *Elemente der Psychophysik*, Erster Teil, Leipzig 1860,
S.5.

KAPITEL 4

1 Physikalisch präziser gesagt, geht es um den Impuls des Elektrons. Bekannt ist dieses Phänomen in der Physik unter dem
Namen»Heisenbergsche Unschärferelation«. Allerdings geht es
hier dabei genau genommen um den»Beobachtereffekt«, der
häufig mit der eng verwandten»Unschärferelation« verwechselt
wird. Heisenberg verwendete den Beobachtereffekt, um seine Unschärferelation herzuleiten. Die aktuelle Theorie der Unschärfe
in der Physik ist allerdings nicht mehr vom Beobachtereffekt abhängig (s. A. Furuta:»One Thing is Certain: Heisenberg's Uncer-
tainty Principle is Not Dead«, *Scientific American*, 8. März 2012).

2 A. Breton, P. Soupault: *Les champs magnétiques / Die magnetischen
Felder*, Heidelberg 1990, S.7.

3 Buddhistische Lehren stellen uns auch noch vor ein anderes in-
teressantes Rätsel. Denn ein hohes Ziel der Meditation ist es,
einen Zustand zu erreichen, in dem der Geist gleichsam»leer«
ist. Aber aus welcher Art von Erlebnissen besteht diese Leere?
Beim Hören können wir uns dies vielleicht noch vorstellen, wie
einen schalltoten Raum. Denn die absolute Stille ist der Nullpunkt des Hörens. Aber beim Sehen gibt es keinen solch absoluten Nullpunkt. Wenn man die Augen lange Zeit an die Dunkelheit anpasst, sieht man nicht etwa einfach nur schwarz, sondern
das sogenannte Eigengrau.

KAPITEL 5

1 Auch wenn viele Lösungen für das »inverse Problem« vorgeschlagen wurden, bleibt die Möglichkeit sehr begrenzt, mittels EEG
auf die detaillierten Hirnaktivitätsmuster zu schließen.

2   S. Zeki S, J. D. Watson, C. J. Lueck, K. J. Friston, C. Kennard, R. S. Frackowiak: »A direct demonstration of functional specialization in human visual cortex«, *Journal of Neuroscience*, 11(3), 1991, S. 641–649

3   Die Ursache hierfür ist die sogenannte diagmagnetische Levitation (s. A. Geim, »Everyone's Magnetism«, *Physics Today*, September 1998, S. 36–39).

4   Wobei in letzter Zeit sichere Verfahren entwickelt worden sind, siehe bit.ly/3nbBNXV.

5   bit.ly/3xp2op9

6   Solche Wahrscheinlichkeitsaussagen sind eher die Regel, nicht die Ausnahme in den biomedizinischen Wissenschaften. Bei fast jedem diagnostischen Test gibt es eine gewisse Irrtumswahrscheinlichkeit. Ideal wäre ein Test, der in 100 Prozent der Fälle positiv ist, wenn jemand eine Krankheit hat, und in 100 Prozent der Fälle negativ, wenn jemand die Krankheit nicht hat. Solche Idealwerte sind in der Praxis fast nie zu finden. Erschwerend kommt hinzu, dass es bisweilen sogar wahrscheinlicher sein kann, dass jemand bei einem positiven Test die Krankheit trotzdem nicht hat, wenn die Basisrate in der Bevölkerung sehr niedrig ist (das sogenannte False Positive Paradox).

KAPITEL 6

1   Sueton: *Cäsarenleben*, übers. u. erl. v. M. Heinemann, Stuttgart 2001.

2   C. G. Gross: »Genealogy of the ›grandmother cell‹«, *Neuroscientist*, 8(5), 2002, S. 512–518.

KAPITEL 8

1   R. M. Cichy, Y. Chen, J. D. Haynes: »Encoding the identity and location of objects in human LOC«, *Neuroimage*, 54(3), 2011, S. 2297–2307.

2   A. L. Cohen, L. Soussand, S. L. Corrow, O. Martinaud, J. J. S. Barton, M. D. Fox: »Looking beyond the face area: lesion network mapping of prosopagnosia«, *Brain*, 142(12), 2010, S. 3975–3990.

3   Ursprünglich vermutete man die Information über einzelne Gesichter in einer Region im unteren Temporallappen, dem sogenannten fusiformen Gesichtsareal. Allerdings wird die genaue

Form der Codierung in dieser Region noch erforscht, zumal Gesichter in einem ganzen Netzwerk von Regionen – also »verteilt« – verarbeitet werden (J. D Carlin, N. Kriegeskorte: »Adjudicating between face-coding models with individual-face fMRI responses«, *PLoS Computational Biology*, 13(7), 2017, e1005604; A. L. Cohen, L. Soussand, S. L. Corrow, O. Martinaud, J. J. S. Barton, M. D. Fox: »Looking beyond the face area: lesion network mapping of prosopagnosia«, *Brain*, 142(12), 2019, S. 3975–3990).

4 Z. W. Pylyshyn: »What the mind's eye tells the mind's brain: A critique of mental imagery«, *Psychological Bulletin*, 80(1), S. 1–24.

5 S. M. Kosslyn: *Image and Mind*, Cambridge MA 1980.

6 R. M. Cichy, J. Heinzle, J. D. Haynes: »Imagery and perception share cortical representations of content and location«, *Cerebral Cortex*, 22(2), 2012, S. 372–380.

7 D. J. Simons, D. T. Levin: »Change blindness«, *Trends in Cognitive Sciences*, 1(7), 1997, S. 261–267.

8 A. Noe: »Is the Visual World a Grand Illusion?«, *Journal of Consciousness Studies*, 9 (5–6), 2002, S. 1–12.

9 Einen anderen Beleg dafür liefert die Untersuchung von Augenbewegungen. Wir haben den Eindruck, unsere Sehwelt sei bunt, und zwar nicht nur in der Mitte unseres Wahrnehmungsbildes, sondern im gesamten Gesichtsfeld. Nun lässt sich aber durch die Messung der Augenposition in zeitlich hoher Auflösung zeigen, dass nur im Bereich des zentralen Sehens Farben erscheinen, während der Hintergrund in verschiedenen Stufen grau ist. Verändert der Proband den Blickpunkt, zeigt sich wieder der fokussierte Bereich in Farbe und der Rest in Graustufen. Interessanterweise bemerken Probanden dies nicht. Sie glauben, das ganze Gesichtsfeld sei farbig (M. A. Cohen, T. L. Botch, C. E. Robertson: »The limits of color awareness during active real-world vision«, *Proceedings of the National Academy of Sciences of the United States of America*, 117 (24), 2020, S. 13821–13827).

10 P. S. Goldman-Rakic: »Cellular basis of working memory«, *Neuron*, 14(3), 1995, S. 477–485.

11 T. B. Christophel, M. N. Hebart, J. D. Haynes: »Decoding the contents of visual short-term memory from human visual and parietal cortex«, *Journal of Neuroscience*, 32(38), 2012, S. 12983–12989.

12 T. B. Christophel, R. M. Cichy, M. N. Hebart, J. D. Haynes: »Parie-

tal and early visual cortices encode working memory content across mental transformations«, *Neuroimage*, 106, 2015, S. 198–206.

KAPITEL 9

1 H. Brean: »›Hidden cell‹ techique is almost here«, *Life Magazine*, 31. März 1958.
2 J. D. Haynes: »Bewusstsein und Aufmerksamkeit«, in E. Schröger, S. Kölsch (Hrsg.): *Affektive und Kognitive Neurowissenschaft (Enzyklopädie der Psychologie, C, II, 5)*, Göttingen 2013, S. 47–85.

KAPITEL 10

1 T. Horikawa, M. Tamaki, Y. Miyawaki, Y. Kamitani: »Neural decoding of visual imagery during sleep«, *Science*, 340(6132), 2013, S. 639–642.
2 Ebd., S. 640.

KAPITEL 11

1 P. Ekman, W. V. Friesen:. »Constants across cultures in the face and emotion«, *Journal of Personality and Social Psychology*, 17(2), 1971, S. 124–129.
2 Ebd.
3 S. Kölsch: *Good Vibrations. Die heilende Kraft der Musik*, Berlin 2019.
4 Dies kann nicht über Latenzen im fMRT-Signal erklärt werden, da hier fMRT-Signale des einen Probanden mit fMRT-Signalen des anderen verglichen werden. Bei beiden liegt also in etwa dieselbe Verzögerung vor.
5 K. L. Phan, T. Wager, S. F. Taylor, I. Liberzon: »Functional neuroanatomy of emotion: a meta-analysis of emotion activation studies in PET and fMRI«, *Neuroimage*, 6(2), 2002, S. 331–348.
6 A. S. Cowen, D. Keltner: »Self-report captures 27 distinct categories of emotion bridged by continuous gradients«, *Proceedings of the National Academy of Sciences of the United States of America*, 114(38), 2017, E7900–E7909; T. Horikawa, A. S. Cowen, D. Keltner, Y. Kamitani: »The neural representation of visually evoked emotion is high-dimensional, categorical, and distributed across transmodal brain regions«, *iScience*, 23(5), 2020, S. 101060.

7   D. Davidson: »First Person Authority«, *Dialectica*, 38, 1984 (2/3), S. 101–111.

KAPITEL 12

1   Y. Miyawaki, H. Uchida, O. Yamashita et al.: »Visual image reconstruction from human brain activity using a combination of multiscale local image decoders«, *Neuron*, 60(5), 2008, S. 915–929.
2   S. Nishimoto, A. T. Vu, T. Naselaris, Y. Benjamini, B. Yu, J. L. Gallant: »Reconstructing visual experiences from brain activity evoked by natural movies«, *Current Biology*, 21(19), 2011, S. 1641–1646.
3   www.youtube.com/watch?v=nsjDnYxJ0bo
4   www.noris-spiele.de/de/marken-produkte/kinderspiele/20q-606081757/
5   T. M. Mitchell, S. V. Shinkareva, A. Carlson et al.: »Predicting human brain activity associated with the meanings of nouns«, *Science*, 320(5880), 2008, S. 1191–1195.
6   F. Deniz, A. O. Nunez-Elizalde, A. G. Huth, J. L. Gallant: »The representation of semantic information across human cerebral cortex during listening versus reading is invariant to stimulus modality«, *Journal of Neuroscience*, 39(39), 2019, S. 7722–7736.

KAPITEL 13

1   E. Hutchins: *Cognition in the Wild*, Boston 1995.
2   M. Gabriel, M. Eckoldt: *Die ewige Wahrheit und der Neue Realismus. Gespräche über (fast) alles, was der Fall ist*, Heidelberg 2019, S. 57
3   Studien belegen, dass junge Erwachsene eine bessere Problemlösekompetenz besitzen (fluide Intelligenz), während ältere Probanden über ein höheres Erfahrungswissen verfügen (kristalline Intelligenz).
4   Das heutige Psychologiestudium umfasst eine bestimmte Anzahl von Versuchspersonenstunden, die absolviert werden müssen, damit die Studierenden, wenn sie beruflich später Experimente durchführen, aus eigener Erfahrung wissen, wie es sich anfühlt, Proband zu sein. So verlockend es auch sein mag, unsere Versuchspersonen aus diesem Kreis zu wählen: Wenn es irgend möglich ist, mischen wir lieber Studenten aus verschiedenen

Fachbereichen. Wir wollen, dass die Probanden möglichst wenig über den Inhalt und das Ziel unserer Experimente wissen.

5 Auch ökonomische Gründe spielen hier eine Rolle. Sicher wären unsere Ergebnisse repräsentativer, wenn wir ein Experiment nicht nur mit 15, sondern mit 15 000 Probanden aus allen möglichen Ländern und sozialen Schichten durchführen könnten. Doch die Abwägung von Kosten und Nutzen erlaubt so etwas nur selten.

KAPITEL 14

1 Karl Marx: *Das Kapital, Buch 1: Der Produktionsprozeß des Kapitals,* Hamburg 1867, S. 142.

2 J. D. Haynes, K. Sakai, G. Rees, S. Gilbert, C. Frith, R. E. Passingham: »Reading hidden intentions in the human brain«, *Current Biology,* 17(4), 2007, S. 323–328.

3 Wir haben dies in der Tat untersucht und festgestellt, dass man zu einem gewissen Grad auch verdeckte Absichten auslesen kann, während ein Proband gedanklich mit etwas anderem beschäftigt ist (I. Momennejad, J. D. Haynes: »Encoding of prospective tasks in the human prefrontal cortex under varying task loads«, *Journal of Neuroscience,* 33(44), 2013, S. 17342–17349.

4 B. Libet, C. A. Gleason, E. W. Wright, D. K. Pearl: »Time of conscious intention to act in relation to onset of cerebral activity (readiness-potential). The unconscious initiation of a freely voluntary act«, *Brain,* 106(3), 1983, S. 623–642.

5 H. H. Kornhuber, L. Deecke: »Hirnpotentialveränderungen bei Willkürbewegungen und passiven Bewegungen des Menschen. Bereitschaftspotential und reafferente Potentiale«, *Pflüger's Archiv für die gesamte Physiologie des Menschen und der Tiere,* 284, 1965, S. 1–17.

6 B. Libet: *Mind Time. The Temporal Factor in Consciousness,* Cambridge MA 2004 (dt.: *Mind Time. Wie das Gehirn Bewusstsein produziert,* Berlin 2005).

7 In der Philosophie ist vor allem die sogenannte kompatibilistische Interpretation der Willensfreiheit weit verbreitet. Demnach ist Freiheit mit einem neuronalen Determinismus vereinbar, weil ja auch in einem deterministischen Universum Menschen noch gemäß ihrer eigenen Wünsche entscheiden können. Allerdings

286

entfernt sich diese kompatibilistische Sichtweise weit von der Laienintuition, wie unsere Forschung zeigt.

8 Darüber hinaus hatte Libet seinen Versuch mit lediglich fünf Probanden durchgeführt; wie üblich in solchen Experimenten waren das allesamt Studenten der Psychologie. Gut möglich, dass derartige Auswahlverzerrungen die Übertragbarkeit auf die Normalbevölkerung einschränken.

9 C. S. Soon, M. Brass, H. J. Heinze, J. D. Haynes: »Unconscious determinants of free decisions in the human brain«, *Nature Neuroscience*, 11(5), 2008, S. 543–545.

10 J. Fisher, M. Ravizza: *Responsibility and control: A theory of moral responsibility*, Cambridge 1998.

11 Natürlich kann es sinnvoll sein, innerhalb einer Wissenschaft wie der Philosophie Freiheit etwa im Sinne von »auf der Basis seiner Gründe handeln« zu definieren. Allerdings muss man sich immer klarmachen, dass diese Definition für Laien kontraintuitiv ist. Wenn man also auf dieser Basis in einer öffentlichen Diskussion die Position vertritt, es gebe einen freien Willen, muss man seinem Publikum erklären, dass das aber nicht der freie Wille ist, den die meisten Laien erleben oder gerettet haben wollen.

12 Für eine ähnliche Studie siehe I. Fried, R. Mukamel, G. Kreiman: »Internally generated preactivation of single neurons in human medial frontal cortex predicts volition«, *Neuron*, 69(3), 2011, S. 548–562.

13 M. Schultze-Kraft, D. Birman, M. Rusconi, C. Allefeld, K. Görgen, S. Dähne, B. Blankertz, J. D. Haynes: »The point of no return in vetoing self-initiated movements«, *Proceedings of the National Academy of Sciences of the United States of America*, 113(4), 2016, S. 1080–1085.

KAPITEL 15

1 Philosophisch erfahrene Leser wittern hier möglicherweise einen Kategorienfehler (G. Ryle: *The Concept of Mind*, Chicago 1949), weil das Lügen nur Personen, nicht aber Gehirnen zugeschrieben werden kann. Doch es gibt keine einheitliche Definition von Kategorienfehlern in der philosophischen Literatur. Darüber hinaus wird dieser Fehler möglicherweise nur so lange als solcher wahrgenommen, wie man Gehirnen keine geistigen Eigenschaften zuschreiben mag. Identifiziert man jedoch die Person mit ihren Hirn-

prozessen, könnte sich der scheinbare Kategorienfehler im identitätstheoretischen Sinne auflösen.

2 B. Blanton: *Radical Honesty: How to Transform Your Life by Telling the Truth*, New York 1994.

3 C. Davatzikos, K. Ruparel, Y. Fan et al.: »Classifying spatial patterns of brain activity with machine learning methods: application to lie detection«, *Neuroimage*, 28(3), 2005, S. 663–668.

KAPITEL 16

1 H. G. Häusel: *Think Limbic*, Freiburg 2019, S. 54.

2 D. Ariely, G. S. Berns: »Neuromarketing: The hope and hype of neuroimaging in business«, *Nature Reviews Neuroscience*, 11(4), 2010, S. 284–292.

3 N. Eyal: *Hooked. Wie Sie Produkte erschaffen, die süchtig machen*, München 2014, S. 9.

4 Martin Lindstrom: *Buyology. Warum wir kaufen, was wir kaufen*, Frankfurt/M. 2009.

5 R. Borland, H. H. Yong, N. Wilson et al: »How reactions to cigarette packet health warnings influence quitting, Findings from the ITC four-country survey«, *Addiction*, 2009, 104, S. 669–675.

6 nyti.ms/2QN3tWK

7 J. Olds, P. Milner: »Positive reinforcement produced by electrical stimulation of septal area and other regions of rat brain«, *Journal of Comparative and Physiological Psychology*, 47(6), 1954, S. 419–427.

8 M. Weygandt, K. Mai, E. Dommes, V. Leupelt, K. Hackmack, T. Kahnt, Y. Rothemund, J. Spranger, J. D. Haynes: »The role of neural impulse control mechanisms for dietary success in obesity«, *Neuroimage*, 83, 2013, S. 669–678.

9 E. Jungnickel, K. Gramann: »Mobile Brain/Body Imaging (MoBI) of Physical Interaction with Dynamically Moving Objects«, *Frontiers in Human Neuroscience*, 10, 27. Juni 2016, S. 306.

10 A. Genevsky, C. Yoon, B. Knutson: »When brain beats behavior: Neuroforecasting crowdfunding outcomes«, *Journal of Neuroscience*, 37(36), 6. Sept. 2017, S. 8625–8634.

11 A. Tusche, S. Bode, J. D. Haynes: »Neural responses to unattended products predict later consumer choices«, *Journal of Neuroscience*, 30(23), 2010, S. 8024–8031.

KAPITEL 17

1 bit.ly/3n9LbLv

2 bit.ly/3n88YeS

3 Mögliche Einwände hinsichtlich des Datenschutzes vorwegneh-
mend, weist Facebook auf einer Projektwebseite darauf hin, die
erhobenen Daten würden nicht bei Facebook, sondern beim Ko-
operationspartner Eduard F. Chang an der University of California in San Francisco gespeichert (tech.fb.com/imagining-a-new-
interface-hands-free-communication-without-saying-a-word/).

4 E. M. Dewan: »Occipital alpha rhythm eye position and lens ac-
commodation«, *Nature*, 214(5092), 1967, S. 975–977.

5 M. J. Prewett, H. E. Adams: »Alpha activity suppression and en-
hancement as a function of feedback and instructions«, *Psycho-
physiology*, 13(4), Juli 1976, S. 307–310.

6 www.youtube.com/watch?v=HsmLA9PqTGM

7 bit.ly/3axbhCX

8 Die Signale sind sehr markant. Im Ruhezustand liegt das sogenannte Membranpotenzial bei – 70 Millivolt. Sobald eine Muskel-
zelle erregt wird, strömen geladene Ionen ein, und in der Folge
kehrt sich das Membranpotenzial kurzzeitig um. Dieser Effekt
kann gut gemessen werden. Anwendung findet das EMG in der
neurologischen Diagnostik.

9 bit.ly/3gvQEes

KAPITEL 18

1 G. K. Anumanchipalli, J. Chartier, E. F. Chang: »Speech synthesis
from neural decoding of spoken sentences«, *Nature*, 568 (7753),
2019, S. 493–498.

2 Jeder Leser ist herzlich eingeladen, sich selber die Beispiele an-
zuhören: tinyurl.com/usjnuok

3 www.braingate.org

4 M. Eckoldt: *Das Fenster zum Hirn – Gedankenlesen mit Neurowissenschaft*, DLF-Kultur 2018 (bit.ly/3vhd1bH)

5 A. H. Marblestone, B. M. Zamft, Y. G. Maguire, M. G. Shapiro,
T. R. Cybulski et al.: »Physical principles for scalable neural re-
cordings«, *Frontiers in Computational Neuroscience*, 7(137), 2013,
S. 1–34.

6 H. M. McLuhan: *The Medium is the Massage*, Frankfurt/M. 1967,
S. 26.

KAPITEL 20

1 Zit n. David Brown: »Some believe ›truth serums‹ will come back«, *Washington Post*, 20. November 2006.

2 Siehe Ivan Martinovic, Doug Davies, Mario Frank, Daniele Perito, Tomas Ros, Dawn Song: »On the Feasibility of Side-Channel Attacks with Brain-Computer Interfaces«, in *21st Usenix Security Symposium*, bit.ly/3n8Eb1x.

EPILOG

1 D. S. Weisberg, F. C. Keil, J. Goodstein, E. Rawson, J. R. Gray: »The seductive allure of neuroscience explanations«, *Journal of Cognitive Neuroscience*, 20(3), 2008, S. 470–477.

2 bit.ly/2RMCWt6

3 Mihály Héder: »From NASA to EU: The evolution of the TRL scale in Public Sector Innovation«, *The Innovation Journal: The Public Sector Innovation Journal*, Bd. 22(2), 2017, Article 3.

4 Für einen Überblick über die Geschichte der »Technology Readiness Levels« siehe z. B. John C. Mankins: »Technology readiness assessments: A retrospective«, *Acta Astronautica*, 65, 2009, S. 1216–1223.

REGISTER

Klänge und Töne helfen unserem Körper besser als Medikamente

Musik hält fit und macht gesund – und dies auf allen möglichen Ebenen, wie die Forschung beweist. Stefan Kölsch, international führender Neurowissenschaftler auf diesem Gebiet, beschreibt so anschaulich wie fundiert die Auswirkungen von Musik auf unser Gehirn, unsere Emotionen und unseren Körper und zeigt, wie die neuen Erkenntnisse für jeden praktisch anwendbar sind. Das Buch für alle, die sich nicht allein auf die Schulmedizin verlassen wollen – mit zahlreichen konkreten Tipps, wie jeder von uns mit Musik im Alltag sein Wohlbefinden unterstützen und fördern kann.

Prof. Stefan Kölsch

GOOD VIBRATIONS

DIE HEILENDE KRAFT DER MUSIK

ullstein

Stefan Kölsch
Good Vibrations
Die heilende Kraft der Musik

Taschenbuch
Auch als E-Book erhältlich
www.ullstein.de

ullstein

Man kann Corona auch ohne Lockdown besiegen!

Die Zahl der mit COVID Infizierten steigt in rasendem Tempo. Viele der ergriffenen Gegenmaßnahmen wirken undurchdacht und beeinträchtigen unseren Alltag erheblich. Dabei hätten wir die Chance, das Virus in Schach zu halten. Alexander Kekulé zeigt konkret und für jeden verständlich, wie es uns gelingen kann, mit Corona zu leben, ohne unsere Lebensgrundlagen zu zerstören.

»Alexander Kekulé zählt zu Deutschlands renommiertesten Virologen und ist in der Corona-Krise einer der gefragtesten Experten.«
NZZ

Alexander Kekulé
Der Corona-Kompass
Wie wir mit der Pandemie leben und was wir daraus lernen können

Hardcover mit Schutzumschlag
Auch als E-Book erhältlich
www.ullstein.de

ullstein

Der New York Times-Bestseller über das größte Genie der Menschheitsgeschichte

Unehelich, Vegetarier, homosexuell, Linkshänder und unendlich neugierig: Leonardo da Vinci war eine Ausnahmeerscheinung in der Gesellschaft des 15. und 16. Jahrhunderts. In dieser einzigartigen Biografie schildert Bestsellerautor Walter Isaacson Leonardos lebenslangen Enthusiasmus bei seinen Versuchen, wissenschaftliche, technische und künstlerische Grenzen zu überschreiten – beim Malen der Mona Lisa bis hin zum Entwurf von Flugapparaten.

»Neben kundiger Recherche bietet dieses Buch auch eine Studie darüber, was Kreativität ausmacht und wie man sie erlangt.«
The New Yorker

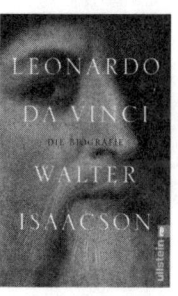

Walter Isaacson
Leonardo da Vinci
Die Biographie

Aus dem Englischen von Karin Schuler und Andreas Thomsen
Klappenbroschur
Auch als E-Book erhältlich
www.ullstein.de

ullstein